军事应用光学

主编　李海燕　胡云安
编委　陆　斌　袁小虎　刘　亮

国防工业出版社
·北京·

内 容 简 介

本书系统全面地介绍了应用光学的基础理论及其在军事中的重要应用。全书内容共分为 12 章，其中：在几何光学基本原理、共轴球面光学系统、理想光学系统、平面镜棱镜系统、光阑、光学系统的像差这 6 章中，介绍了应用光学的基本理论，分析了球面光学系统、平面镜棱镜系统的成像性质，讨论了光学系统中成像光束的选择和像差的基本理论；在眼睛和目视光学系统、军用光学仪器、军用红外光学系统、微光夜视光学系统、军用光纤光学系统和军用激光光学系统这 6 章中，较全面地介绍了应用光学在通信、侦察、成像、跟踪、制导、预警、对抗等各方面的军事应用技术。

本书在内容上重视基础理论体系的建立，理论联系实际，深入浅出，图文并茂，具有良好的可读性及参考价值。内容力求丰富翔实、新颖实用，可全面反映应用光学技术的主要方面。

本书可作为高等学校光电类相关专业的教材或教学参考用书，也可供从事光学技术方面的科技研发人员与工程技术人员参考。

图书在版编目（CIP）数据

军事应用光学 / 李海燕，胡云安主编. —北京：国防工业出版社，2015.8

ISBN 978-7-118-10321-2

Ⅰ.①军… Ⅱ.①李… ②胡… Ⅲ.①军事技术—应用光学

Ⅳ.①E912

中国版本图书馆 CIP 数据核字（2015）第 184578 号

※

国防工业出版社 出版发行

（北京市海淀区紫竹院南路 23 号　邮政编码　100048）

天利华印刷装订有限公司印刷

新华书店经售

*

开本 787×1092　1/16　印张 16¼　字数 385 千字

2015 年 8 月第 1 版第 1 次印刷　印数 1—2500 册　定价 65.00 元

（本书如有印装错误，我社负责调换）

国防书店：（010）88540777　　　　发行邮购：（010）88540776

发行传真：（010）88540755　　　　发行业务：（010）88540717

前言

现代战争的角逐已进入到光、电、声、磁这些"无形"的战场，光电武器在战场上致胜的重要性日显突出。近几十年，红外技术、微光技术、光纤技术、激光技术的出现，使光学这门学科获得迅猛发展。现代光学技术在通信、侦察、成像、跟踪、制导、预警、对抗等各方面得到了广泛的军事应用。从战术武器到战略武器、从常规武器到原子核武器、从陆海空三军的兵器到"天军"的兵器，无一没有光学技术的应用。从陆战到海战、从空战到外层空间的天战，光学技术都得以大显身手。随着光学技术的迅猛发展，新的一代战术、战略"光武器"正在产生，新的作战手段正在由幻想和神话变为现实。因此，研究和把握未来的战争，军用光学就自然成为每个军事教学、研究人员的重要学习课题之一。适时编写出版能较全面地反映应用光学的基础理论及其军事应用技术基本内容的《军事应用光学》教材，具有重要现实意义和极大的迫切性。

本书包括几何光学基本原理、共轴球面光学系统、理想光学系统、平面镜棱镜系统、光阑、光学系统的像差、眼睛和目视光学系统、军用光学仪器、军用红外光学系统、微光夜视光学系统、军用光纤光学系统和军用激光光学系统共12章节的内容。我们力求把最新的技术成果写入本书，但是，在科学技术高速发展的今天，光学技术几乎时刻都有新的进展，因此，紧紧跟踪光学技术的新发展，深入研究其对未来作战的影响，是我们长期的任务。

本书在编写过程中重点体现如下特色：内容具有较好的系统性、科学性与完整性，既重视建立基础理论体系，又突出光学技术在各军事领域的主要应用，强调理论密切联系实际；表述力求深入浅出，并以较多的图、表配合文字的阐述，做到图文并茂、通俗易懂；内容力求翔实，贴近实用。

本书由李海燕、胡云安主编，内容共分12章。其中，第1、3、4、5、6、8、9章由李海燕执笔；第2、7、10章由胡云安执笔；第11章由袁小虎、刘亮执笔；第12章由陆斌执笔。

本书得到了海军航空工程学院赵国荣教授、任建存教授、何友金教授等许多专家教授的宝贵指导与热情鼓励，也得到了同行以及韦建明、耿宝亮等许多博士生、硕士生的积极关心与大力支持。吕俊伟教授和何友金教授在百忙之中对本书进行了详细的审阅和指导，在此表示衷心感谢。本书是在多方面地学习前辈与专家们已有的专著与教材的基础上编写而成的，从中所获得的教益匪浅，在此对原作者们深表谢意！

由于编者的水平有限，本书难免会存在许多缺点、不足，恳请有关专家、同行及读者给予批评指正，不吝赐教。

编著者

2015 年 1 月

目录

第3章　理想光学系统

第4章　平面镜棱镜系统

第5章　光阑

第6章 光学系统的像差

第7章 眼睛和目视光学系统

第8章 军用光学仪器

第12章　军用激光光学系统

几何光学基本原理

应用光学是光学工程重要的技术基础，它的内容主要是几何光学，专门研究光学仪器原理。一切光学仪器尽管它们的用途不同，但都离不开光，因此首先必须解决这样一些问题：光究竟是什么？它有哪些基本特征和规律？如何应用这些规律来研究光学仪器？这些是本章所要解决的主要问题。

人们在制造光学仪器和解释一些光学现象的过程中，总结出了适于光学工程技术应用的几何光学理论。它撇开光的波动本性，仅以光线为基础，研究光在透明介质中的传播规律和传播现象，是一门重要的实用性分支学科。本章首先介绍几何光学中的一些基本概念，然后讨论几何光学的基本定律，学习两种重要的光传播现象——光路可逆和全反射现象，最后给出有关光学系统和成像的基本概念。

1.1 几何光学的基本概念

1.1.1 光波

现代物理认为，光是一种具有波、粒二象性的物质，即：光既具有"波动性"又具有"粒子性"。只是在一定条件下，某一种性质显得更为突出。一般来说，除了研究光和物质作用的情况下必须考虑光的粒子性之外，可以把光作为电磁波看待，称为"光波"。

从本质上说，光和一般无线电波并无区别，同属于电磁波谱的一部分。光波的波长比一般无线电波短得多，其波长范围约为 $10 \sim 10^6 nm$，又可分为红外线、可见光和紫外线三部分。波长 $400 \sim 760 nm$ 的光波能够为人眼所感觉，称为可见光。图 1.1 为从 γ 射线到无线电波的电磁波谱。

在可见光谱段范围内，不同波长的光引起不同颜色感觉。具有单一波长的光称为"单色光"。由不同波长的光波混合而成的光称为"复色光"，太阳光由无限多种单色光混合而成。

光在真空中以同一速度 v 传播（$v = 3 \times 10^8 m/s$），在空气中也近似如此。光在不同介质中传播时，频率 ν 不变而波长 λ 变化。在水和玻璃等透明介质中，光的传播速度要比在真空中慢，且随着波长的不同而不同。光的频率和光速、波长之间的关系为 $\nu = c/\lambda$。

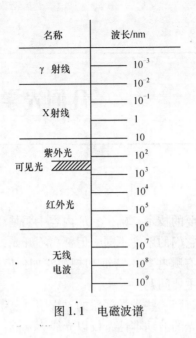

图 1.1　电磁波谱

1.1.2　光源

从物理学的观点来看，所有能辐射光能的物体都称为"发光体"或"光源"。当光源的大小与辐射光能的作用距离相比可以忽略时，可认为是"发光点"或"点光源"。

在几何光学中，一切自身发光或受到光照射而发光的物体均可视为光源。任何被成像的物体（光源）均由无数个发光点组成。在研究光的传播与物体成像问题时，通常选择物体上某些特定的点来进行讨论，且不考虑发光点所包含的物理概念（如光能密度等），认为发光点是一个既无大小也无体积而只有位置的发光几何点。

1.1.3　波面和光束

光波是电磁波，任何光源可看作波源，光的传播正是这种电磁波的传播。光波向周围传播，在某一瞬时，振动位相相同的各点所构成的曲面称为"波面"。波面可分为平面、球面或任意曲面。在各向同性的均匀介质中，点光源所发出的光波波面，是以光源为中心的一些同心球面，这种波称为"球面波"。对有一定大小的实际发光体，在光的传播距离比光源线度大得多的情况下，它所发出的光波也可以近似为球面波。在距发光点无限远处，波面形状可视为平面，这种波称为"平面波"。偏离上述规则的波面的称为"任意曲面波"。

波面对应的法线（光线）束称为"光束"，常见的光束有三种类型，如图 1.2 所示。

同心光束——相交于一点或由同一点发出的一束光线，其对应的波面形状为球面。

像散光束——不聚交于同一点或不是由同一点发出的光束，对应的波面形状为非球面。

平行光束——没有聚交点而相互平行的光线束，对应的波面为平面波。

2

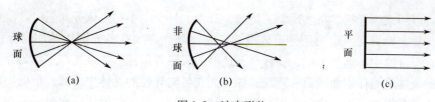

图 1.2　波束形状

（a）同心光束；（b）像散光束；（c）平行光束。

1.1.4　光线

几何光学中研究光的传播，并不把光看作是电磁波，而把光看作是能够传播能量但没有截面大小只有位置和方向的几何线，这样的几何线称为"光线"。光源发光就是向四周发出无数条几何线，沿着每一条几何线向外发散能量。根据物理光学观点，在各向同性均匀介质中，辐射能量是沿着波面的法线方向传播的。因此，物理光学中的波面法线就相当于几何光学中的光线。换句话说，光线必定与波面垂直，如图 1.3 所示。

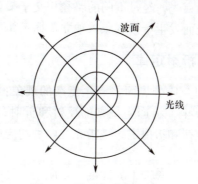

图 1.3　波面与光线的关系

在本节介绍的几个基本概念中，光线是几何光学最基本、最感兴趣的一个概念。但是，光线并不是一个物理实体，它只是一种数学工具，是人们直接从无数客观光学现象中抽象出来的。几何光学研究光的传播，也就是研究光线的传播。研究的方法是：首先找出光线的传播规律——几何光学的基本定律，然后根据这些基本定律研究光的传播现象。在研究过程中，光线和几何线具有完全相同的性质，所不同的只是光线具有方向——能量传播的方向。因此，就光线的几何性质来说，光线是"具有方向的几何线"。这样，几何光学中研究光的传播问题，就变成了一个几何问题，这就是所以称为"几何光学"的理由。

1.2　几何光学基本定律

几何光学把研究光经过介质的传播问题归结为四个基本定律，即：直线传播定律、独立传播定律、反射定律和折射定律。

1.2.1　直线传播定律

在各向同性的均匀透明介质中，光是沿着直线传播的，这是光的直线传播定律。这个定律可以用来解释很多自然现象，例如，日食、月食、小孔成像等。但应该注意，光的直线传播定律只在一定的条件下才成立，这就是光必须在各向同性的均匀介质中传播，且在行进途中不遇到小孔、狭缝和不透明的屏障等阻挡。如果光在不均匀介质中传播，光的轨迹将是任意曲线而非直线；如果光在各向异性的晶体中传播，根据物理光学的知识，光会发生双折射现象；如果光在传播中遇到小孔、狭缝等，则根据波动光学的原理，将发生衍射现象而偏离直线。

1.2.2 独立传播定律

从不同光源发出的光线，以不同方向相交于空间介质中的某一点时，彼此互不影响，各光线独立传播，这就是光的独立传播定律。利用几个探照灯在夜空中搜索、交会飞机是这一定律的典型例证。光的独立传播定律的意义在于，当考虑某一光线的传播时，可不考虑其他光线对它的影响，从而使得对光线传播情况的研究大为简化。但是应该注意，光的独立传播定律仅对不同发光体发出的光即非相干光才是准确的。如果由同一光源发出后又被分开的两束光，经过不同的路径相交于某点，这样的两束光当满足一定条件时，可能成为相干光而发生干涉现象，独立传播定律不适用。

1.2.3 反射定律和折射定律

一般说，光在两种均匀介质分界面将产生复杂的现象：在光滑分界表面（表面任何不规则度≤波长数量级）上，将产生规则的反射和折射；而在粗糙分界表面处将产生漫反射和漫折射。反射定律和折射定律是指光在两种均匀透明介质光滑分界面上的传播规律。

若一束光投射到两种介质分界面上，如图1.4所示，其中：一部分光线在分界面上反射到原来的介质，称为"反射光线"；另一部分光线透过分界面进入第二种介质，并改变原来的方向，称为"折射光线"。反射光线和折射光线的传播规律是反射定律和折射定律。

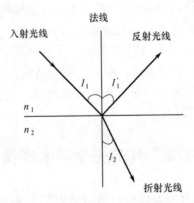

图1.4 光的反射定律与折射定律示意图

入射光线和界面法线间的夹角 I_1 称为"入射角"；反射光线和界面法线间的夹角 I_1' 称为"反射角"；折射光线和界面法线间夹角 I_2 称为"折射角"。

反射定律：

（1）反射光线必与入射光线和界面投射点处的法线共面。

（2）入射角和反射角绝对值相等但符号相反，即入射光线与反射光线位于法线两侧，即

$$I'_1 = I_1 \qquad (1.1)$$

折射定律：

（1）折射光线与入射光线和界面投射点处法线共面。

（2）入射角和折射角正弦之比，对两种一定的介质来说，是一个与入射角无关的常数，它等于折射光线所在介质折射率 n_2 与入射光线所在介质折射率 n_1 之比，即

$$\frac{\sin I_1}{\sin I_2} = \frac{n_2}{n_1} \qquad (1.2)$$

或写为

$$n_1 \sin I_1 = n_2 \sin I_2 \qquad (1.3)$$

式中：n_1 和 n_2 为介质的绝对折射率，可表示为真空中光速 c 和介质中光速 v_1（v_2）之比，即

$$\begin{cases} n_1 = \dfrac{c}{v_1} \\ n_2 = \dfrac{c}{v_2} \end{cases} \qquad (1.4)$$

对于两种介质界面的折射，$n_1 \sin I_1$ 或 $n_2 \sin I_2$ 为一常数，称为光学不变量。对于不同的介质，它有不同的数值。

反射、折射定律对于平面，对于球面或任意光滑曲面都是成立的。

1.2.4 基本定律的推论

（1）在式（1.3）中，若令 $n_2 = -n_1$，则 $I_2 = -I_1$，即为反射定律。这表明，反射定律可以看作是折射定律的一种特例。因此，由折射定律推导出的适合于折射情况的公式，只要令 $n_2 = -n_1$，便可导出相应的反射情况的公式。这在几何光学里是有重要意义的一项推论。

（2）光路的可逆性。假定某一条光线，沿着一定的路线，由 A 传播到 B。如果在 B 点沿着出射光线，按照相反的方向投射一条光线，则此反向光线仍沿着此同一条路线，由 B 传播到 A。光线传播的这种性质，称为"光路的可逆性"。

光路可逆现象，不论在均匀介质中光直线传播时，还是在两种均匀介质界面上发生折射与反射时都同样存在。推而广之，光线经过一个复杂的系统，无论经过多少次反射和折射，不管它经过的是均匀折射率介质还是非均匀折射率介质，光路的可逆性永远成立。

根据光路的可逆性，当研究光线传播规律、进行光学系统设计时，既可以按实际光线进行的方向来研究和计算它的传播路线，也可以按与实际光线相反的方向（所谓"反向光路"）来进行研究和计算，二者的结果是完全相同的，为解决实际问题提供了极大方便，这点对于透镜设计尤其重要。

至于光在不均匀介质中传播的规律，可以把不均匀介质看作是由无限多的均匀介质

组合而成的。光线在不均匀介质中的传播，可以看作是一个连续的折射。随着介质性质不同，光线传播曲线的形状各异。它的传播规律，同样可以用折射定律来说明。由此可见，直线传播定律、独立传播定律、反射定律和折射定律，能够说明自然界中光线的各种传播现象，它们是几何光学中仅有的物理定律，称为几何光学基本定律。几何光学的全部内容，就是在这些定律的基础上用数学的方法研究光的传播问题。

下面我们根据几何光学的基本定律研究折射率和光速的关系。

假设一束平行光线投射在两介质的分界面 P 上，如图1.5所示。所有的光线具有相同的入射角 I_1，通过平面 P 折射后，按折射定律，所有折射光线显然具有相同的折射角 I_2，因此仍为一平行光束。和平行光束相垂直的入射波面和折射波面，应该是两个平面。

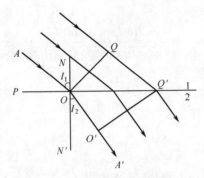

图1.5 折射率与光速的关系

假定某一瞬间波面到达位置为 OQ，经过时间 t 后，光波传播所到达的波面位置为 $O'Q'$。设光在两介质内的传播速度分别为 v_1 和 v_2，由图1.5可得 $QQ' = v_1 \cdot t$，$OO' = v_2 \cdot t$。

由于波面 OQ 垂直于直线 AO，分界面 P 垂直法线 ON。因此，$\angle QOQ' = \angle AON = I_1$；同理，$\angle O'Q'O = \angle A'ON' = I_2$。根据 $\triangle OQQ'$ 和 $\triangle OQ'O'$，得

$$\sin I_1 = \frac{QQ'}{OQ'} \quad \sin I_2 = \frac{OO'}{OQ'}$$

由以上二式相除消去 OQ'，得

$$\frac{\sin I_1}{\sin I_2} = \frac{QQ'}{OO'}$$

将 $QQ' = v_1 \cdot t$，$OO' = v_2 \cdot t$ 的关系代入上式，并消去 t 得到

$$\frac{\sin I_1}{\sin I_2} = \frac{v_1}{v_2}$$

结合折射定律可得

$$\frac{v_1}{v_2} = \frac{n_2}{n_1} \tag{1.5}$$

由此可知：第二种介质对第一种介质的折射率之比等于第一种介质的光速 v_1 和第二种介质的光速 v_2 之比，这就是折射率与光速之间的关系。对于一定的介质，光速显然不变。因此，两种一定的介质对应的折射率应为不变的常数，实际上也就证明了折射

6

定律的成立。

通常把一种介质对另一种介质的折射率称为"相对折射率"，而把介质对真空的折射率称为"绝对折射率"。由于光在空气中的传播速度和真空中的传播速度相差极小，通常把空气的绝对折射率取1，而把介质对空气的折射率作为"绝对折射率"。

由 $QQ' = v_1 \cdot t$，$OO' = v_2 \cdot t$ 和式（1.5）可得

$$\frac{QQ'}{OO'} = \frac{v_1}{v_2} = \frac{n_2}{n_1}$$

或写为

$$n_1 \cdot QQ' = n_2 \cdot OO'$$

由以上关系可以看到，在两个波面之间的两条光线，虽然它们各自走过的几何路线不同，但是它们的几何路程和所在介质折射率的乘积是相等的。把几何路程和折射率的乘积称为"光程"，即

$$S = n \cdot L \tag{1.6}$$

式中：L 为几何路程；n 为折射率；S 为光程。

根据折射率与光速的关系，可得

$$S = n \cdot L = \frac{c}{v} \cdot L$$

几何路程 L 和该介质中的光速 v 之比即为光的传播时间 t，因此有

$$S = t \cdot c \tag{1.7}$$

由式（1.7）可知，光在介质中传播的光程等于相同时间内光在真空中传播的几何路程。按照波面的定义，任何两个波面之间所有光线的传播时间显然相同，因此，任意两波面之间的所有光线尽管走过的几何路程不同，但光程都是相同的，这就是波面与光程之间的关系，也可以看作是波面的传播规律。由已知波面的位置，根据波面间光程相等的关系，即可找到新的波面位置。由于光线是波面的法线，有了波面就能确定对应的光线位置。在今后研究光的传播问题时，大多数情形是根据光线的折射、反射定律来研究，有时候也可以根据波面之间光程相等的关系来研究，二者的结论完全相同。

1.3 全 反 射

在一般情况下，投射在两种介质分界面上的每一条光线，都分成两条：一条光线从分界面反射回到原来的介质；另一条光线经分界面折射进入另一种介质。随着光线入射角的增大，反射光线的强度增强，而折射光线的强度则逐渐减弱。

由图1.6可以看出：当入射角 I_1 增大时，相应的折射角也增大；同时，反射光的强度随之增加，而折射光的强度逐渐减小。当入射角增大到 I_0 时，折射角 $I_2 = 90°$。这时，折射光线掠过两介质的分界面，并且强度趋近于零。当入射角 $I_1 > I_0$ 时，折射光线不再存在，入射光线全部反射，这样的现象称为全反射。折射角 $I_2 = 90°$ 对应的入射角 I_0 称为全反射临界角。

由上述分析看出，发生全反射必须满足两个条件：光线从折射率高的介质（光密介质）射向折射率低的介质（光疏介质），并且入射角大于全反射临界角。

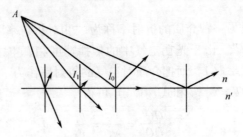

图 1.6　全反射示意图

根据折射定律，可以确定全反射临界角，即

$$I_0 = \arcsin\left(\frac{n'}{n}\right) \tag{1.8}$$

全反射现象在光学仪器和光学技术中有广泛而重要的应用，如反射棱镜和光导纤维。利用全反射原理构成的反射棱镜如图 1.7 所示。

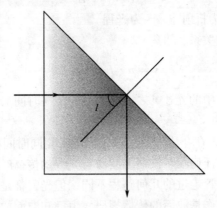

图 1.7　全反射棱镜

用它来代替镀反光膜的反射镜，能够减少光能损失。因为一般镀反光膜的反射镜不能使光线全部反射，大约有 10% 的光线将被吸收，而且反光膜容易变质和损伤。利用棱镜全反射必须满足全部光线在反射面上的入射角都大于临界角 I_0。如果有的光线入射角小于临界角，则反射面上仍需要镀反光膜。

全反射现象的另一个重要应用是利用它测量介质的折射率。如图 1.8 所示，A 是用一种折射率已知的介质做成的，设其折射率为 n_A；B 为需要测量折射率的介质，其折射率用 n_B 表示。假定 $n_A > n_B$，从各方向射来的光线 a、b、c、…经过二介质的分界面折射后，对应的最大折射角显然和掠过分界面的 a 光线的折射角相同，其值等于全反射角 I_0。全部折射光线的折射角均小于 I_0，超出 I_0 便没有折射光线的存在。因此，可以找到一个亮暗的分界线。利用测角装置，测出 I_0 角的大小，根据公式（1.8）得

$$n_B = n_A \cdot \sin I_0$$

将已知的 n_A 和测得的 I_0 角代入上式，即可求得 n_B。

全反射原理在军事仪器中也得到了重要应用。由于全反射现象几乎不损失光能，所以在仪器中常常用它来传导照明光束，如某些经纬仪中采用照明棱镜、62 式迫击炮光学瞄准具的照明导管等，也用于分划板照明。

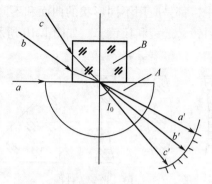

图 1.8　利用全反射测量介质折射率

　　仪器中分划线的照明也是利用全反射原理。图 1.9 表示用光源照明分划线的原理。进入 AB 面的光束几乎都以大于临界角的角度投射到分划板两表面 AC、BD 上，经多次全反射从 DC 面射出，故观察者在垂直于表面 AC,BD 方向观察分划板时，眼睛接收不到光线，在夜间背景是暗的，故分划板也是暗的。若玻璃上刻有分划线，则投射到这一点的光线 s，与表面法线的夹角（入射角）比临界角要小，故从 BD 面透射出来，眼睛观察分划板时在黑暗背景上出现了被照明了的分划线（见图 1.9（a））。但是这种不填色的分划线，虽然在夜间从刻线一面观察，在黑暗背景上能看到被照明的分划线，但在白天却看不清楚。为使在白天亦能看清楚分划线，应在分划线上涂上一层白色填料（主要成分是氧化锌），白色填料被透过刻线 m 的光线照明（见图 1.9（b）），成为被照体（如白色墙壁一样），将光射出去，从表面 BD 一侧观察，就清楚地看到这条被照明了的白色分划线，而白天从物镜方向射来的光线，由于被这层不透明的填料所阻挡不能进入眼睛，故看到的是黑色分划线。

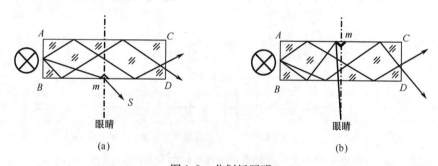

图 1.9　分划板照明

　　此外，传光和传像的光学纤维也是利用了全反射原理，具体内容将在后面章节详细介绍。

1.4　光学系统和成像的基本概念

1.4.1　光学系统的基本概念

　　人们在研究光的各种传播现象的基础上，设计和制造了各种各样的光学仪器，为生产和生活服务。例如，利用显微镜帮助我们观察细小的物体，利用望远镜观察远距离的物体等。在所有光学仪器中，都是应用不同形状的曲面和不同的介质（玻璃、晶体等）做成各种光学零件——反射镜、透镜和棱镜等，如图1.10所示。

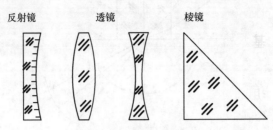

反射镜　　透镜　　棱镜

图1.10　光学零件图

组成光学系统的光学零件，基本有如下几类。

（1）透镜。按其形状和作用可分为两类：第一类为正透镜，又称凸透镜或会聚透镜，其特点是中心厚边缘薄，起会聚光束的作用；第二类为负透镜，又称凹透镜或发散透镜，其特点是中心薄边缘厚，起发散光束的作用。

（2）反射镜。按形状可以分为平面反射镜和球面反射镜。球面反射镜又分为凸面镜和凹面镜。

（3）棱镜。按其作用和性质，可以分为反射棱镜和折射棱镜。

（4）平行平板。工作面为两平行平面的折射零件。

把光学零件按一定方式组合起来，使由物体发出的光线，经过这些光学零件的折射、反射以后，按照我们的需要改变光线的传播方向，随后射出系统，从而满足一定的使用要求，这样的光学零件的组合称为光学系统。图1.11是一个军用观察望远镜的光学系统图，它是由两个透镜组（物镜和目镜）和两个棱镜构成的。

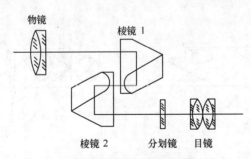

物镜　　　　　　　　棱镜1

棱镜2　　　分划镜　目镜

图1.11　军用观察望远镜的光学系统图

在各种不同形式的曲面中，目前能够比较方便地进行大量生产的光学系统只限于球面和平面（平面可以看作是半径为无限大的球面）。因此，绝大多数光学系统中的光学零件均由球面构成，这样的光学系统称为"球面系统"。如果光学系统中包含有非球面，则称为"非球面系统"。在球面系统中，如果所有球心均位于同一直线上，球面对于通过球心的任意一条直线都对称，那么该直线就是整个系统的对称轴线，也就是系统的光轴，这样的系统称为"共轴球面系统"。目前广泛使用的光学系统，大多数由共轴球面系统和平面镜、棱镜系统组合而成。图1.11中军用观察望远镜的光学系统就是由两个属于共轴球面系统的透镜组（物镜组和目镜组）和两个全反射棱镜组成的。本书主要研究的也就是共轴球面系统和平面镜、棱镜系统。

实际上，共轴球面光学系统都是由不同形状的透镜构成的。因此，单个透镜是共轴球面系统的基本组元。例如，图 1.11 中望远镜的物镜组和目镜组就是分别由两片透镜和四片透镜组成的。

1.4.2 成像的基本概念

1）物和像

光学系统的基本作用是接收由物体表面各点发出的一部分入射波球面，并改变其形状，最终形成物体的像。从光束的角度看，光学系统的成像本质上就是进行光束变换，即：将一个发散或会聚的同心光束，经过系统的一系列折射和反射后，变换成为一个新的会聚或发散的同心光束。

如图 1.12 （a）所示，A 点发出的一束发散同心光束，经光学系统后得到一束会聚于 A′点的会聚同心光束。如图 1.12 （b）所示，一束会聚于 A 的同心光束经光学系统后变成由 A′发出的一束发散光束。

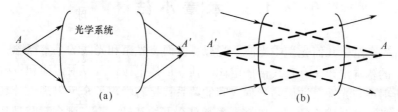

图 1.12　物与像

入射到光学系统上的同心光束的交点 A 称为物点；从光学系统出射的同心光束的交点 A′称为像点。根据光路可逆定理，如果把像点 A′看作物点，则由 A′点发出的光线必相交于 A 点，A 点就成了 A′通过光学系统所成的像。A 点和 A′点间的这种对应关系称为"共轭"，物点 A 和像点 A′之间沿光轴的距离 AA′称为共轭距。

同心光束各光线实际通过的交点，或者说由实际光线相交形成的点，称为实物点和实像点，如图 1.12 （a）所示。由这样的点所构成的物和像称为实物和实像。实像可直接被屏幕、底片和光电器件等记录，即直接呈现在接收面上。

由实际光线的延长线的交点所形成的物点和像点称为虚物点和虚像点，如图 1.12 （b）所示。由这样的点所构成的物和像称为虚物和虚像。虚物通常是前面的光学系统所成的像，虚像可以被眼睛感受，但不能在屏幕或底片或其他接收面上得到。

物和像是相对的，前面光学系统所生成的像，即为后一个光学系统的物。

2）物空间和像空间

任何具有一定面积或体积的物体，都可把它们看作是由无数发光点集合而成。如果每一点都按照上述定义成一像点，物体上各点所对应的像点的总体就称为该物体通过光学系统所成的像。物所在的空间称为"物空间"，像所在的空间称为"像空间"。

根据前面的定义，光学系统第一个曲面以前的空间为"实物空间"，而第一个曲面以后的空间为"虚物空间"，系统最后一个曲面以后的空间称为"实像空间"，而最后一个曲面以前的空间称为"虚像空间"。整个物空间（包括实物空间和虚物空间）是可以无限扩展的，整个像空间（包括实像空间和虚像空间）也是可以无限扩展的，因此不能按空间位置来划分物空间或像空间。例如，不能把光学系统前方的空间称为物空间，也不能把光学系统后方的空间称为像空间。

不管是实物还是虚物，总是由发散（实物）或会聚（虚物）的同心光束射入光学系统。不论是实物还是虚物，对于进入光学系统的实际光束（不是向前延伸的光束）存在的一方是物空间；同样，不论是实像还是虚像，从光学系统出射的实际光束（不是向后延伸的光束）存在的一方是像空间。

物空间介质的折射率必须按实际入射光线所在的系统前方空间介质的折射率来计算，像空间介质的折射率，也必须按实际出射光线所在的系统后方空间介质的折射率来计算，而不管它们是实物点还是虚物点，是实像点还是虚像点。如图 1.12（b）所示的虚物点 A，尽管从位置来说，位在系统后方，但是物空间介质的折射率仍按指向 A 点的实际入射光线所在空间（透镜前方空间）介质的折射率计算。同理，虚像点 A′ 对应的像空间介质的折射率，则按实际出射光线所在空间（透镜后方空间）介质的折射率计算。

1.5 本章小结

本章首先介绍了几何光学中光波、光源、波面、光束和光线的基本概念，然后讲述了几何光学的基本定律——直线传播定律、独立传播定律以及反射定律和折射定律，进而讨论了折射率与光速、波面与光程之间的关系；接着学习了全反射现象及其应用，最后给出了光学系统和成像的基本概念。本章是全书的基础，全书剩余章节是几何光学基本定律的应用，具体应该掌握以下几方面的内容。

（1）熟悉几何光学的四个基本概念；

（2）掌握几何光学的四个基本定律的内容和折射定律的表达式；

（3）掌握全反射产生的条件，会计算全反射临界角，了解其典型应用；

（4）了解光学系统的分类和成像的基本概念。

习　　题

1. 习题 1 图中，有一个折射率为 1.54 的等腰直角棱镜，求入射光线与该棱镜直角边成怎样的角度时，光线经斜面反射后其折射光线沿斜边出射？

2. 习题 2 图中，一块折射率为 1.50 的全反射棱镜浸没在折射率为 1.33 的水中，光自一个直角棱面垂直入射，能否发生全反射？

3. 已知光在真空中的速度为 $c = 3 \times 10^8 \text{m/s}$，试求光在水（$n = 1.33$）、冕牌玻璃（$n = 1.50$）、重火石玻璃（$n = 1.65$）和加拿大树胶（$n = 1.53$）四种介质中的传播速度。

4. 水面上浮一层油（$n = 1.41$），若光线由空气以 45° 角入射到油层上表面，试求出光在油层中及水中的走向。

5. 为从坦克内部观察外界目标，需在坦克壁上开一个孔，孔径 120mm。设坦克壁厚为 200mm，若在孔内装一块与壁厚相同的玻璃（$n = 1.5163$），能看到外界多大角度范围？

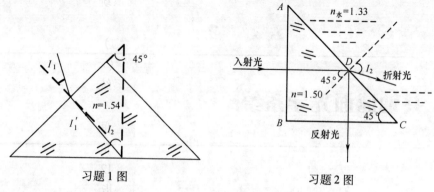

习题1图   习题2图

6. 有一玻璃球，折射率为1.68，今有一光线射到球表面，若入射角为40°，求此时反射光线跟折射光线间的夹角。

7. 当射击水底目标时，是否可以和射击地面目标一样瞄准？

8. 光线以任意方向由水中射向空气中，而在空气与水的分界面上能否发生全反射？为什么？

9. 弯曲的光学纤维可以将光线由一端传到另一端，这是否和光在均匀介质中直线传播定律矛盾？为什么？

10. 试述汽车前面的反光镜做成凸面和生物显微镜的照明反光镜做成凹面的原因。如果将其做成平面，其结果怎样？

<table>
<tr><td>第
2
章</td><td># 共轴球面光学系统</td></tr>
</table>

第 2 章　共轴球面光学系统

我们在第 1 章中学习了几何光学的基本定律，本章开始应用这些规律来研究共轴球面光学系统成像的问题。研究光学系统成像问题首先要解决以下问题：如何根据物的位置和大小找出像的位置和大小？像的位置和大小与光学系统的结构之间存在什么样的关系？它们有哪些规律性？这些是本章要解决的主要问题。

2.1　光线经过单个折射球面的折射

在光学系统中，折射和反射是逐面进行的。为了找到某一物点的像，只要根据基本定律找出由该物点发出的光线通过光学系统以后的出射光线位置，它们的交点就是该物点的像点。

因此，要求出像的位置，首先需要确定入射光线的位置，然后跟踪光线，根据几何光学的基本定律，逐面找出折、反射光线的位置即可，这就是光路计算，也称为光线追迹。本节主要讨论子午面（通过光轴的截面）内的光线的实际光路计算公式，目的是推导出近轴光路计算公式和讨论光学系统近轴光的特性。

2.1.1　符号规则

光路计算公式的形式随着所选择的表示光线位置的坐标不同而不同。本书选取入射光线与光轴的交点 A 到球面顶点的距离 L 和入射光线与光轴的夹角 U 来表示入射光线 PA 的位置，相应地用 L'、U' 表示折射光线 PA' 的位置，如图 2.1 所示。

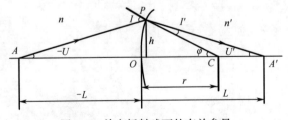

图 2.1　单个折射球面的有关参量

折射球面 OP 是折射率为 n 和 n' 的两种介质的分界面，C 为球心，OC 为球面曲率半径，以 r 表示。通过球心的直线就是光轴，它与球面的交点 O 称为顶点；显然，单个折射球面有无数多个光轴。从顶点 O 到光线与光轴的交点 A 的距离，记为 L，称为截距；入射光线与光轴的夹角，记为 U，称为孔径角。入射光线经球面折射后，其位置相应地也用截距和孔径角两个量确定。为了区分，在表示折射光线位置的字母右上方加撇，即用 L' 和 U' 表示折射光线位置。L 和 U 称为物方截距（简称物距）和物方孔径角，L' 和 U' 称为像方截距（简称像距）和像方孔径角，φ 是入射点球面的法线与光轴的夹角；h 是入射点到光轴的垂直距离，称为入射点高度。

以上对光线的描述还是不明确的，因为光线和光轴的交点在顶点的左边还是右边，光线在光轴以上还是在光轴以下，均未加以区分。此外，折射球面可以是凸的，也可以是凹的。为了使确定光线位置的参量更有确切的含意，使以后推导出的光线的光路计算公式具有普遍适用性，必须对光线坐标及其他有关参量的符号加以规定。

1）线段

和一般数学中所采用的坐标一样，规定由左向右为正，由下向上为正，反之为负。

为了规定某一个线段参数的符号，除了规定坐标方向以外，还需要规定线段的计算起点。公式中各参量的计算起点和计算方法如下：

截距 L、L'——由球面顶点算起到光线与光轴的交点；

球面半径 r——由球面顶点算起到球心；

折射面之间的间隔 d——由前一面顶点算起到下一面顶点。

2）角度

一律以锐角来度量，规定顺时针转为正，逆时针转为负。和线段要规定计算起点一样，角度也要规定起始轴。各参量的起始轴和转动方向为：

孔径角 U、U'——由光轴起转到光线；

入射角和折射角 I、I'——由光线起转到法线；

光轴和法线之间的夹角 φ——由光轴转到法线。

其他参量的计算起点或起始轴以后出现时再指出。

图 2.1 所示的有关参量均按上述规则进行了标定。按这种符号规则，可以充分利用光线追迹公式，不必因反映截距和角度的符号而用不同形式的公式。不但在进行数值计算时需要使用符号规则，而且在推导公式时也要使用符号规则。为了使导出的公式具有普遍性，推导公式时必须注意，在几何图形上各参量一律标注"几何量"，即其绝对值，所以光路图中负的线段或负的角度必须在表示该参量的字母和数字前加负号。

几何光学中所有的参数都有相应的符号规则。因此，今后对遇到的每一个参数，不仅要记住它所代表的几何意义，同时也要记住它的符号规则。只知道几何意义而不知道符号规则，就无法进行计算。即使计算出来了，也找不到对应的几何位置，仍然不能解决问题。

2.1.2 实际光路计算公式

下面根据给定单个折射球面的半径 r，球面前后介质的折射率 n、n' 和入射光线的坐标 L、U，导出计算折射光线坐标 L' 和 U' 的计算公式。

在图 2.1 中，对 $\triangle APC$ 应用正弦定理，得

$$\frac{L - r}{\sin I} = \frac{r}{\sin U}$$

$$\sin I = \frac{L - r}{r} \sin U \tag{2.1}$$

由折射定律，有

$$\sin I' = \frac{n}{n'} \sin I \tag{2.2}$$

再对 $\triangle APC$ 和 $\triangle A'PC$ 应用外角定理，得

$$\varphi = U + I = U' + I'$$

故

$$U' = U + I - I' \tag{2.3}$$

在 $\triangle A'PC$ 中应用正弦定理，得

$$\frac{L' - r}{\sin I'} = \frac{r}{\sin U'}$$

故

$$L' = r + \frac{r \sin I'}{\sin U'} \tag{2.4}$$

式（2.1）~式（2.4）是计算子午面内光线光路的基本公式，依次使用以上公式就可由入射光线的值计算出出射光线的值。

应用式（2.1）~式（2.4）进行计算时，必须首先根据球面和光线的几何位置确定每一参量的正负号，然后再代入公式进行计算，算出的结果亦按照数值的正负来确定光线的相对位置。

2.1.3 近轴光路计算公式

1）近轴光路计算公式

由实际光路计算公式可以看出，当 L 为定值时，L' 是角 U 的函数。这就意味着由同一物点发出的同心光束，由于不同锥面上的光线 U 角不同，经过球面折射后，将有不同的 L' 值。也就是说，像方光束与光轴不交于一点，失去了同心性。所以，轴上一点以有限孔径角的光束经过单个折射面成像时，一般是不完善的。

不难看出，U 越小，L' 变化越慢。当 U 相当小时，L' 几乎不变。也就是说，靠近光轴的光线聚焦得较好。凡是很靠近光轴的光线，称为近轴光线（或傍轴光线）。近轴光线所在区域，称为近轴区（或傍轴区）。对于近轴区域的成像问题，同样可以由光路计算解决。

当 U 角很小时，即近轴条件下，用角度本身所对应的弧度值来代替角度的正弦值，便得到近轴区域的光路计算和转面公式，即

$$i = \frac{l - r}{r} u \tag{2.5}$$

$$i' = \frac{n}{n'} i \tag{2.6}$$

$$u' = u + i - i' \tag{2.7}$$

$$l' = r + \frac{ri'}{u'} \qquad (2.8)$$

式（2.5）~式（2.8）称为近轴光线的光路计算公式，各参量的意义和符号规则与实际光路计算公式中的相应参量相同。为了区别近轴光线和实际光线，近轴公式中各参量一律用小写字母表示。

以上公式是用三角函数级数展开式的第一项代替函数以后所得到的结果，也就是忽略了级数中三次方以上各项的一个近似公式。对于 U 为有限大小的光线，永远具有一定的误差。角度越大，误差越大。

2）近轴区域成像性质

下面根据近轴光路式（2.5）~式（2.8）来讨论近轴光线的成像性质。首先讨论轴上物点，由轴上同一物点发出的不同光线对应相同的 l 值，而 u 不同。对于一定的 l，当 u 改变时，i、i'、u' 按比例变化，而 $\frac{i'}{u'}$ 不变，根据式（2.8）可以看到对应的 l' 也不变。因此，由轴上同一物点发出的近轴光线，经过球面折射以后聚交于轴上同一点。也就是说，轴上物点用近轴光线成像时是符合理想的。

上面研究的是轴上点的情形，下面研究轴外物点，如图 2.2 所示。由于球面的对称性，对单个球面来说，任意一条半径都可看成是它的轴线。轴外物点 B，对通过 B 点的半径 BC 来说相当于一个轴上点，BC 称为 B 点的辅助轴。假定 B 点离光轴不远，辅助轴和主光轴的夹角很小，位于近轴范围内。位于主光轴 AC 的近轴范围内的光线，对于辅助轴 BC 来说，同样是近轴光线，所以成像应该符合理想，而且像点一定位于辅助轴上。故当物点以近轴光线成像时，形成的像点为理想像点；位于近轴区域内的垂轴平面物体以近轴光线成像也符合理想。

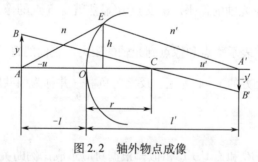

图 2.2　轴外物点成像

因此，由近轴光路计算公式所求得的像为理想像，理想像即近轴像，也称为高斯像。讨论光学系统近轴区域成像性质和规律的光学称为近轴光学，也称高斯光学。

3）近轴区物像位置关系式

根据前面的讨论可知，在近轴区域内成像近似地符合理想，即每一个物点对应一确定的像点。只要物距 l 确定，就可利用近轴光路计算公式得到 l'，而与中间变量 u、u'、i、i' 无关。因此，可以将公式中的 u、u'、i、i' 消去，而把像点位置 l' 直接表示成物点位置 l 和球面半径 r 以及介质折射率 n、n' 的函数。

利用式（2.5）~式（2.8）推导，得

$$l' \cdot u' = \left(r + r\frac{i'}{u'}\right)u' = r(u' + i') = r(u + i) = r\left(u + \frac{l-r}{r}u\right) = lu \qquad (2.9)$$

为了便于推导和在某些情况下的使用，引入光线与球面的交点到光轴的距离 $h = lu = l'u'$，它的符号规则是以光轴为计算起点到光线在球面的投射点，向上为正，向下为负。因此，有

$$n'u' - nu = \frac{h}{r}(n' - n) \tag{2.10}$$

$$\frac{n'}{l'} - \frac{n}{l} = \frac{n' - n}{r} \tag{2.11}$$

$$n\left(\frac{1}{l} - \frac{1}{r}\right) = n'\left(\frac{1}{l'} - \frac{1}{r}\right) = Q \tag{2.12}$$

式（2.10）表示近轴光折射前后的角 u 和 u' 的关系。式（2.11）表示折射球面的物像位置 l 和 l' 之间的关系。当已知球面半径 r 和介质折射率 n、n' 后，只要给出轴上物点的位置 l（或 u，h），就能求得像点位置 l'。

式（2.12）表示成不变量形式，称为阿贝不变量，用字母 Q 表示。对于一个折射球面，物空间和像空间的 Q 值是相同的，其数值随共轭点的位置而异，式（2.12）在"像差理论"中有重要用途。Q 的单位应为 mm^{-1}，一般只写数值，不写单位，但在具体运算中要把单位考虑进去。

4）近轴区物像放大率公式

折射面对有限大小的物体成像时，就产生了像的放大率问题以及像的虚实、正倒的问题，下面在近轴区内予以讨论。

如图 2.2 所示，由于近轴范围内成像符合理想，根据共轴理想光学系统的成像性质，垂直于光轴的物平面 AB 的像平面 $A'B'$ 也一定垂直于光轴。像平面的位置可用式（2.10）或式（2.11）确定。由上节讨论得知，B 点的像一定位于辅助轴上。因此，辅助轴与过 A' 点垂直于光轴的像平面的交点 B' 显然就是 B 点的像。

（1）垂轴放大率。

这里分别用 y 和 y' 表示物点和像点到光轴的距离。它们的符号规则如下：以光轴为计算起点，位于光轴上方的 y、y' 为正，反之为负。$\frac{y'}{y}$ 并称为两共轭面间的垂轴放大率，用 β 表示，即 $\beta = \frac{y'}{y}$。

在图 2.2 中，$\triangle ABC$ 和 $\triangle A'B'C$ 相似，根据对应边成比例的关系，得

$$\frac{-y'}{y} = \frac{l' - r}{-l + r} \quad \text{或} \quad \frac{y'}{y} = \frac{l' - r}{l - r}$$

把式（2.10）进行移项通分，得

$$n'\frac{l' - r}{l'} = n\frac{l - r}{l} \quad \text{或} \quad \frac{l' - r}{l - r} = \frac{nl'}{n'l}$$

代入 β 公式，得

$$\beta = \frac{y'}{y} = \frac{nl'}{n'l} \tag{2.13}$$

式（2.13）是物像大小的关系式。利用式（2.11）和式（2.13）就可以求得任意位置和大小的物体经过单个折射球面所成的近轴像的位置和大小。对于由若干个透镜组

成的共轴球面系统，逐面应用式（2.11）和式（2.13），就可以求得任意共轴系统所成的近轴像的位置和大小。

当求得轴上一对共轭点（物点 A 和像点 A'）的截距 l 和 l' 后，可按式（2.13）求得通过该共轭点的一对共轭面（AB 所在的垂轴面和 $A'B'$ 所在的垂轴面）上的垂轴放大率。由此可知，垂轴放大率仅决定于共轭面的位置，在同一共轭面上，放大率为常数，故像必和物相似。

当 $\beta < 0$ 时，y' 和 y 异号，表示成倒像。同时，l' 和 l 异号，表示物和像处于球面的两侧，像的虚、实必与物一致。当 $\beta > 0$ 时，y' 和 y 同号，表示成正像。同时，l' 和 l 同号，表示物和像处于球面的同一侧，像的虚、实必与物相反。

（2）轴向放大率。

对于有一定体积的物体，除垂轴放大率外，其轴向亦有尺寸，故还有一个轴向放大率的问题。轴向放大率是指光轴上一对共轭点沿轴移动量之间的关系，如果物点沿轴移动一个微小的 $\mathrm{d}l$，相应的像点移动 $\mathrm{d}l'$，轴向放大率用希腊字母表示 α，如图 2.3 所示。

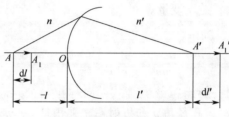

图 2.3 轴向放大率示意图

α 定义为

$$\alpha = \frac{\mathrm{d}l'}{\mathrm{d}l}$$

单个折射球面的轴向放大率，可由式（2.11）导出，对其微分，得

$$-\frac{n'\mathrm{d}l'}{l'^2} + \frac{n\mathrm{d}l}{l^2} = 0$$

$$\alpha = \frac{\mathrm{d}l'}{\mathrm{d}l} = \frac{n\,l'^2}{n'l^2} \tag{2.14}$$

两端各乘 n/n'，得

$$\frac{n}{n'}\alpha = \left(\frac{nl'}{n'l}\right)^2 = \beta^2$$

故有

$$\alpha = \frac{n'}{n}\beta^2 \tag{2.15}$$

这就是轴向放大率和垂轴放大率之间的关系。

（3）角放大率。

角放大率是共轭面上的轴上点 A 发出的光线通过光学系统后，与光轴的夹角 U' 的正切和对应的入射光线与光轴所成的夹角 U 的正切之比，即

$$\gamma = \frac{\tan U'}{\tan U}$$

对近轴光线来说，U 和 U' 趋近于零，这时 $\tan U'$ 和 $\tan U$ 趋近于 u' 和 u。由此得到近轴范围内的角放大率公式为

$$\gamma = \frac{u'}{u}$$

利用式 (2.9)，得

$$\gamma = \frac{l}{l'} \tag{2.16}$$

由此可知，角放大率只和 l、l' 有关。和式 (2.13) 相比较，得

$$\gamma = \frac{n}{n'} \cdot \frac{1}{\beta} \tag{2.17}$$

这就是角放大率与垂轴放大率之间的关系。

将式 (2.15) 和式 (2.16) 相乘，可得三个放大率之间的关系为

$$\alpha \cdot \gamma = \frac{n'}{n}\beta^2 \cdot \frac{n}{n'} \cdot \frac{1}{\beta} = \beta \tag{2.18}$$

这就是在同一对共轭面上的三种放大率之间的关系式。

(4) 拉格朗日—赫姆霍兹不变量。

在公式 $\beta = \dfrac{y'}{y} = \dfrac{nl'}{n'l}$ 中，利用 $\gamma = \dfrac{l}{l'} = \dfrac{u'}{u}$，得

$$nuy = n'u'y' = J \tag{2.19}$$

式 (2.19) 称为拉格朗日—赫姆霍兹恒等式，简称拉赫公式。其表示为不变量形式，在一对共轭平面内，物高 y、孔径角 u 和折射率 n 乘积是一个常数，用 J 表示，称为拉格朗日—赫姆霍兹不变量，简称拉赫不变量，又称物像空间不变量。J 的单位为 rad·mm，一般不给出单位，只给出数值，但在具体运算中要考虑单位。

5) 近轴光学公式的实际意义

根据近轴光学公式的性质，它只能适用于近轴区域。但是实际使用的光学仪器，无论是成像物体的大小，或者由同一物点发出的成像光束都要超出近轴区域。这样看来，研究近轴光学似乎并没有很大的实际意义。但是事实上近轴光学的应用并不仅限于近轴区域内。对于超出近轴区域的物体，仍然可以使用近轴光路计算公式来计算像平面的位置和像的大小。也就是说，把近轴光学公式扩大应用到任意空间。对于近轴区域以外的物体，应用近轴光学公式计算出来的像究竟有什么实际意义呢？

第一，作为衡量实际光学系统成像质量的标准。共轴理想光学系统的成像性质包括：一个物点对应一个像点；垂直于光轴的共轭面上放大率相同。如果实际共轴球面系统成像符合理想，则该理想像的位置和大小必然和用近轴光学公式计算所得的结果相同，代表了实际近轴光线的像面位置和放大率。如果光学系统成像不符合理想，当然就不会和近轴光学公式计算出的结果一致。二者间的差异显然就是该实际光学系统的成像性质和理想像间的误差。也就是说，可以用它作为衡量该实际光学系统成像质量的指标。因此，通常把用近轴光学公式计算出来的像，称为实际光学系统的理想像。

第二，用它近似地表示实际光学系统所成像的位置和大小。在设计光学系统或者分析光学系统的工作原理时，往往首先需要近似地确定像的位置和大小。能够满足

实际使用要求的光学系统，所成的像应该近似符合理想。也就是说，它所成的像应该是比较清晰的，并且物像大体是相似的。所以，可以用近轴光学公式计算出来的理想像的位置和大小，近似地代表实际光学系统所成像的位置和大小。由此可见，近轴光学具有重要的实际意义，它在我们今后研究光学系统的成像原理时经常用到。

2.2 共轴球面系统

实际的光学系统通常是由若干平面和球面光学零件构成的，并且各个球面的球心位于同一条线上，这种光学系统称为共轴球面系统。因为光线通过光学系统是逐面折射的，因此光路的计算也必须逐面进行。

2.1 节讨论了一个折射球面对轴上物点和垂轴平面的成像问题，导出了子午面内光线的光路计算公式和放大率公式，这些公式对于共轴球面系统当然也是有意义的，它们可以重复地应用于系统的每一个折射面。为此，必须解决如何由一个球面过渡到下一个球面的问题。

图 2.4 表示一个在近轴区内物体被光学系统两个折射面成像的情况。显然，第一面的像空间就是第二面的物空间。当计算完第一面以后，其折射光线就是第二面的入射光线。

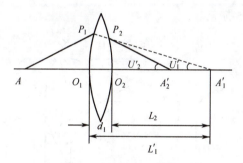

图 2.4　转面公式示意图

由图 2.4 显而易见有

$$\begin{cases} U_2 = U_1' \\ L_2 = L_1' - d_1 \end{cases} \qquad (2.20)$$

用式（2.10）进行近轴光路计算时，还必须求出光线在折射面上入射高度 h 的过渡公式，即

$$h_2 = h_1 - d u_1' \qquad (2.21)$$

求出了 L_2、U_2，就可以再应用式（2.5）~式（2.8）计算第二面的光路，这样重复应用式（2.5）~式（2.8）、式（2.20）、式（2.21），就可以把光线通过任意共轴球面系统的光路计算出来。对于若干个折射面的光学系统，在确定了诸面之间的顶点距离 d_1、d_2、d_3、$\cdots d_n$ 之后，逐面利用上述转面公式，就不难获得最终的计算结果。

对于共轴球面系统的放大率，易于证明等于各个折射面放大率之乘积，即

$$\begin{cases} \beta = \dfrac{y'_n}{y_1} = \dfrac{y'_1}{y_1} \cdot \dfrac{y'_2}{y_2} \cdots \dfrac{y'_n}{y_n} = \beta_1 \cdot \beta_2 \cdots \beta_n \\[3mm] \alpha = \dfrac{d\,l'_n}{dl_1} = \dfrac{d\,l'_1}{dl_1} \cdot \dfrac{d\,l'_2}{dl_2} \cdots \dfrac{d\,l'_n}{dl_n} = \alpha_1 \cdot \alpha_2 \cdots \alpha_n \\[3mm] \gamma = \dfrac{u'_n}{u_1} = \dfrac{u'_1}{u_1} \cdot \dfrac{u'_2}{u_2} \cdots \dfrac{u'_n}{u_n} = \gamma_1 \cdot \gamma_2 \cdots \gamma_n \end{cases} \tag{2.22}$$

2.3 球面反射镜与非球面反射镜

2.3.1 球面反射镜

反射面是球面的反射镜称为球面反射镜，可分为凸面反射镜和凹面反射镜。通常单个折射面不能作为一个基本成像元件，但反射镜作为折射面的特例，可以由单个反射面构成一个基本成像单元。下面研究球面反射镜的近轴成像情况。

在 1.2 节中曾指出，反射定律可视为折射率在 $n' = -n$ 时的特殊情形。因此，在折射球面公式中，只要使 $n' = -n$，便可直接导出反射球面相应的公式。

将 $n' = -n$ 代入式（2.11）中，可得球面反射镜的物像位置公式为

$$\frac{1}{l'} + \frac{1}{l} = \frac{2}{r} \tag{2.23}$$

其物像关系如图 2.5 所示。

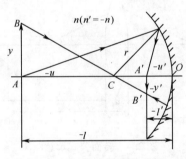

图 2.5 反射镜物像关系图

以 $n' = -n$ 代入放大率公式，可得球面反射镜的放大率为

$$\begin{cases} \beta = -\dfrac{l'}{l} \\[3mm] \alpha = -\beta^2 \\[3mm] \gamma = -\dfrac{1}{\beta} \end{cases} \tag{2.24}$$

当物体处于球面反射镜的球心时，由式（2.23）可知 $l = l' = r$，可得球心处的放大率 $\beta = -1$，$\alpha = -1$，$\gamma = 1$。

2.3.2 非球面反射镜

反射面为非圆球面的反射镜称为非球面反射镜。常用的非球面反射镜有椭球面反射

镜、抛物面反射镜和双曲面反射镜三种。这三种非球面反射镜都能对特殊共轭点成完善像，在天文望远镜系统中得到较多应用。

1）椭球面反射镜

反射面为椭球面的反射镜称为椭球面反射镜。图2.6是椭球面反射镜的轴截面，它是一个椭圆。椭球面反射镜有两个焦点，把靠近椭球面顶点的焦点 F_1 称为第一焦点，把离顶点较远的焦点 F_2 称为第二焦点。把点光源放在第一焦点 F_1 上，它的像位于第二焦点 F_2 上，并且是一个完善的像。因此，F_1 和 F_2 是一对能完善成像的共轭点。

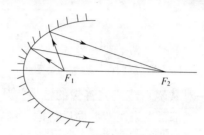

图 2.6 椭球面反射镜的轴截面

椭球面反射镜是一种用途广泛的聚光镜，凡是对于从某点发出的光线欲使之会聚于另一个点时，都可以使用椭球面反射镜。例如，在电影放映机中，常使用它作为主聚光镜。把光源放在第一焦点处，把片窗放在第二焦点附近，光源成的像就落在片窗处的电影胶片上，进而照亮胶片。

2）抛物面反射镜

反射面为抛物面的反射镜称为抛物面反射镜。图2.7是抛物面反射镜的轴截面，它是一条抛物线。抛物面反射镜只有一个焦点 F。它和无限远轴上点是一对共轭点。抛物面反射镜能将较大孔径的平行于光轴的平行光束完善地会聚于焦点 F 上，或将焦点 F 上发出的光束完善地变成平行于光轴的平行光束。

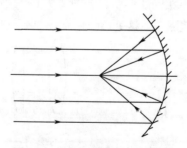

图 2.7 抛物面反射镜的轴截面

根据抛物面反射镜的这一性质，凡是欲使从一点发出的光束转变为平行光，或者欲使平行光束会聚于一点，都可以使用抛物面反射镜。例如，探照灯的反射镜以及天文望远镜的主反射镜都是抛物面反射镜。

3）双曲面反射镜

反射面是双曲面的反射镜称为双曲面反射镜。图2.8是双曲面反射镜的轴截面，它是一条双曲线。双曲面的性质与椭球面相似，也有一对能成完善像的共轭点 F_1 和 F_2，只是 F_1 为虚焦点。对着焦点 F_1 射来的光线（相当于在 F_1 处有一虚物）经双曲面反射

后聚于 F_2 点。

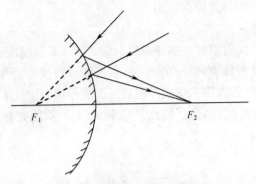

图 2.8　双曲面反射镜的轴截面

根据双曲面反射镜有一对共轭点能成完善像的性质，凡是对于会聚于某一点的光线，欲使之会聚于另一点时，都可以采用双曲面反射镜。例如，一种反射式天文望远镜的物镜中，副反射镜就是一块双曲面反射镜。

2.4　透镜和薄透镜

组成光学系统的光学零件有透镜、棱镜和反射镜等，其中以透镜用得最多，单透镜可以作为一个最简单的光学系统。由两个折射球面包围着一块光学介质，就可以构成一个透镜。折射面可以是球面（包括平面，即曲率半径为无限大的球面）和非球面。因为球面透镜工艺上简单易行，便于检验及成批生产，已成为光学仪器最基本的光学零件之一。

透镜根据形状不同可以分为两大类：第一类称为会聚透镜或正透镜，它的特点是中心厚边缘薄。这类透镜又有各不相同的形状，如图 2.9（a）所示。第二类称为发散透镜或负透镜，它的特点是中心薄边缘厚。这类透镜也有各种不同的形状，如图 2.9（b）所示。

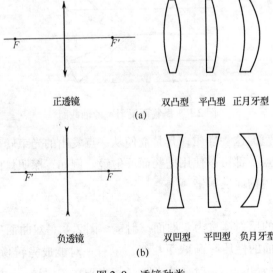

图 2.9　透镜种类

24

2.4.1 光束通过透镜的传播

下面根据光线和波面的传播规律来研究光束通过透镜的传播情况。

首先看会聚透镜。如图 2.10 所示，由 A 点发出的同心光束，它的波面 PQ 是以 A 为球心的球面。当光束通过透镜时，由于玻璃的折射率比空气大，根据折射率和光速的关系，光在玻璃中的传播速度比空气中的速度小，而会聚透镜中心的厚度比边缘大，因此光束的中心部分传播得慢，而边缘部分传播得快。对于图 2.10 的情形，中心的光线由 O 传播到 O' 时，边缘的光线已经由 P、Q 分别传播到 P'、Q'，出射波面便由左向右弯曲，整个光束便折向光轴，称为"会聚"。如果透镜表面选用恰当的曲面形状，则出射波面有可能仍为一球面。对应的出射光线都相交于一点 A'，该相交点显然就是出射球面波的球心。

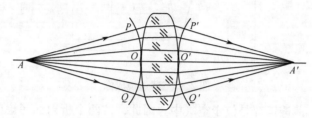

图 2.10　光束通过会聚透镜的传播

下面再来看发散透镜。由于发散透镜边缘比中心厚，所以和会聚透镜相反，光束中心部分走得快，边缘走得慢，如图 2.11 所示。光束通过透镜以后，波面向左弯曲，对应的出射光线就向外偏折，称为"发散"。如果出射波面为球面，则所有光线的延长线都通过球面波的球心 A'。当我们在透镜后面进行观察时，所看到的和光线从 A' 发出的完全一样，但不能用一个屏幕显示出来。

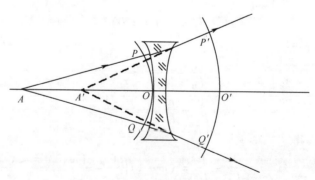

图 2.11　光束通过发散透镜的传播

2.4.2 薄透镜物像关系式

单个透镜的成像问题，实际上还是两个折射球面的成像问题。光路的计算方法在 2.2 节中已做过讨论。但是，我们发现除了少数的应用场合，透镜的厚度 d（即两个折射面间的间隔）比较大以外（这样的透镜称为厚透镜），绝大多数的透镜 d 与两球面半径 r_1 和 r_2 相比是一个很小的数值，如果在光路计算中将它忽略，则产生的误差也不大。这种忽略厚度的透镜称为薄透镜。

薄透镜是一种假想的透镜，实际上并不存在。但对于大多数透镜来说，用薄透镜代替实际透镜，其成像情况很接近。而采用这一概念的好处是使成像的计算公式大为简化，不必再对两个折射面去逐一地使用物像关系公式，就可以导出整个薄透镜的物像关系公式，利用这个公式可以直接由物距和物高求出薄透镜成像后的像距和像高。因此，在研究透镜成像时，薄透镜得到普遍应用。

下面导出薄透镜的成像公式，如图 2.12 所示。

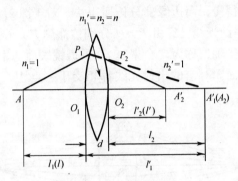

图 2.12　薄透镜成像

一般情况下，薄透镜都是位于空气中。因此，按两个折射面考虑时，$n_1 = 1$，$n'_1 = n_2 = n$，$n'_2 = 1$（n 为透镜介质的折射率）。

将式（2.11）用于第一折射面和第二折射面，得

$$\frac{n}{l'_1} - \frac{1}{l} = \frac{n-1}{r_1}$$

$$\frac{1}{l'_2} - \frac{n}{l_2} = \frac{1-n}{r_2}$$

由过渡公式（2.20）得

$$l_2 = l'_1 \quad (d = 0)$$

代入上式，得

$$\frac{n}{l'_1} - \frac{1}{l} = \frac{n-1}{r_1}$$

$$\frac{1}{l'_2} - \frac{n}{l_1} = -\frac{n-1}{r_2}$$

将两式相加，得

$$\frac{1}{l'_2} - \frac{1}{l_1} = (n-1)\left(\frac{1}{r_1} - \frac{1}{r_2}\right)$$

对整个透镜来说，$l'_2 = l'$，$l_1 = l$，故上式可写成

$$\frac{1}{l'} - \frac{1}{l} = (n-1)\left(\frac{1}{r_1} - \frac{1}{r_2}\right) \tag{2.25}$$

这就是由物距求像距的薄透镜公式。

关于薄透镜像高公式，我们可以如下导出。

将式（2.13）用于第一折射面和第二折射面，得

$$y'_1 = y_1 \frac{1 \times l'_1}{n l_1} \qquad y'_2 = y_2 \frac{n l'_2}{1 \times l_2}$$

26

因为 $y_2 = y'_1$，$l_2 = l'_1$，$d = 0$

所以有 $y_2 = y_1 \dfrac{l'_1}{n l_1} \cdot \dfrac{n l'_2}{l'_1} = y_1 \dfrac{l'_2}{l_1}$

对于整个薄透镜来说，$y'_2 = y'$，$y_1 = y$；$l'_2 = l'$，$l_1 = l$，故上式可以写为

$$y' = y \frac{l'}{l} \tag{2.26}$$

这就是由物高求像高的薄透镜公式。

2.5 本章小结

本章主要运用第 1 章的几何光学基本定律研究共轴球面光学系统成像问题。主要讨论了子午面内光线的光路计算公式，推导出近轴光计算公式，研究光学系统近轴光的特性，并对球面反射镜和薄透镜的成像性质进行了探讨。重点内容如下：

（1）对于任意的实际光线，可以根据式（2.1）～式（2.4）求出其通过光学系统以后的出射光线位置，这组公式在 6.1 节求光学系统的球差时还将用到；

（2）对于近轴区域的光线，可以根据式（2.5）～式（2.8）求出出射光线的位置，也可以直接利用式（2.11）求解；

（3）光学系统的三种放大率相关知识；

（4）球面反射镜和薄透镜的成像性质。

习 题

1. 在一张报纸上放一个平凸透镜，眼睛通过透镜看报纸。当平面朝着眼睛时，报纸的虚像在平面下 12mm 处；当凸面朝着眼睛时，报纸的虚像在凸面下 15mm 处。若透镜的中央厚度为 20mm，求透镜的折射率和凸球面的曲率半径。

2. 有一个放置在折射率为 4/3 的水中的球面反射镜，其曲率半径为 $r = -100\text{cm}$，试问如果要使球面反射镜成一个放大两倍的正立的虚像，求物面的位置。

3. 凹面反射镜半径为 -400mm，物体放在何处成放大两倍的实像？放在何处成放大两倍的虚像？

4. 一玻璃球直径为 60mm，玻璃折射率 $n = 1.5$，一束平行光射到此球上，求会聚点的位置。

5. 有一个曲率半径为 15cm，$n = 1.0$ 和 $n' = 1.5$ 的折射球面，试求该折射球面前 90cm 处物的垂轴放大率。

6. 一个正薄透镜将一实物成一实像，其共轭距为 500mm，现将透镜向右移动 100mm，这时物像位置仍保持原位置不动，试求移动前后的物距、像距及其垂轴放大率。

7. 一玻璃棒（$n = 1.5$），长 500mm，两端面为半球面，半径分别为 50mm 和 -100mm，一箭头高 1mm，垂直位于左端球面顶点之前 200mm 处的轴线上，如习题 7 图所示。试求：（1）箭头经玻璃棒成像后的像距为多少？（2）整个玻璃棒的垂轴放大率

为多少?

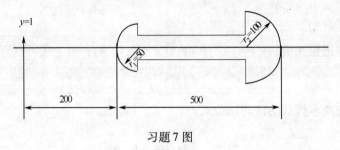

习题 7 图

8. 请分析凹面镜成像规律。

9. 一凹球面反射镜浸没在水中,物在镜前 300mm,像在镜前 90mm,求球面反射镜的曲率半径和焦距。

物空间一点经光学系统后仍成像为一点，并且物空间中的任一直线和平面都与像空间中的一直线和一平面相对应，这样的光学系统称为理想光学系统。光学设计的任务就是使设计出来的实际光学系统，尽可能地接近理想光学系统。应用理想光学系统的成像规律，可以概略地确定出实际光学系统物像关系和系统的外形尺寸，同时利用理想光学系统作为实际光学系统成像质量的度量标准。

本章主要解决共轴球面系统中的求理想像问题，首先介绍理想光学系统概念，然后引入理想光学系统的基点和基面，讨论如何由基点和基面求理想像以及确定光学系统基面和基点的方法。

3.1　理想光学系统的概念

由第 2 章可知，未经严格设计（主要指消像差）的光学系统，只有在近轴区才能成完善像。但是，由于其成像范围和光束宽度均为无限小，因而没有实用意义。实际的光学系统要求用一定宽度的光束，对一定大小的范围成像，而且成像应清晰。

理想光学系统的成像应完全合乎理想：①成像的范围不受限制，在任意区域内成像都是清晰的；②成像光束的粗细不受限制，所以成像是明亮的。然而，理想光学系统的成像情况是从实际光学系统的近轴区域的成像情况抽象而得出的。因此，它实际上并不存在。但是，建立并描述这样一个系统是有重要意义的。首先，它为我们在光学设计中树立了一个标准样板，即在光学系统设计严格地、尽量地消除各像差之后系统的成像将十分接近理想像，以致在使用中觉察不到像差的存在；其次，它为我们在光学设计中提供了一套初始计算方法，可以概略地确定出实际光学系统的物像关系和系统的外形尺寸。

虽然近轴光学系统的使用范围不大，但它具备理想光学系统的性质，这是我们研究理想光学系统的基础。根据对近轴成像性质的研究，理想光学系统的物像之间应满足下列关系：

（1）在物空间的每一个点，像空间一定存在一个点，且只有一个点和它对应；

（2）在物空间的每一条直线，像空间一定存在一条直线，且只有一条直线和它对应，如图 3.1（a）所示；

（3）在物空间的每一个平面，像空间一定存在一个平面，且只有一个平面和它对应，如图 3.1（b）所示。

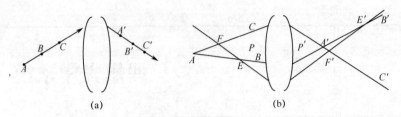

（a）　　　　　　　　　　　　（b）

图 3.1　理想光学系统物像对应关系

对于共轴光学系统，光轴即为系统的对称轴。由于系统的对称性，共轴理想光学系统所成的像还具有如下性质。

（1）由于系统的对称性，位在光轴上的物点对应的像点也必然位于光轴上，位于过光轴的某一个截面内的物点对应的像点必位于同一平面内；同时，过光轴的任意截面成像性质都是相同的。因此，可以用一个过光轴的截面来代表一个共轴系统。另外，垂直于光轴的物平面，它的像平面也必然垂直于光轴（图 3.2）。

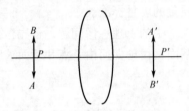

图 3.2　共轴理想光学系统垂轴平面物像关系

（2）位于垂直于光轴的同一平面内的物所成的像，其几何形状和物完全相似。也就是说，在整个物平面上无论什么位置，物和像的大小比例等于常数。像和物的大小之比称为"放大率"。所以，对于共轴理想光学系统来说，垂直于光轴的同一平面上的各部分具有相同的放大率（图 3.3）。

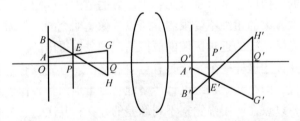

图 3.3　理想光学系统垂轴平面具有相同放大率

下面进行证明。假定 O、P、Q 为垂直于光轴的三个物平面，O'、P'、Q' 分别为它们的像平面。上面已经说明，它们同样垂直于光轴，如图 3.3 所示。在 Q 平面上取对称于光轴的二点 G、H，它们的像 G'、H' 也一定对称于光轴。在 P 平面上任取一点 E，它的像在 P' 平面上为 E'，连接 GE 和 HE，交平面 O 于 A、B；连接 $G'E'$，和 $H'E'$，交平面 O' 于 A'、B'。根据理想像的性质，$A'B'$ 显然就是 AB 的像。如果在 P 平面上取不同的 E 点位置，E' 点在 P' 平面上的位置随之改变，AB 和 $A'B'$ 在平面 O 和 O' 上也将对应不同的位置。由图 3.3 可以看到 AB 和 $A'B'$ 的大小显然不变。因此，二者的比不变，这就证明了同一垂直面内具有相同的放大率。

当光学系统物空间和像空间符合点对应点、直线对应直线、平面对应平面的理想成像关系时，一般来说这时物和像并不一定相似。在共轴理想光学系统中，只有垂直于光轴的平面，才具有物像相似的性质。对绝大多数光学仪器来说，都要求像应该和物在几何形状上完全相似，因为人们使用光学仪器的目的，就是为了帮助我们看清用人眼直接观察时看不清的细小物体或远距离物体。如果通过仪器观察到的像和物不相似，就不能真正了解实际物体的情况。因此，我们总是使物平面垂直于共轴系统的光轴，在讨论共轴系统的成像性质时，也总是取垂直于光轴的共轭面。

（3）一个共轴理想光学系统，如果已知两对共轭面的位置和放大率，或者一对共轭面的位置和放大率，以及轴上两对共轭点的位置，则其他一切物点的像点都可以根据这些已知的共轭面和共轭点确定。换句话说，共轴理想光学系统的成像性质可以用这些已知的共轭面和共轭点来表示。因此，把这些已知的共轭面和共轭点称为共轴系统的"基面"和"基点"。

第一种情形。已知两对共轭面的位置和放大率。如图 3.4（a）所示，O、O' 和 P、P' 为已知放大率的两对共轭面，D 为一任意的其他物点，要求它的像点 D' 的位置。为此，连 DP、DO 直线分别交 O、P 平面于 A、B 二点。由于 O、P 二平面的像平面 O'、P' 的位置和放大率为已知，所以能够找到它们的共轭点 A'、B'。作 $A'P'$ 和 $B'O$ 的连线相交于一点 D'，它就是 D 点的像。因为按照理想像的性质，由一点发出的光线仍相交于一点，从 O、B 和 A、P 入射的光线必然通过 O'、B' 和 A'、P'，所以 $O'B'$ 和 $A'P'$ 就是入射光线 OB 和 AP 的出射光线，它们的交点 D' 必然就是 D 点的像。

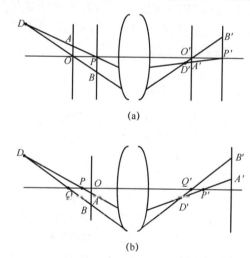

图 3.4　共轭面与共轭点

第二种情形。已知一对共轭面的位置和放大率，再加上光轴上的两对共轭点。如图 3.4（b）所示，O、O' 为已知的共轭面，P、P' 和 Q、Q' 为光轴上的两对已知的共轭点。D 点为任意的其他物点，连 DP、DQ 二直线，使之交平面 O 于 A、B 二点。根据平面 O 的共轭面 O' 的位置和放大率，可找到它们的像点 A' 和 B'。作 $A'P'$ 和 $B'Q'$ 相交于一点 D'，和前面同样的理由，D' 就是 D 点的像。

上述已知的共轭面或者共轭点的位置，都可以是任意的。但实际上，为了应用方便均采用一些特殊的共轭面和共轭点作为共轴系统的基面和基点。采用哪些特殊的共轭面和共轭点，以及如何根据它们用作图或者计算的方法求其他物点的像，均将在下面章节中讨论。

3.2 理想光学系统的基点和基面

对于一个已知的共轴球面系统，利用第 2 章所导出的近轴光学基本公式，可以求出任意物点的理想像。但是，当物平面位置改变时，则需要重新进行计算。如果要求知道系统在整个空间的物像对应关系，势必需要计算许多不同的物平面，这样既繁琐又不全面。在 3.1 节中已经证明，只要知道了两对共轭面的位置和放大率，或者一对共轭面的位置和放大率，以及轴上的两对共轭点的位置，则任意物点的像点就可以根据这些已知的共轭面和共轭点来求得。因此，该光学系统的成像性质就可以用这些已知的共轭面和共轭点来表示，它们称为共轴系统的基面和基点。基面和基点的位置原则上可任意选择，不过为了使用方便，一般选择特殊的共轭面和共轭点作为基面和基点。

3.2.1 主点和主平面

根据公式 $\beta = \dfrac{nl'}{n'l}$ 可知，不同位置的共轭面对应着不同的放大率。不难想象，总有这样一对共轭面，它们的放大率 $\beta = 1$，称这一对共轭面为主平面。其中的物平面称为物方主平面，对应的像平面称为像方主平面。主平面与光轴的交点称为主点。物方主平面和光轴的交点称为物方主点，像方主平面和光轴的交点称为像方主点，用 H、H' 表示，如图 3.5 所示。H、H' 显然是一对共轭点。

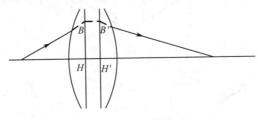

图 3.5　主平面

主平面具有以下的性质：假定物空间的任意一条光线和物方主平面的交点为 B，它的共轭光线和像方主平面交于 B' 点，则 B 和 B' 距光轴的距离相等，即 $B'H' = BH$。也就是说，物方主平面上所有线段都以相等的大小和相同的方向成像于像方主平面上。

3.2.2 焦点与焦平面

1）无限远的轴上物点和它所对应的像点 F'——像方焦点

光轴上物点位于无限远时，它的像点位于 F' 处，如图 3.6 所示，F' 称为"像方焦点"。例如，把一个放大镜（凸透镜）正对着太阳，在透镜后面可以获得一个明亮的圆斑，它就是太阳的像，也就是透镜的像方焦点位置，因为可以认为太阳位于无限远。通过像方焦点垂直于光轴的平面称为像方焦平面，它显然和垂直于光轴的无限远的物平面共轭。

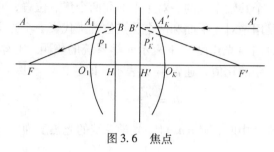

图3.6 焦点

像方焦点和像方焦平面有以下性质。

（1）平行于光轴入射的任意一条光线，其共轭光线一定通过 F' 点。因为 F' 点是轴上无限远物点的像点，和光轴平行的光线可以看作是由轴上无限远的物点发出的，它们的共轭光线必然通过 F' 点。

（2）和光轴成一定夹角的平行光束，通过光学系统以后，必相交于像方焦平面上同一点，如图3.7（a）所示。因为和光轴成一定夹角的平行光束，可以看作是无限远的轴外物点发出的，其像点必然位于像方焦平面上。

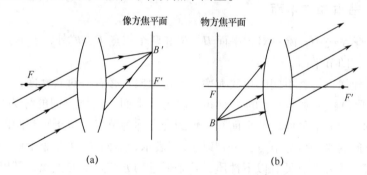

图3.7 焦平面成像性质

2）无限远的轴上像点和它所对应的物点 F——物方焦点

如果轴上某一物点 F，和它共轭的像点位于轴上无限远，如图3.6所示，则 F 称为物方焦点。通过 F 垂直于光轴的平面称为物方焦平面。它显然和无限远的垂直于光轴的像平面共轭。

物方焦点和物方焦平面具有以下性质。

（1）过物方焦点入射的光线，通过光学系统后平行于光轴出射；

（2）由物方焦平面上轴外任意一点 B 发出的所有光线，通过光学系统以后，对应一束和光轴成一定夹角的平行光线，如图3.7（b）所示。

主平面和焦点之间的距离称为焦距。由像方主点 H' 到像方焦点 f' 的距离称为像方焦距，用 f' 表示；由物方主点 H 到物方焦点 F 的距离称为物方焦距，用 f 表示。

f、f' 的符号规则如下：

f'——以 H' 为起点，计算到 F'，由左向右为正；

f——以 H 为起点，计算到 F，由左向右为正。

33

一对主平面，加上无限远轴上物点和像方焦点 F'，以及物方焦点 F 和无限远轴上像点这两对共轭点，就是最常用的共轴系统的基点。根据它们能找出物空间任意物点的像。因此，如果已知一个共轴系统的一对主平面和两个焦点位置，它的成像性质就完全确定。所以，通常总是用一对主平面和两个焦点位置来代表一个光学系统。

在实际工作中有时用"光焦度"来表示光学系统的焦距，光学系统的光焦度是指介质的折射率与对应焦距的比值，通常用 Φ 表示，即

$$\Phi = \frac{n'}{f'} = \frac{n}{-f} \qquad (3.1)$$

当光学系统位于空气中时，$n' = n = 1$，光学系统的光焦度为

$$\Phi = \frac{1}{f'} = \frac{1}{-f} \qquad (3.2)$$

光焦度反映了光学系统（或透镜）对光线会聚或发散的能力，焦距越短，光焦距越大，光线偏折得越厉害。由式（3.2）可得

$$f' = -f \qquad (3.3)$$

因此，位于空气中的光学系统（或透镜），物方焦距和像方焦距大小相等，符号相反。

3.2.3 节点和节平面

在理想光学系统中，除一对主平面 H、H' 和两个焦点 F、F' 外，有时还用到另一对特殊的共轭面，即节平面。

不同的共轭面，有着不同的角放大率。不难想象，必有一对共轭面，它的角放大率等于1，我们称角放大率等于1的一对共轭面为节平面。在物空间的称为物方节平面，在像空间的称为像方节平面。节平面和光轴的交点称为节点，位于物空间的称为物方节点，位于像空间的称为像方节点，分别以 J、J' 表示，显然 J、J' 是轴上的一对共轭点。

物方节点和像方节点具有以下性质：凡是通过物方节点 J 的光线，其出射光线必定通过像方节点 J'，并且和入射光线相平行，如图3.8所示。

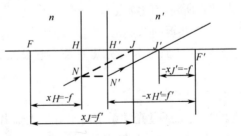

图3.8　节点与节平面

3.2.4 单个折射球面的主平面和焦点

共轴球面系统（透镜或透镜组）的成像性质可以用一对主平面和两个焦点表示，现在先就单个折射球面的情形来寻求它的主平面和焦点位置。

1）球面的主点位置

按照主平面的性质，它是垂轴放大率 $\beta = 1$ 的一对共轭面，即

$$\beta = \frac{nl'}{n'l} = 1 \quad \text{或} \quad nl' = n'l$$

同时，一对主平面既然是一对共轭面，那么主点 H、H' 的位置又必须满足物像位置公式，即

$$\frac{n'}{l'} - \frac{n}{l} = \frac{n'-n}{r} \quad \text{或} \quad n'l - nl' = \frac{n'-n}{r}ll'$$

由前面的 $nl' = n'l$ 方程知，此式左边等于0。将 $l' = \frac{n'}{n}l$ 代入右边，得

$$\frac{n'-n}{r} \cdot \frac{n'}{n}l^2 = 0$$

由此得到 $l = 0$，$l' = 0$。所以，球面的两个主点 H、H' 与球面顶点重合，过球面顶点的切平面就是该球面的物方主平面和像方主平面。

2）球面焦距公式

已知主点位置，只要能求出焦距，则焦点的位置就可确定，如图 3.9 所示。按照定义，像方焦点为无限远物点的共轭点，焦距即从主点到焦点的距离。由于球面的主点位于球面顶点，故球面的焦距即为球面顶点到焦点的距离。

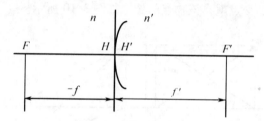

图 3.9　单个折射球面的主平面和焦点

以 $l = \infty$ 时，$l' = f'$ 代入近轴光学物像位置关系式，即

$$\frac{n'}{f'} - \frac{n}{\infty} = \frac{n'-n}{r}$$

由此得到单个折射球面的像方焦距为

$$f' = \frac{n'r}{n'-n}$$

同理，物方焦点为无限远像点的共轭物点。将 $l' = \infty$，$l = f$ 代入近轴光学物像关系式，得到单个折射球面物方焦距为

$$f = -\frac{nr}{n'-n}$$

对于球面反射的情形，由于反射可以看成是 $n' = -n$ 的折射，因此有

$$f' = f = \frac{r}{2}$$

由此可知，反射球面的焦点位于球心和顶点的中间。

3.3　理想光学系统成像

求解理想光学系统物像关系的方法有作图法求像和解析法求像两种。作图法求像是

一种直观简便的方法，在分析透镜和光学系统物像关系时常用。在推导物像关系公式时，也以作图法为基础。作图法求像的缺点是不精确。当需要精确确定像的位置和大小时，应采用解析法求像。

3.3.1 作图求像法

已知一个理想光学系统的主平面和焦点的位置，根据它们的性质，对物空间给定的点、线和面，用作图的方法求出其理想像，这种方法称为作图求像法。本节讨论如何根据已知的主平面和焦点的位置，用作图法求任意物点的理想像。

作图求像法的要点如下。

（1）要寻求一物点经理想光学系统所成的像点的位置，只要设法寻找由物点发出的任意两条光线经光学系统以后的出射共轭光线，这两条共轭光线的交点便是像点。

（2）要寻找物方某一条光线的像方共轭出射光线，只要找出它在像方必定要通过的两点或者是它在像方必定要通过的一点和它的出射方向。

由于在理想成像的情形，由同一物点 B 发出的所有光线通过光学系统以后，仍然相交于一点。利用主平面和焦点的性质，只需找出由物点发出的两条特殊光线在像空间的共轭光线，则它们的交点就是该物点的像，如图 3.10 所示。

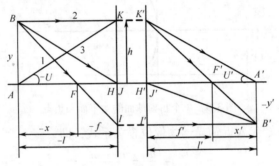

图 3.10 3 条特殊光线示意图

最常用的三条特殊光线如下。

（1）通过物点经物方焦点 F 入射的光线 BI，它的共轭光线平行于光轴。它分别交物方主平面和像方主平面于 I、I' 点，$HI = H'I'$，如图 3.10 中 $BII'B'$ 光线所示。

（2）通过物点平行光轴入射的光线 BK，它的共轭光线 $K'B'$ 通过像方焦点 f'，如图 3.10 中 $BKK'B'$ 光线所示，显然 $KH = K'H'$。

（3）通过物点 B 和物方节点 J 的光线，其共轭光线一定经过像方节点 J'，并且出射光线和入射光线方向相同，如图 3.10 中 $BJJ'B'$ 所示（通常，在未加特别注明的情况下，光学系统两边的介质相同，节点和主点重合）。

在这三条特殊光线中，任取两条，它们的交点 B' 便是物点 B 的像点。在求得轴外点 B 的共轭点的 B' 的基础上，过 B 作垂轴线段与光轴交于 A'，则 $A'B'$ 就是物 AB 的像。

1）轴外点或垂轴线段的图解求像

已知理想光学系统的三对基点，利用其中任两对基点的性质可以图解求像。

选取由轴外点 B 发出的两条特定光线，其中：一条是由点 B 发出通过焦点 F，经系统后的共轭光线平行于光轴；另一条是由点 B 发出平行于光轴，经系统后的共轭光线过像方焦点 f'。在像空间这两条光线的交点 B' 即为点 B 的像点，如图 3.11（a）所示。过点 B' 作光轴的垂线 $A'B'$，即为物 AB 的像。

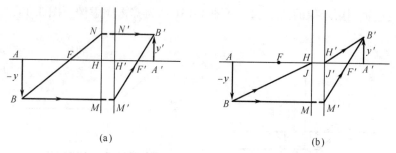

(a)   (b)

图 3.11   轴外点或垂轴线段的图解求像

当光学系统在空气中时，其节点和主点重合，由轴外物点 B 引一条光线通过主点 H（即节点 J），其共轭光线一定通过后主点 H'（即后节点 J'），且与物方光线 BH 平行。再作另一条由 B 点发出的平行于光轴（或过物方焦点）的光线，其共轭光线通过像方焦点（或平行于光轴）射出，与光线 $H'B'$ 交于点 B'，它就是点 B 的像，如图 3.11（b）所示。过点 B' 作垂直于光轴的线段 $A'B'$，就是物 AB 的像。

2）轴上点图解求像

由轴上点 A 发出的任一光线 AM 通过光学系统后的共轭光线为 $M'A'$，其和光轴的交点 A' 即 A 点的像，这可以有两种做法。

一种方法如图 3.12（a）所示，认为由点 A 发出的任一光线是由轴外点发出的平行光束（斜光束）中的一条。通过前焦点作一条辅助光线 FN 与该光线平行，这两条光线构成斜平行光束，它们应该会聚在像方焦平面上一点。该点的位置可由辅助光线来决定，因辅助光线通过前焦点，由系统射出后平行于光轴，其与后焦平面的交点即是该斜光束通过光学系统的会聚点 B'。入射光线 AM 与前主面的交点 M 的共轭点 M' 在后主面上，两点处于等高的位置。由点 M' 和点 B' 的连线 $M'B'$ 即为入射光线 AM 的共轭光线。$M'B'$ 和光轴的交点 A' 是轴上点 A 的像点。

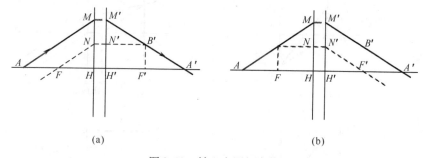

(a)   (b)

图 3.12   轴上点图解求像

另一种方法如图 3.12（b）所示，认为由轴上点 A 发出的光线 AM 是焦平面上一点 B 发出的光束中的一条。为此，可以由该光线与前焦平面的交点 B 引出一条与光轴平行的辅助光线 BN，其由光学系统射出后通过后焦点 F'，即光线 $N'F'$。显然，光线 AM 的共轭光线 $M'A'$ 应与光线 $N'F'$ 平行，其与光轴的交点 A' 即轴上点 A 的像。

3）负系统的图解求像

对于负透镜 ($f'<0$) 的图解求像的原理和方法与上述正透镜图解求像时相同。所不同的是负透镜的物方焦点在物方主面的右边，像方焦点在像方主面的左边。图 3.13 给出了对负透镜图解求像的两个例子，图 3.13（a）为实物成虚像，图 3.13（b）为虚物成虚像。

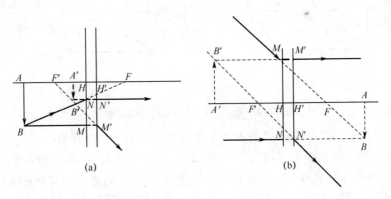

(a)   (b)

图 3.13   负系统的图解求像

4）辅助线的作法

作图法有重要意义，所作的每一条光线都包含着物理意义。作图的根本问题是作出任意一条入射光线的共轭出射光线。对于一些特殊光线，共轭出射光线只要根据基点、基面的性质直接可以做出。而对于一些非特殊的入射光线，其出射光线的求解必须求助于辅助光线来解。利用辅助光线作图万变不离其宗，本质上还是利用基点、基面的性质。

图 3.14 列举了对任意入射光线 a 借助于利用基点、基面性质的辅助光线 b，作出光线 a 的共轭出射光线可能的四种方法。以上光组在空气中，节点和主点重合。

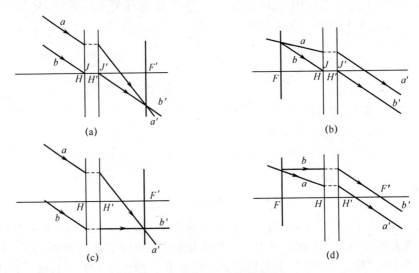

(a)   (b)

(c)   (d)

图 3.14   图解求像中的辅助线作法

38

3.3.2　理想光学系统的物像关系式

在 3.3.1 节中，根据已知共轴系统的主平面和焦点位置，可以用作图的方法求像。作图法求像虽然较为简明和直观，但精度不高。如果需要精确地求像的位置和大小，则需要用公式计算的解析方法。本节讨论用计算的方法求像，即解析求像法。按照选取不同的坐标原点，可以导出两种物像关系的计算公式：第一种是以焦点为原点的牛顿公式；第二种是以主点为原点的高斯公式。

1）牛顿公式

在牛顿公式中，表示物点和像点位置的坐标为：

x——以物方焦点 F 为原点算到物点 A，由左向右为正，反之为负；

x'——以像方焦点 f' 为原点算到像点 A'，由左向右为正，反之为负。

物高和像高用 y、y' 表示，其符号规则同前。

在图 3.15 中，$A'B'$ 为物 AB 的像，有关线段都按照符号规则标注其绝对值，然后利用几何关系，便可导出能普遍地适用于各种情形的求像公式。

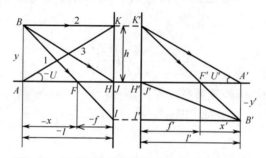

图3.15　理想光学系统物像关系公式推导示意图

由于 $\triangle ABF$ 和 $\triangle HIF$ 相似，$\triangle A'B'F'$ 和 $\triangle H'K'F'$ 相似，有

$$\frac{-y'}{y} = \frac{-f}{-x} \Rightarrow \frac{y'}{y} = -\frac{f}{x}$$

$$\frac{-y'}{y} = \frac{x'}{f'} \Rightarrow \frac{y'}{y} = -\frac{x'}{f'}$$

将以上两式合并得

$$\beta = \frac{y'}{y} = -\frac{f}{x} = -\frac{x'}{f'} \tag{3.4}$$

将式（3.4）交叉相乘得

$$xx' = ff' \tag{3.5}$$

式（3.4）是牛顿垂轴放大率公式，式（3.5）是牛顿物像关系公式。如果光学系统的焦点和主平面位置已经确定，则 f、f' 一定，再给出物点位置和大小（x，y），就可算出像点位置和大小（x'，y'）。

2）高斯公式

在高斯公式中，表示物点和像点位置的坐标为：

l——以物方主点 H 为原点算到物点 A，从左到右为正，反之为负；

l'——以像方主点 H' 为原点算到像点 A'，从左到右为正，反之为负。

物高和像高的符号规则同前。

从图3.15中可以得到 x 与 l 和 x' 与 l' 之间的关系，即

$$x = l - f \qquad x' = l' - f' \tag{3.6}$$

代入牛顿公式（3.4）中，有

$$(l - f)(l' - f') = ll' - l'f - lf' + ff' = ff' \Rightarrow lf' + l'f = ll' \tag{3.7}$$

$$\frac{f'}{l'} + \frac{f}{l} = 1 \tag{3.8}$$

将 $x' = l' - f'$ 代入牛顿公式 $\beta = -\dfrac{x'}{f'}$ 中，得

$$\beta = -\frac{x'}{f'} = -\frac{l' - f'}{f'}$$

把公式 $lf' + fl' = ll'$ 中的 lf' 移至等式的右边，得

$$fl' = l(l' - f') \quad 或 \quad (l' - f') = \frac{fl'}{l}$$

代入上式后，得

$$\beta = -\frac{fl'}{f'l} = \frac{nl'}{n'l} \tag{3.9}$$

式（3.8）是高斯物像位置关系公式，式（3.9）是高斯垂轴放大率公式。

如果光学系统位于空气中时，即 $n' = n = 1$，$f' = -f$，则式（3.8）和式（3.9）可写为

$$\frac{1}{l'} - \frac{1}{l} = \frac{1}{f'} \tag{3.10}$$

$$\beta = \frac{l'}{l} \tag{3.11}$$

在已知 f、f' 后，由物点位置和大小（l，y），就可算出像点位置和大小（l'，y'）。

3.3.3 理想光学系统的三种放大率

共轴理想光学系统的放大率有三种，分别为垂轴放大率、轴向放大率和角放大率。这三种放大率我们在2.1.3节中定义过，但当时只是对单个折射球面的近轴情况下，导出过这三种放大率的公式即 $\beta = \dfrac{y'}{y} = \dfrac{nl'}{n'l}$，$\alpha = \dfrac{\mathrm{d}l'}{\mathrm{d}l} = \dfrac{n\,l'^2}{n'\,l^2}$，$\gamma = \dfrac{l}{l'}$，式中：$l$ 为折射球面顶点到物点的沿轴距离；l' 为折射球面顶点到像点的沿轴距离。理想光学系统的这三种放大率的定义仍然和前述相同，只是这里不再只考虑近轴情况，同时描述物像位置的坐标也稍有差别。本节还特别着重于讨论这三种放大率的物理意义。

1）垂轴放大率

垂轴放大率是表示在垂直于光轴的平面内物像大小比例的物理量。

物体经光学系统成像时，像的高度 y' 和物的高度 y 的比值称为垂轴放大率，又称横向放大率，用 β 表示，即

$$\beta = \frac{y'}{y} = -\frac{f}{x} = -\frac{x'}{f'}$$

$$\beta = -\frac{fl'}{f'l} = \frac{nl'}{n'l}$$

上述公式在 3.3.2 节中导出过，前者是牛顿垂轴放大率公式，后者是高斯垂轴放大率公式。下面讨论垂轴放大率公式表达的物理意义。

（1）垂轴放大率和物像的共轭位置有关。在同一对共轭面上，垂轴放大率是常数。因此，理想光学系统对垂直于光轴的平面物体所成的像和物相似。对不同的物像共轭位置，垂轴放大率不等。

（2）垂轴放大率与焦距有关。当物距一定时，垂轴放大率的绝对值随焦距的绝对值增大而增大。

（3）$|\beta| > 1$，成放大的像；$|\beta| < 1$，成缩小的像；

（4）$\beta > 0$，成正立的虚像；$\beta < 0$，成倒立的实像。

2）轴向放大率

实际物体具有一定的体积，其轴向也有一定的大小。轴向放大率是表示沿光轴方向物像大小比例的物理量。

如果轴上物点移动，那么像点也必然移动。当物平面沿光轴移动微小距离 dx（或 dl）时，像平面相应地沿光轴移动微小距离 dx'（dl'），比值 $\dfrac{dx'}{dx}$（或 $\dfrac{dl'}{dl}$）称为光学系统的轴向放大率，又称纵向放大率，用 α 表示，即

$$\alpha = \frac{dx'}{dx} = \frac{dl'}{dl}$$

（1）牛顿轴向放大率公式。

根据牛顿公式（3.5）$xx' = ff'$，对 x、x' 的微分，得

$$xdx' + x'dx = 0$$

由此得

$$\alpha = \frac{dx'}{dx} = -\frac{x'}{x} \qquad (3.12)$$

（2）高斯轴向放大率公式。

对式（3.8）进行微分，得

$$-\frac{f'dl'}{l'^2} - \frac{fdl}{l^2} = 0$$

$$\alpha = \frac{dl'}{dl} = -\frac{fl'^2}{f'l^2} \qquad (3.13)$$

下面讨论轴向放大率公式表达的物理意义。

① 在同一对共轭面上，轴向放大率和垂轴放大率不相等。因此，如果物体是一个立方体，其像不再是立方体。理想光学系统不能获得与立体物相似的立体像。

② 轴向放大率恒为正值。因此，当物点沿光轴移动时，其像点总是以相同方向沿光轴移动。

3）角放大率

光学系统共轭面上的轴上点发出的光线，通过光学系统后，出射光线与光轴的夹角 u' 的正切和共轭的入射光线与光轴所成的夹角 u 的正切之比，称为角放大率，用 γ 表示，即

$$\gamma = \frac{\tan U'}{\tan U}$$

对近轴光线来说，U 和 U' 趋近于零，这时 $\tan U'$ 和 $\tan U$ 趋近于 U' 和 U，由此得到近轴范围内的角放大率公式为

$$\gamma = \frac{U'}{U}$$

（1）高斯公式。

$$\tan U' = \frac{h}{l'} \quad \tan U = \frac{h}{l}$$

代入角放大率公式，得

$$\gamma = \frac{\tan U'}{\tan U} = \frac{l}{l'} \tag{3.14}$$

由式（3.14）可知角放大率只和 l、l' 有关。因此，其大小仅取决于共轭面的位置，而与光线的会聚角无关，所以它与近轴光线的角放大率相同。

（2）牛顿公式。

根据垂轴放大率公式（3.4）和式（3.9）得

$$\beta = -\frac{f}{x} = -\frac{x'}{f'} = -\frac{f}{f'}\frac{l'}{l} \Rightarrow \beta = -\frac{f}{f'}\frac{1}{\gamma}$$

联合式（3.14）得

$$\gamma = \frac{x}{f'} = \frac{f}{x'} \tag{3.15}$$

下面讨论角放大率表达的物理意义。

① 角放大率只和共轭面的位置有关，而和角度 u 和 u' 的大小无关。因此，轴上一对共轭点发出的所有共轭光线与光轴夹角的正切之比 $\frac{\tan u'}{\tan u}$ 恒为常数。

② 根据角放大率公式，将 $\gamma = 1$ 代入，可找到节点的位置，即 $\gamma = \frac{x}{f'} = \frac{f}{x'} = 1$，于是 $x_J = f'$，$x'_J = f$。如果物像空间折射率相等，则 $f' = -f$，因此有 $x_J = -f$，$x'_J = -f'$。这时显然光学系统的一对节点和它的一对主点分别相重合。

4）三个放大率之间的关系

从以上公式可知，三种放大率并非彼此独立，而是互相联系的。下面就找出它们之间的关系，即

$$\beta = \frac{y'}{y} = \frac{nl'}{n'l}$$

$$\alpha = \frac{\mathrm{d}l'}{\mathrm{d}l} = \frac{n\,l'^2}{n'l^2}$$

$$\gamma = \frac{\tan u'}{\tan u} = \frac{l'}{l}$$

因此，可得

$$\alpha = \frac{n'}{n}\beta^2 \tag{3.16}$$

$$\gamma = \frac{n}{n'\beta} \tag{3.17}$$

再将两式相乘，得

$$\alpha\gamma = \beta \tag{3.18}$$

对于位于空气中的光学系统，在同一对共轭面上，三种放大率有如下的关系，即

$$\begin{cases} \alpha = \beta^2 \\ \gamma = \dfrac{1}{\beta} \\ \beta = \alpha \cdot \gamma \end{cases} \tag{3.19}$$

3.4　本　章　小　结

本章主要解决共轴球面系统中的求理想像问题，首先介绍理想光学系统概念，然后引入理想光学系统的基面和基点，讨论如何由理想光学系统的基面和基点求解理想像的问题。本章是全书的重点内容，是光学系统设计的基础，重点应掌握以下内容：

（1）掌握理想光学系统的概念及其性质；

（2）掌握理想光学系统的基点和基面（主点和主平面、焦点和焦平面、节点和节平面）的成像性质；

（3）掌握理想光学系统的作图求像法；

（4）掌握理想光学系统的解析求像法。

习　　题

1. 一光源位于 $f' = 30\text{mm}$ 的透镜前 40mm 处，问屏放在何处能找到光源像？垂轴放大率等于多少？若光源及屏位置保持不变，问透镜移到什么位置时，能在屏上重新获得光源像？此时放大率等于多少？

2. 一架幻灯机的投影镜头 $f' = 75\text{mm}$，当屏由 8m 移至 10m 时，镜头需移动多少距离？方向如何？

3. 离水面 1m 深处有一条鱼，现用 $f' = 75\text{mm}$ 的照相物镜拍摄该鱼，照相物镜的物方焦点离水面 1m。试求：（1）垂轴放大率为多少？（2）照相底片应离照相物镜像方焦点多远？

4. 一个高 10mm 的物置于一个薄透镜的前方，在薄透镜的后方得到一高为 5mm 倒立的实像；当物沿光轴向薄透镜方向移动一段距离时，倒立的实像远离薄透镜沿光轴移动了 25cm，高变为 15mm。试确定该薄透镜的像方焦距。

5. 设一个光学系统处于空气中，两焦点的距离为 1140mm，当物面到像面的距离为 7200mm 时，垂轴放大率 $\beta = -10$，求物镜的焦距。

6. 一个薄透镜对无穷远和物方焦点前 5m 处的物体成像时，两个像沿光轴方向的间距为 3mm，求透镜的焦距。

7. 一正透镜焦距为 100mm。一个指针长 40mm，平放在透镜的光轴上，指针中点距离透镜 200mm。求：（1）指针像的位置和长度；（2）指针绕中心转 90° 后像的位置和大小。

8. 假设物面与像面相距 L，其间的一个正薄透镜可有两个不同的位置使物体在同一个像面上清晰成像，透镜的这两个位置的间距为 d，请证明透镜的焦距 $f' = \dfrac{L^2 - d^2}{4L}$。

9. 物方焦点和像方焦点之间是否存在物像共轭点？物方主点和像方主点之间是否存在物像共轭点？

10. 薄透镜的焦距是否与透镜所在的介质有关？同样一个给定的透镜，能否在一种介质中起会聚作用，而在另一种介质中起着发散作用？

光学系统可以分成共轴球面系统和平面镜棱镜系统两大类。在前面的有关章节中已经研究了共轴球面系统的成像性质，本章重点研究平面镜棱镜系统。

由于共轴球面系统存在一条对称轴线，所以具有不少优点，但是也有它的缺点。由于所有的光学零件都是排列在同一条直线上，所以系统不能拐弯，因而造成仪器的体积和重量比较大。大型的军用观察望远镜、潜望镜、迫击炮瞄准镜等，需要引入平面镜棱镜系统，以缩小仪器的体积、减轻仪器的重量、改变像的方向、扩大观察范围、改变光轴的方向等，从而增加系统的实用性。

平面镜棱镜系统的成像性质如何？它有哪些特点？为什么它和共轴球面系统组合以后，能克服共轴球面系统的缺点又能保持它的优点，二者组合时应该满足一些什么条件？如何根据一定的使用要求设计出一个合适的平面镜棱镜系统？这些就是本章所要研究的主要问题。

4.1　平面反射镜

4.1.1　单个平面镜的成像性质

1）单个平面镜成像性质

平面镜是最常用的光学元件之一，也是最简单并能成完善像的唯一一个光学元件。通过图 4.1 和图 4.2 的分析，可得单个平面镜成像具有以下的性质：

（1）平面镜能使整个空间任意物点理想成像，物点和像点对平面镜对称；

（2）物和像大小相等，但形状不同，物空间的右手坐标在像空间为左手坐标；如果分别对着入射和出射光线的方向观察物平面和像平面时，当物平面按逆时针方向转动时，像平面则按顺时针方向转动，形成"镜像"。

如果物体经过奇数个平面镜成像，则为"镜像"，如果经过偶数个平面镜成像，则和物体完全相同。所以，如果要求物和像相似，则必须采用偶数个平面镜。在光学系统中加入偶数个平面镜，不仅不会影响像的清晰度，而且像的大小、形状也不会改变。它们和共轴球面系统组合以后，既可以改变共轴球面系统光轴的方向，又不影响像的清晰程度，也不改变像的大小和形状。所以，平面镜在光学系统中较广泛地采用。

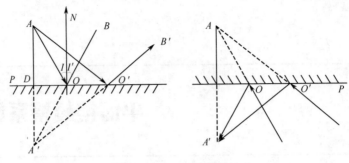

图 4.1　单个平面镜成像性质

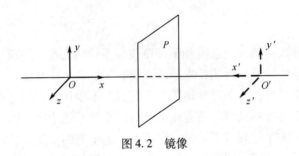

图 4.2　镜像

2）单个平面镜的旋转

很多军用光学仪器中的平面镜和棱镜，在工作过程中是需要转动的，所以要研究平面镜转动的性质。

由图 4.3 可以看出，当平面镜绕垂直于入射面的轴转动 α 角时，反射光线将转动 2α，转动方向和平面镜转动方向相同。

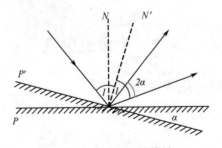

图 4.3　单个平面镜旋转

平面镜的这一转动性质，在瞄准、扫描等仪器以及精密计量中有着广泛应用。例如，要求仪器瞄准线在空间转动 α 角，则反射镜只需转动 $\alpha/2$ 就够了。

4.1.2　双平面镜的成像性质

图 4.4 为两块夹角为 θ 的平面镜。由 $\triangle O_1 O_2 M$ 根据外角定理得 $2I_1 = 2I_2 + \beta \Rightarrow \beta = 2(I_1 - I_2)$；由 $\triangle O_1 O_2 N$ 根据外角定理得 $I_1 = I_2 + \theta \Rightarrow \theta = I_1 - I_2$。两式结合得 $\beta = 2\theta$，进而得出结论：位于双平面镜公共垂直面（主截面）内的入射光线经双平面镜镜反射后，其出射光线与入射光线的夹角 β 恒为双平面镜两面角 θ 的二倍；至于它的旋转方向，则与反射面按反射次序由 P_1 转动到 P_2 的方向相同。

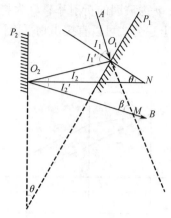

图 4.4 双面镜成像

由于 β 只是 θ 的函数，而与入射角 I 无关，因此可以推论：双平面镜绕垂直主截面的轴转动时，只要入射光线方向不变，则出射光线方向亦不变，但光线位置可能产生平行位移。如果二平面镜相对转动 α，则出射光线方向改变 2α。

上述性质在光学仪器中经常得到应用。例如在测距仪中，要求入射光线经过两端的平面镜反射以后改变 $90°$，并且要求该角度始终保持稳定不变。如果使用单个平面镜来完成，即使在仪器出厂时平面镜的位置已安装得很准确，但是在使用中由于受到振动或结构的变形，平面镜的位置仍可能有小量的变动。当反射镜的位置变化了 α 时，出射光线就将改变 2α。为了克服这种缺点，通常采用双平面镜，使二面角为 $45°$。只要这二面角维持不变，即使双面角镜位置改变，也不会影响出射光线的方向。双面角镜属于偶数个平面镜系统，因此，双面角镜所成的像是与物体大小相等、形状相似的完全一致像。

4.2 平行平板

由两个平行平面所构成的光学元件称为平行平板。由于平面可以视为半径无限大的球面，因而平行平板也可视为焦距无限大的透镜，共轴球面系统的成像规律对其同样适用。平行平板被广泛用作分划板、标尺、保护玻璃、滤光镜等，在一些成实像的瞄准、测量等光学系统中，平行平板已成为一种不可缺少的光学元件。下面研究平行平板的成像性质。

如图 4.5 所示，射到 A 点的光线经平行平板折射后，出射光线交在 A' 点，A' 为 A 通过平板的像。由于平面可视为半径无限大的球面，可以对平行平板的入射面和出射面两次应用球面的成像公式，则有

$$\frac{n}{l'_1} - \frac{1}{l_1} = 0 \Rightarrow l'_1 = nl_1, l_2 = l'_1 - L = nl_1 - L$$

$$\frac{1}{l'_2} - \frac{n}{l_2} = 0 \Rightarrow l'_2 = \frac{l_2}{n}$$

将两式联合得

$$l'_2 = l_1 - \frac{L}{n} \tag{4.1}$$

式中：L 为玻璃板的厚度；n 为玻璃的折射率；l_1 为物平面对第一面的物距；l_2' 为像平面对第二面的像距。利用上述公式可以直接由物平面位置求出通过平行玻璃板以后的像平面位置。

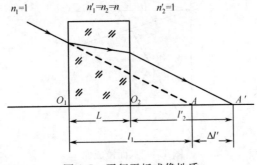

图 4.5　平行平板成像性质

由于光线通过平行玻璃时入射和出射光线永远平行，所以物空间和像空间的会聚角 U 和 U' 相等，同时物、像空间的折射率也相等。根据放大率公式 $\gamma = \dfrac{u'}{u} = 1$，$\beta = \dfrac{nu}{n'u'} = 1$，$\alpha = \dfrac{nu^2}{n'u'^2} = 1$，所以平行玻璃板只是使像平面的位置发生移动，而并不影响系统的光学特性。

4.3　反射棱镜

为了使两反射面间的夹角保持不变，把两个反射面做在同一块玻璃上以代替一般的平面镜，这类光学零件称为"反射棱镜"。当光线在棱镜反射面上的入射角大于临界角 I_0 时，将发生全反射，这时反射面上不需要镀反光膜（显然，如果成像光束中有些光线的入射角小于临界角 I_0，则棱镜的这些反射面上仍然需要镀反光膜），并且几乎完全没有光能损失。而一般的镀反光膜的反射面，每次反射有 10% 左右的光能损失；同时，直接和空气接触的反光面，长期使用可能变质或脱落，在安装过程中也容易受到损伤。另外，在一些复杂的平面镜系统中，如果全部使用单个平面镜，安装和固定十分困难，因此在很多光学仪器中都采用棱镜代替平面镜。

4.3.1　反射棱镜的分类

1）一次反射棱镜

常见的一次反射棱镜有直角棱镜、等腰棱镜和道威棱镜等。直角棱镜可以使光轴改变 90°，入射光轴和出射光轴分别和入射面和出射面垂直，如图 4.6（a）所示；等腰棱镜可以使光轴方向任意改变角度 α，其大小由棱镜的入射面和出射面的夹角确定，如图 4.6（b）所示；道威棱镜是由等腰直角棱镜去掉直角部分而成的，它不改变光轴的方向，入射面和出射面与光轴不垂直，所以它只适用于平行光路中，如图 4.6（c）所示。由于只有一次反射，所以这类棱镜成镜像。

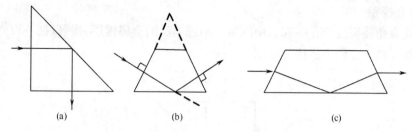

图 4.6　一次反射棱镜

2) 二次反射棱镜

常见的二次反射棱镜有直角棱镜、五角棱镜、半五角棱镜和斜方棱镜，其成像性质和双平面镜系统一样。二次反射等腰直角棱镜使光轴改变了180°，主要用于瞄准、折叠光路等系统中，如图4.7（a）所示；五角棱镜使光轴改变了90°，可以取代一次反射直角棱镜和平面镜，便于装调，如图4.7（b）所示；半五角棱镜使光轴改变45°，主要用于观察系统中，便于观察，如图4.7（c）所示；斜方棱镜使光轴发生平移，主要用于体式显微镜和潜望镜中，便于调节目距，如图4.7（d）所示。

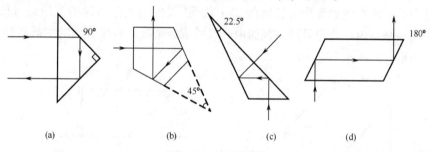

图 4.7　二次反射棱

在这类反射棱镜中，光线经两个反射面依次反射后，出射光线相对于入射光线偏转的角度，为两个反射面夹角的两倍。图4.7绘出的二次反射棱镜的反射面间夹角分别为22.5°，30°，45°，90°和180°，因此，出射光线相对于入射光线偏转的角度分别为45°，60°，90°，180°和360°。

3) 三次反射棱镜

常见的三次反射棱镜有斯密特棱镜和列曼棱镜，如图4.8所示。斯密特棱镜的入射光轴和出射光轴的夹角为45°，如图4.8（a）所示。斯密特棱镜的最大特点是：在棱镜中的光路很长，可以折叠光路，使仪器紧凑。列曼棱镜的入射光轴和出射光轴是平行的，但二者不在同一高度上，该高度称为潜望高，如图4.8（b）所示。

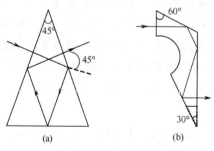

图 4.8　三次反射棱镜

4）分光棱镜

由两块直角棱镜胶合在一起，中间有一半透半反的金属镀层，可以把一束光分成两部分，以便在两个方向上成像，如图4.9所示。

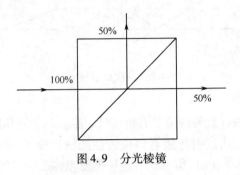

图4.9　分光棱镜

4.3.2　棱镜的展开

现以最简单的直角棱镜为例。图4.10（a）是直角棱镜的外形图，它是一个三角柱体，和各个棱镜垂直的截面称为棱镜的"主截面"。位于主截面内的光线通过棱镜时，显然仍在同一平面内。首先研究主截面内光线的成像情况。直角棱镜的主截面是一个等腰直角三角形，如图4.10（b）中△ABC所示。

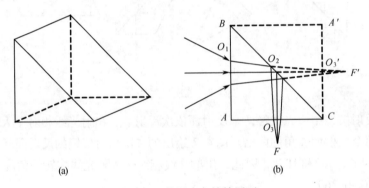

(a)　　　　　　　　　　　　　(b)

图4.10　等腰直角棱镜展开

光束在 AB 面上折射以后进入棱镜，然后经 BC 面反射，再经过 AC 面折射以后射出棱镜，使光轴方向改变了90°。光束在棱镜玻璃内部的平面反射和一般平面镜的成像性质是完全相同的。一个棱镜和相应的平面镜系统的区别只是增加了两次折射，因此在讨论棱镜的成像性质时，只需要讨论棱镜的折射性质就可以了。

如果沿着反射面 BC 将棱镜展开，如图4.10中虚线所示，则由反射定律很容易证明，虚线 O_2O_3' 恰好就是入射光线 O_1O_2 的延长线。它在 AC 面上的折射情况，显然和反射光线 O_2O_3 在 AC 面上的折射情况完全相同。这样就可以用光束通过 $ABA'C$ 玻璃板的折射来代替棱镜的折射，而不再考虑棱镜的反射，因而使研究大为简化。这种把棱镜的主截面沿着它的反射面展开，取消棱镜的反射，以平行玻璃板的折射代替棱镜折射的方法称为"棱镜的展开"。

根据以上的讨论可知，用棱镜代替平面镜相当于在系统中多加了一块玻璃板。上面已经讲过，平面反射不影响系统的成像性质，而平面折射和共轴球面系统中一般的球面折射相同，将改变系统的成像性质。为了使棱镜和共轴球面系统组合以后，仍能保持共轴球面系统的特性，必须对棱镜的结构提出一定的要求。

（1）棱镜展开后玻璃板的两个表面必须平行。如果棱镜展开后玻璃板的两个表面不平行，则相当于在共轴系统中加入了一个不存在对称轴线的光楔，从而破坏了系统的共轴性，使整个系统不再保持共轴球面系统的特性。

（2）如果棱镜位于会聚光束中，则光轴必须和棱镜的入射及出射表面相垂直。在平行玻璃板位于平行光束中的情形，无论玻璃板位置如何，出射光束显然仍为平行光束，并且和入射光束的方向相同，对位于它后面的共轴球面系统的成像性质没有任何影响。所以在平行光束中工作的棱镜只需要满足第一个条件即可。如果玻璃板位在会聚光束中，如位于望远镜物镜后面的棱镜那样，玻璃板的两个子面相当于半径为无限大的球面，为了保证共轴球面系统的对称性，必须使平面垂直于光轴，即光轴与入射及出射表面相垂直。

下面根据这些要求来分析几种典型的棱镜。

（1）直角棱镜。

前面已经说过，这种棱镜的作用是使光轴改变$90°$。当棱镜在平行光束中工作时，只需要满足第一个条件——棱镜展开后入射和出射表面平行。由图 4.10 可知，如果要求 AB 面和 $A'C$ 面平行，则必须有 $\angle ABC = \angle ACB$。也就是说，要求 $\triangle ABC$ 是一个等腰三角形，但不一定要求 $\angle ABC = \angle ACB = 45°$，所以 $\angle BAC$ 不一定要求是直角。它的作用还能使光轴改变任意的角度，但此时玻璃板不垂直于光轴放置，可以用它的转动来任意地改变光轴的方向。

如果棱镜在会聚光束中工作，则除了满足第一个条件外，还需要满足第二个条件——光轴必须和棱镜的入射及出射表面相垂直。欲使光轴改变 $90°$，$\angle B$ 和 $\angle C$ 必须等于$45°$，$\angle A$ 等于 $90°$。如果要求光轴改变任意角度 α，则 $\angle B$ 和 $\angle C$ 必须等于 $90° - (\alpha/2)$，如图 4.11 所示，这种棱镜称为等腰棱镜。

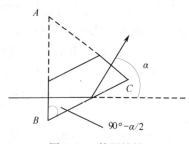

图 4.11　等腰棱镜

（2）五角棱镜。

五角棱镜的主截面图形表示在图 4.12（a）中，这种棱镜的用途是为保证光轴转角恒等于 $90°$。两反射面 BC 和 DE 之间的夹角为 $45°$。由于光线在两反射面上的入射角都小于临界角 I_0，所以在这两个反射面上都必须镀以反射膜，展开图如图 4.12（b）所示。为了保证两表面 AB 和 $A''B'$ 平行，必须使此两表面同时垂直于入射及出射光轴。

51

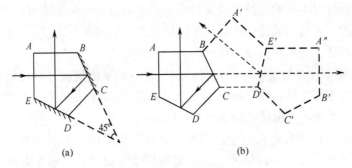

图 4.12　五角棱镜

根据双平面镜反射的性质，当两反射面间的夹角为 α 时，光线的转角为 2α。因此，入射表面 AE 和出射表面 AB 之间的夹角也应等于 2α，即 $\angle A = 2\alpha$。

当要求光轴转角为 90° 时，$\alpha = 45°$，$\angle A = 90°$，$\angle B = \angle E = （360 - 3\alpha）/2 = 112.5°$。假如 $AB = AE = D$，则可以看出，展开后的平行玻璃板厚度 L 应为 $L = （2 + \sqrt{2}）D$，改变两反射面之间的夹角 α，同时相应的改变 $\angle A$，可使光轴的转角大于或小于 90°。

（3）屋脊面和屋脊棱镜。

在平面镜棱镜系统成像过程中，当光轴转角和棱镜主截面内像的方向都符合要求时，反射面的总数可能为奇数，只能成镜像。为了获得和物相似的像，可以用两个互相垂直的反射面代替其中的某一个反射面。这种两个互相垂直的反射面称为"屋脊面"，带有屋脊面的棱镜称为"屋脊棱镜"。屋脊面的作用就是在不改变光轴方向和主截面内成像方向的条件下，增加一次反射，使系统总的反射次数由奇数变成偶数，从而达到物像相似的要求。现以直角棱镜为例加以说明。

图 4.13（a）是一个直角棱镜，图 4.13（b）是一个直角屋脊棱镜，它用两个互相垂直的反射面 $A_2B_2C_2D_2$ 和 $B_2C_2E_2F_2$ 代替了直角棱镜的反射面 $A_1B_1C_1D_1$。为了说明屋脊棱镜和一般直角棱镜成像性质的差别，图 4.13（c）和（d）单独绘出了直角棱镜的反射面 $A_1B_1C_1D_1$ 和直角屋脊 $A_2B_2C_2D_2$、$B_2C_2E_2F_2$。假设物空间为一右手坐标 xyz，经过平面 $A_1B_1C_1D_1$ 反射后，相应的像的方向为一个左手坐标 $x'_1y'_1z'_1$，如图 4.13（c）所示。经过两个屋脊面反射以后，像的方向如图 4.13（d）所示。可以认为光轴 Ox 正好投射在 B_2C_2 棱上。因此反射后光轴的方向 $O'_2x'_2$ 应和 $O'_1x'_1$ 相同。由 y 点发出平行于光轴的光线同样可以看作是屋脊棱 B_2C_2 上进行反射，因而反射光线的位置与方向也和在单个反射面 $A_1B_1C_1D_1$ 上反射光线的情况相同，所以 y'_2 和 y'_1 的方向相同。由以上分析可见，Oy 和 Ox 两轴通过屋脊棱镜成像的情况与单块平面反射镜的情况是完全相同的。至于 Oz 轴，由 z 点发出和光轴平行的光线，首先投射到 $A_2B_2C_2D_2$ 的反射面上，经反射后又投射到 $B_2C_2E_2F_2$ 反射面上，再经过一次反射才平行于光轴出射。这样，z'_2 的方向就和一个反射面是对应的 z'_1 的方向相反，由此得出结论：用两个屋脊面代替一个反射面后，光轴的方向和棱镜主截面内像的方向保持不变，在垂直于主截面的方向上，像将发生颠倒。这就要求两屋脊面间的夹角必须严格等于 90°，否则将形成双像。

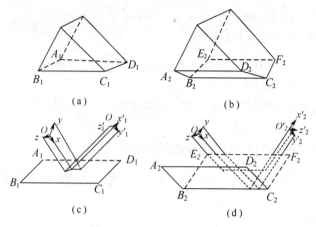

图 4.13 屋脊面和屋脊棱镜

4.4 折射棱镜

折射棱镜在光学系统中主要用于光谱仪器,可以把白色光分解为各种波长的单色光。有时,折射棱镜在光学系统中也用于使光轴产生需要的偏转。

折射棱镜如图 4.14 所示,$\triangle ABC$ 是它的主截面,AB 和 AC 是两个折射面,也称为工作面,两工作面的交线称为折射棱,两工作面的夹角 α 称为棱镜的折射角。

由于折射棱镜只有两个折射的工作面而没有反射的工作面,所以它不能像反射棱镜那样利用棱镜反射面的性质,将转折的光路"拉直",使棱镜展开为一块平行的玻璃板。也就是说,不能把折射棱镜也看作一块平行平板。

折射棱镜对光束有色散作用,我们主要讨论折射棱镜对光路的偏转作用。

如图 4.15 所示,光线 AB 经两个折射面折射之后,沿 CD 方向射出,出射光线 CD 与入射光线 AB 的夹角(从入射方向锐角转向出射方向)称为偏向角,以 δ 表示。棱镜的折射率为 n,折射角为 α。

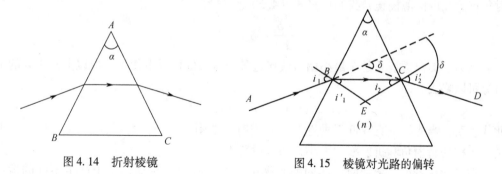

图 4.14 折射棱镜   图 4.15 棱镜对光路的偏转

由图 4.15 可得 $\delta = (i_1 - i_1') + (i_2' - i_2) = i_1 + i_2' - (i_1' + i_2)$,$i_1' + i_2 = 180° - \angle E = \alpha$,所以有

$$\delta = i_1 + i_2' - \alpha \qquad (4.2)$$

棱镜的折射角已知,光线的入射角已知,光线的出射角可以通过折射定律计算得

$$i'_2 = \arcsin\left[\sin\alpha \sqrt{n^2 - \sin^2 i_1} - \cos\alpha\sin i_1\right] \tag{4.3}$$

再将式（4.3）代入式（4.2），得

$$\delta = i_1 - \alpha + \arcsin\left[\sin\alpha \sqrt{n^2 - \sin^2 i_1} - \cos\alpha\sin i_1\right] \tag{4.4}$$

这就是计算偏向角的公式。

当入射角 i 变化时，偏向角 δ 也变化。可以证明，当光线的光路对称于棱镜时（$i_1 = i'_2$，$i'_1 = i_2$），偏向角有极小值 δ_m。

我们可以利用最小偏向角来测定棱镜的折射率。因为 $\delta = i_1 + i'_2 - \alpha$，最小偏向角时

$\delta_m = 2i_1 - \alpha \Rightarrow i_1 = \dfrac{\alpha + \delta_m}{2}$，同时 $i'_1 = i_2 = \dfrac{\alpha}{2}$，根据折射定律，在入射面有 $\sin i_1 = n\sin i'_1 \Rightarrow n$

$= \dfrac{\sin i_1}{\sin i'_1}$。将 i_1 和 i'_1 代入，得

$$n = \frac{\sin\left(\dfrac{\alpha + \delta_m}{2}\right)}{\sin\dfrac{\alpha}{2}} \tag{4.5}$$

这就是利用最小偏向角求棱镜折射率公式。

利用测量棱镜的最小偏向角来测定玻璃折射率的方法如下：首先将被测玻璃做成棱镜，折射角 α 一般磨成 $60°$ 左右，用测角仪器测量出其精确值；然后，将棱镜放在旋转工作台上，测得最小偏向角 δ_m 后，即可由式（4.5）求得玻璃的折射率 n 的值。

4.5 光　楔

折射角 α 很小的棱镜称为薄棱镜，也称为光楔。它在光学仪器中有很多应用。折射棱镜的公式用于光楔时，可以大大简化。

当折射角 α 和入射角 i_1 都足够小时，它们的正弦函数可以用它们的弧度值来代替（即使角度值达到 $0.1\mathrm{rad}$ 或 $5.7°$，它和它的正弦值之差还小于 0.2%）。因此，对于折射角仅为几度的薄棱镜，我们可将式（4.5）简写为

$$n = \frac{\alpha + \delta_m}{\alpha} \Rightarrow \delta_m = (n-1)\alpha$$

因为这类薄透镜总是在最小偏向或接近最小偏向的情况下使用，所以上式中 δ 的下角标可以略去，即

$$\delta = (n-1)\alpha \tag{4.6}$$

此式表明，当光线垂直或近于垂直射入光楔时，如图 4.16 所示，其所产生偏向角仅取决于光楔的折射角和折射率的大小，与入射角无关。

在光学仪器中，常把两块相同的光楔组合在一起相对转动，用于产生不同的偏向角。如图 4.17 所示，两光楔中间有一空气间隔，使相邻工作面平行，并可绕其公共法线相对转动。图 4.17（a）的情况表明两光楔主截面平行，两折射角朝向一方，将产生最大的总偏向角（为两光楔所产生的偏向角之和）。图 4.17（b）的情况是两光楔相对转动了 $180°$，两光楔的主截面仍平行，但折射角的方向相反。显然，这个系统相当于

一个平行平板，总偏向角为零。图 4.17（c）的情况表示两光楔反向各转动 180°，即相对转动了 360°，又产生了和图 4.17（a）的情况相反方向的最大偏向角。

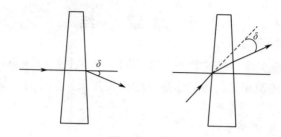

图 4.16　光楔

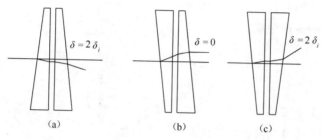

图 4.17　双光楔

在以上所述的三种情况中，两光楔的主截面都是平行的。当两主截面不平行，即二光楔相对转动了任意角度 φ 时，则此时双光楔的总偏向角 δ 为

$$\delta = \sqrt{\delta_1^2 + \delta_2^2 + 2\delta_1\delta_2\cos\varphi}$$

因为几乎总是让 $\delta_1 = \delta_2$，于是可以把两个偏向角都称为 δ_1，这样上式可简化为

$$\delta = \sqrt{2\delta_1^2(1 + \cos\varphi)}$$

利用倍角的三角函数公式 $\cos^2\varphi = \dfrac{1}{2}(1 + \cos 2\varphi)$，于是有

$$\delta = \sqrt{4\delta_1^2\cos^2\dfrac{\varphi}{2}} \Rightarrow \delta = 2\delta_1\cos\dfrac{\varphi}{2}$$

将式（4.6）代入，得

$$\delta = 2(n-1)\alpha\cos\dfrac{\varphi}{2} \tag{4.7}$$

这就是双光楔（折射角相同）相对转动任意角 φ 时，光线产生的总偏向角的计算公式。这种双光楔可以把光线的小偏向角转换为两个光楔的相对转角。因此，在光学仪器中，常用它来补偿或测量光线的小角度偏差。

在光学仪器中，特别是在摄影光学系统中，这种双光楔还有一种重要的应用，这就是"调焦光楔"。如图 4.18 所示，它是两块折射角相同且折射角反向放置的光楔。其中，光楔 1 固定不动，光楔 2 相对上下移动，就组成了一个可以改变厚度的平行平板。根据 $\Delta l' = L\left(1 - \dfrac{1}{n}\right)$ 可知，当

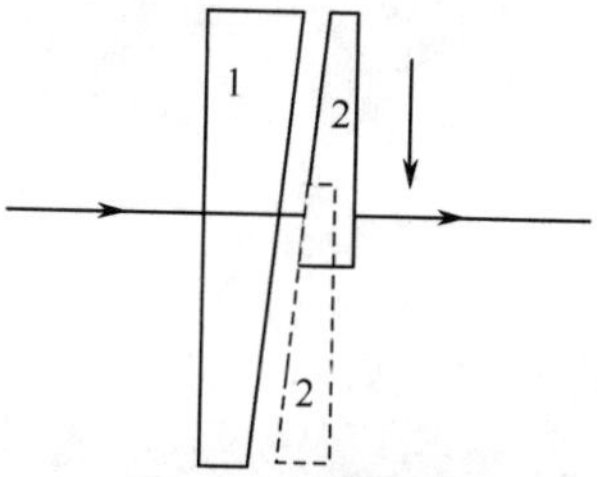

图 4.18　调焦光楔

平行平板的厚度 L 改变时，像点产生的轴向位移 $\Delta l'$ 也就随之改变，这就达到了摄影光学系统调焦的目的。

4.6　本章小结

平面镜棱镜系统在光学系统中具有重要作用。本章主要介绍了平面反射镜、平行平板、反射棱镜、折射棱镜和光楔等光学零件的相关知识。重点内容如下：

(1) 掌握平面反射镜成像性质；

(2) 掌握平行平板成像性质；

(3) 了解反射棱镜的分类，掌握典型棱镜的展开方法；

(4) 了解折射棱镜对光路的偏转作用；

(5) 掌握光楔的成像性质。

习　题

1. 两个相互倾斜放置的平面镜，一条光线平行于其中一镜面入射，在两镜面间经过四次反射后正好沿原路返回，求两镜面之间的夹角。

2. 一身高1.8m的人如果要通过平面镜看到自己的全身，求平面镜的长度至少是多少？如何放置？

3. 夹角为 α 的两平面反射镜 M_1 和 M_2，仅在两反射镜之间有一条光线以42°入射到 M_1 反射镜上，经四次反射后，其反射光线与 M_1 平行，求角 α。

4. 什么是"镜像"？如何使物与像成"相似像"？

5. 折射棱镜在光学系统中的作用是什么？

第 5 章

光阑

前面已经分别研究了共轴球面系统和平面镜棱镜系统的成像性质，我们主要关心的是理想光学系统的物像共轭位置和大小，而对于实际光学系统的成像，还必须考虑成像的范围、像的明亮程度和像的清晰度。这些问题都与成像光束在实际光学系统中受限制的情况，即光阑的情况有关。实际的光学系统中的每个光学零件都有一定的大小，能够进入系统成像的光束总是有一定限度的。决定每个光学零件尺寸的是系统中成像光束的位置和大小，因此在设计光学系统时，都必须考虑如何选择成像光束的位置和大小的问题，这是本章所要讨论的主要内容。

5.1 光学系统中的光阑及其作用

先从简单的照相机入手引入光阑的概念。

图 5.1 是一个简单的照相机示意图。前面的透镜用来使外界景物成像。景物通过透镜以后在感光底片上成一倒像。透镜的后面有一个圆孔 MN，其作用为限制到达感光底片上一个点的成像光束口径，这种限制成像光束的圆孔称为"光阑"。照相机光阑的孔径一般是可以改变的，用以调节光能量。当外界景物较亮时，可以缩小光阑口径；反之，当景物较暗时，可以加大光阑口径。这样可使像平面上的光能量不致过多或过少。

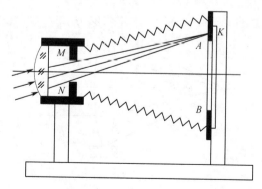

图 5.1 照相机示意图

成像的范围（视场）则是由照相机的底片框 AB 的大小确定的。超出了底片框的范围，光线被遮拦，底片就不能感光。在光学系统中，不论是限制成像光束的口径，还是限制成像范围的孔或框，都统称为"光阑"。装夹光学零件的金属框，光学零件的边缘以及在有些光学系统中专门设置的具有一定形状的开孔的屏障等都是光学系统中的光阑。

在光学系统中，限制轴上物点成像光束孔径大小的光阑，称为"孔径光阑"。被孔径光阑所限制的孔径称为"有效孔径"。孔径光阑的有效孔径越大，它允许通过光系统的光亮越多，所成像的亮度就越大。孔径光阑除了具有限制成像光束孔径大小的作用外，还能阻拦成像光束中偏离理想位置较大的光线，从而改善光学系统的成像质量。例如，照相机中的可变光阑 MN 即为孔径光阑。在光学系统中，限制视场范围大小的光阑称为"视场光阑"。它决定物平面或物空间成像范围的大小。例如，照相机的底片框 AB 就是视场光阑。孔径光阑和视场光阑是光学系统中的主要光阑，任何光学系统都有这两种光阑。

此外，有些光学系统还设置阻拦那些不参与成像杂光的光阑，称为"消杂光光阑"。透过光学系统到达像面，但不参与成像的光称为杂光。例如，被光学系统中透镜的折射面或仪器的内壁反射的光就是杂光。杂光使像面产生亮的背景，降低了像的衬度，影响像质；消杂光光阑不限制通过光学系统成像的光束，而且只阻拦杂光。对于一般光学仪器，通常是把镜筒的内壁加工成散光螺纹，并涂上黑色光漆或使金属发黑来消除杂光。

5.2 孔 径 光 阑

5.2.1 孔径光阑

在实际光学系统中，通常有许多光阑，但一般来说，其中一定只有一个为孔径光阑，它起着控制进入光学系统光量的多少、某些像差的大小以及能成清晰像的像空间深度的作用。

在图 5.2 中，MN 为透镜 L 的框边，AB 为开圆孔的光阑。在这样一个简单的光学系统中，一共有两个光阑：透镜的框边 MN 和光阑 AB。由于光阑 AB 孔径小于框边 MN 的孔径，对于由物方焦点 F 发出的光束，限制通过系统的光束孔径的光阑是 AB，因此光阑 AB 为系统的孔径光阑。

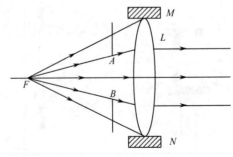

图 5.2　孔径光阑判断之一

在图 5.3 中，光阑 AB 位于透镜之后，该系统有两个光阑：透镜 L 的框边 MN 和光阑 AB。由物方焦点 F 发出的能够通过光阑 MN 的光束，不能全部通过光阑 AB，因此，光阑 AB 是限制成像光束孔径大小的光阑，即为孔径光阑。

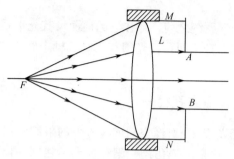

图 5.3　孔径光阑判断之二

　　虽然以上所举的是两个简单例子，但是它说明了如何分析光学系统中孔径光阑的一般方法。如果光学系统由若干个透镜、棱镜和反射镜等光学零件组成，它有很多光阑，那么其中必定有一个光阑是孔径光阑。孔径光阑的位置随着光学系统的不同而异，它可以在光学系统之前，也可以在光学系统之中或之后。

5.2.2　入射光瞳和物方孔径角

　　如图 5.4 所示，位于焦点 F 处的轴上物点发出允许通过光学系统的最大圆锥形光束，其锥顶角不是由物点 F 直接对孔径光阑 AB 边缘的张角。这是由于光阑 AB 与物点 F 不在同一物空间，孔径光阑 AB 对轴上物点 F 发出光束的限制必须通过它前面的光学系统（透镜 L）的折射起作用。为了确定允许通过光学系统的成像光束的最大顶角，必须把孔径光阑 AB 通过它前面的光学系统成像，该像就和物点 F 处于同一物空间了，实际上是该像的孔径决定着物点 F 发出的通过光学系统的最大锥顶角。孔径光阑通过它前面的光学系统在物空间所成的像，称为光学系统的入射光瞳，简称入瞳。图 5.4 中 $A'B'$ 就是孔径光阑 AB 在物空间的像，即入瞳。入瞳直径用 $D_入$ 表示。

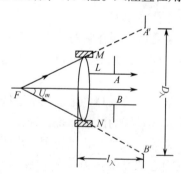

图 5.4　入射光瞳与物方孔径角示意图

　　光学系统的第一面至入瞳的距离称为入瞳距离，用 $l_入$ 表示。轴上物点对入瞳的张角的一半，称为物方孔径角，用 U_{max} 表示。物方孔径角就是轴上物点发出光束最大锥顶角的一半，它表征成像光束孔径的大小，即光量的多少。通常所谓的孔径角是指物方孔径角。

　　光学系统的入瞳是物面上各点发出的成像光束的公共入口。光学系统的入瞳直径 D 与像方焦距 f' 的比值 $\dfrac{D}{f'}$ 称为光学系统的相对孔径。它是望远镜物镜、照相机物镜等光学系统的重要性能指标。

如果孔径光阑位于光学系统之前，即在它的前面没有光学系统，如图 5.2 所示，那么入射光瞳就是孔径光阑本身，即孔径光阑兼入瞳。轴上物点直接对它的张角的一半，就是光学系统的物方孔径角。

5.2.3 出射光瞳和像方孔径角

如图 5.5 所示，孔径光阑 AB 对像空间成像光束的限制必然通过它后面的光学系统（透镜 L）的折射起作用，这是由于孔径光阑和像点不在同一像空间。因此，为了确定成像光束在像空间的孔径角，必须求出孔径光阑 AB 通过它后面的光学系统于像空间所成的像 $A''B''$，该像的边缘决定了成像光束在像空间的孔径角。

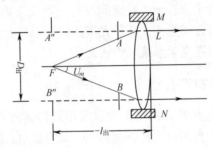

图 5.5 出射光瞳与像方孔径角示意图

孔径光阑通过它后面的光学系统在像空间所成的像称为光学系统得出射光瞳，简称出瞳。图 5.5 中 $A''B''$ 即为光学系统的出瞳，出瞳直径用 $D_{出}$ 表示。自光学系统最后一面至出瞳的距离称为出瞳距离，用 $l_{出}$ 表示。

轴上像点出射光束的最大锥顶角的一半，即轴上像点对出瞳张角的一半，称为像方孔径角，用 U'_{max} 表示。图 5.5 中，由于位于物方焦点上的物点的像点在像方无限远，出射光线平行于光轴，所以像方孔径角 $U'_{max} = 0$。

如果孔径光阑位于光学系统之后，即在它的后面没有光学系统，如图 5.3 所示，那么出射光瞳就是孔径光阑本身，即孔径光阑兼出瞳。轴上像点直接对它张角的一半，就是光学系统的像方孔径角。

由以上讨论可知，实际光学系统的入瞳，是该光学系统的孔径光阑通过它前面的光学系统位于物空间所成的像；光学系统的出瞳，是孔径光阑通过它后面的光学系统于像空间所成的像。对于同一光学系统，入瞳、孔径光阑、出瞳三者共轭。光学系统成像光束的中心线，即通过孔径光阑中心的光线称为"主光线"。由于入瞳、孔径光阑、出瞳三者共轭，因此主光线也必定通过入瞳中心和出瞳中心。

需要指出的是：光学系统的孔径光阑是对一定位置的物体而言的，如果物体的位置发生变化，则原来限制轴上光束的孔径光阑将会失去限制光束的作用，轴上光束将会被其他光阑所限制，结果孔径光阑也将被其他光阑所代替。

5.2.4 孔径光阑的确定方法

对于已知的光学系统，确定其孔径光阑的方法，可以先把该光学系统的所有光阑对它前面的光学系统于物空间成像，再把所得到的光阑像分别对轴上物点张角，其中张角最小的光阑像就是该光学系统的入瞳，与入瞳共轭的光阑便是所求的光学系统的孔径光阑。

　　还有一种方法就是把光学系统的所有光阑对其后面的光学系统于像空间成像，再把所有的光阑像分别对轴上像点张角，其中张角最小的光阑像便是该光学系统的出瞳，与出瞳共轭的光阑就是所求的光学系统的孔径光阑。

5.3　视　场　光　阑

5.3.1　视场光阑

　　任何光学系统，根据它的用途和要求，都需要对一定大小的物面或一定的空间范围成清晰可用的像，这可通过安置光学零件的框边或专门设置的具有一定形状的光阑对轴外光束进行限制来实现。

　　如图5.6所示，光学系统由透镜 L 和光阑 CD 组成。透镜 L 的框边 MN 是孔径光阑，兼为光学系统的入瞳和出瞳，无限远轴外物点发出的光束，并不是都能到达焦平面 F' 成像。当无限远轴外物点发出的光束的主光线与光轴的夹角 W_1 较大时，成像光束虽然能够通过光阑 MN，但将被后面的光阑 CD 阻挡，因此该物点就不能通过光学系统成像。而当夹角 W_2 较小时，该物点才能通过光学系统成像。因此，光阑 CD 是决定物面上成像范围的光阑。

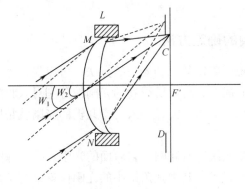

图5.6　视场光阑

　　在光学系统中，限制视场范围大小的光阑称为视场光阑。视场光阑决定光学系统得成像范围。在图5.6中，光阑 CD 就是视场光阑。

　　视场光阑和孔径光阑是两个性质完全不同的光阑，视场光阑只决定光学系统的成像范围，而不会限制成像光束的孔径角。

5.3.2　入射窗和物方视场角

　　视场光阑通过在它前面的光学系统于物空间所成的像，称为光学系统的"入射窗"。在图5.7中，视场光阑 CD 通过透镜 L 所成的虚像 $C'D'$ 就是光学系统的入射窗。

　　能够通过视场光阑的最边缘的主光线与光轴的夹角，即入瞳中心对入射窗的张角的一半，称为物方视场角，用 W 表示。

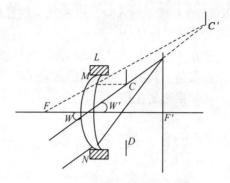

图 5.7　入射窗与物方视场角

5.3.3　出射窗和像方视场角

视场光阑通过在它后面的光学系统于像空间所成的像，称为光学系统的"出射窗"。在图 5.7 中，视场光阑 *CD* 后面没有光学系统，因此出射窗就是视场光阑 *CD* 本身，即视场光阑兼出射窗。

能够通过视察光阑的最边缘像点的主光线与光轴的夹角，即出瞳中心对出射窗的张角的一半，称为像方视场角，用 *W'* 表示。

光学系统的入射窗、视场光阑、出射窗三者共轭。应该注意：视场光阑是对一定位置的孔径光阑而言的，当孔径光阑的位置改变时，原来的视场光阑将可能被其他光阑所取代。

5.3.4　视场光阑的确定方法

对于已知的光学系统，确定其视场光阑的方法，可以先将光学系统的所有光阑对它前面的光学系统于物空间成像，再将所得到的光阑像分别对入瞳中心张角，其中张角最小的光阑像就是该光学系统的入射窗，与入射窗共轭的光阑就是所求的光学系统的视场光阑。

当然，也可以把光学系统所有光阑对它后面的光学系统于像空间成像，再把所得到的光阑像分别对出瞳中心张角，其中张角最小的光阑像就是光学系统的出射窗，与出射窗共轭的光阑就是所求的光学系统的视场光阑。

5.4　光学系统的渐晕

在实际使用的光学仪器中，如放映机、望远镜中，常会发现从像面的中心到像面的边缘，景象的亮度会逐渐变暗，这种现象称为"渐晕"。产生渐晕的原因，主要是由于光学系统中光阑对轴外光束的拦光作用。

为了便于说明问题，在图 5.8 中，略去光学系统中的其他光孔，仅画出物平面、入瞳平面和入射窗平面来分析拦光渐晕产生的原因。

由图 5.8 可见，物面上在直径 B_1B_2 的圆内，所有物点和在轴上物点 A 相同，以充满入瞳 P_1PP_2 的光束成像。因此，在这一范围之内的物点所成的像最明亮。在此圆形区域以外，每一物点已不能充满入瞳的光束成像。在直径为 C_1C_2 的圆周上，各物点发出的光束，约有一半被入射窗阻拦掉。在直径为 D_1D_2 的圆外区域，各物点发出的光束已经不能通过光学系统。因此，在直径为 B_1B_2 至直径为 D_1D_2 所围的圆内环形区域中，由物点发出并能通过入瞳成像的光束孔径，和轴上物点相比，从100%逐渐下降为零。

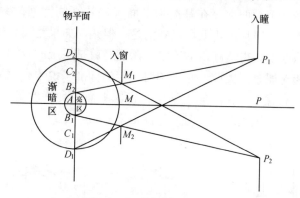

图5.8　拦光渐晕产生原因

综上所述，物面上在直径为 B_1B_2 的圆内的物点所成的像最明亮；在直径 D_1D_2 的圆外的物点已不通过光学系统成像；在直径 B_1B_2 至直径为 D_1D_2 所围的圆内环形区域中，随着直径的增大，物点所成的像逐渐变暗。

一般来说，渐晕现象不是我们所希望的。为了消除渐晕，可以制作一个光阑，使其开孔的直径不大于物平面上亮区的直径，并将它安置在物平面上。这时，物平面上只有不存在拦光渐晕的亮区部分能够成像。根据物像共轭关系，将光阑设置在像平面上遮掉渐暗区。但是，这些方法都会使光学系统的成像范围大大地缩小。

对于一般的光学仪器，为了满足一定的成像范围（一定的视场角），而又不致增大光学仪器的外形尺寸和重量，可以允许存在一定的渐晕现象。例如，对摄影物镜和投影物镜，如果由于渐晕而产生的像面边缘亮度的下降不超过视场中心的50%，那还是允许的。而对于测量用的光学仪器，为了使整个视场的测量精度保持一致，一般不允许拦光渐晕产生。

5.5　光学系统的景深

上面讨论光学系统的成像性质时，只讨论垂直于光轴的物平面，但是实际的景物都有一定的空间深度。本节就是研究空间的物体在同一个像平面上的成像情况。

5.5.1　空间物体在平面上所成的像

电影放映机和显微镜等光学仪器，都是把垂直于光轴的平面物体成像在一个像平面上。而望远镜和照相机则不但需要观察和拍摄有一定距离的远处物体，同时还需要观察和拍摄该物体前后附近的其他景物。这种把空间物体成在一个平面上的像称为平面上的空间像。

假定像平面 A' 的共轭面是 A，如图5.9所示。位在 A 半面前后的 A_1 和 A_2 二物平面，同样将通过光学系统成像，它们的像平面为 A'_1 和 A'_2，A 平面上的 B_1 点通过系统后成像于 A'_1 平面上的 B'_1 点，它在像平面 A' 上形成了一个光斑 Z'，同理 A_2 平面上的 B_2 点在 A' 平面上也形成一个光斑。如果光斑的直径很小，那么在像平面 A' 上仍然能够看清 A_1 和 A_2 物平面上各物点所成的像。例如，照相机所拍摄的照片就是这种情况。照片上的景物并不都在一个平面上，在基准物平面（底片在物空间的共轭面）的前后一定距离范围内的景物，在照片上仍旧可以看清楚。但是，如果距离太远，在照片上将显得模糊不清。能在像面上获得清晰像的物空间深度，就是系统的景深。然而，能否看清这只是一个主观的相对概念。因此，它必须对一定的标准来说才有意义，同样景深也必须在一定的标准下才有意义，在几何光学中，将像平面上允许的最大光斑直径 Z' 作为景深的标准。下面来求一定光斑直径时的景深范围。

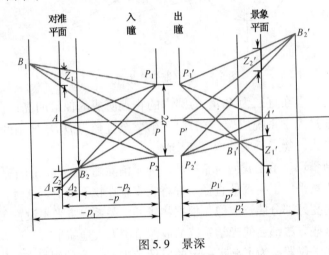

图 5.9 景深

5.5.2 照相机的景深

能在像平面上获得清晰像的物空间称为"景深"。物面 A 称为"对准平面"，与其共轭的像面 A' 称为"景像平面"，能成清晰像的最远物平面称为"远景"，能成清晰像的最近物平面称为"近景"。它们离对准平面的距离分别用符号 Δ_1 和 Δ_2 表示，称为远景距离和近景距离，如图 5.9 所示。景深就是远景深度和近景深度之和 $\Delta_1 + \Delta_2$，用符号 Δ 表示。

对准平面，远景和近景离入瞳的距离分别用符号 p、p_1 和 p_2 表示，它们在像空间的共轭面离出瞳的距离分别符号 p、p'_1、p'_2 表示，如果入瞳直径用符号 D（$2a$）表示，则由图 5.9 可得景像平面上弥散斑的直径为

$$\begin{cases} Z'_1 = \beta Z_1 \\ Z'_2 = \beta Z_2 \end{cases} \tag{5.1}$$

式中：β 为共轭平面 A 和 A' 的垂轴放大率；Z_1 和 Z_2 分别为空间物点 B_1 和 B_2 在对准平面上的弥散斑直径。

从图 5.9 中的相似三角形，得

$$\frac{Z_1}{D} = \frac{p_1 - p}{p_1}$$

$$\frac{Z_2}{D} = \frac{p - p_2}{p_2}$$

因此有

$$\begin{cases} Z_1 = D\dfrac{p_1 - p}{p_1} \\[2mm] Z_2 = D\dfrac{p - p_2}{p_2} \end{cases} \tag{5.2}$$

将此二式分别代入式（5.1），得

$$Z'_1 = \beta D\frac{p_1 - p}{p_1}$$

$$Z'_2 = \beta D\frac{p - p_2}{p_2}$$

由此可见，景像平面上的弥散斑半径除了与该空间物点至对准平面的距离以及共轭面的垂轴放大率有关外，还与光学系统的入瞳直径和该物点离入瞳的距离有关。入瞳直径越小，该物点离入瞳的距离越远，景像平面上的弥散直径越小。

景像平面上的弥散斑直径多大才可以认为是清晰的像点，这必须根据光能接收器的性能来确定。照相机拍摄的相片是供人眼观察的，如果相片的弥散斑两端对人眼的张角小于人眼的最小分辨率 ε（约为 $1'$），则人眼看起来是清晰的。

由于相片上的弥散斑对人眼的张角还与人眼观察相片的距离有关，因此必须首先确定人眼观察相片的距离，才能确定相片上能够被允许的最大弥散斑直径的大小。为了使人眼观察相片所得到的空间感觉相同，必须使相片上各像点对人眼的张角与人眼直接观察空间景物时的对应物点对人眼的张角相等，符合这一条件的观察距离称为"正确透视距离"，用符号 d 表示。

由于物像之间有垂轴放大率 β 的关系，因此，相片至人眼的正确透视距离 d 与物体至照相机入瞳的距离 p 之间应有如下关系，即

$$d = \beta p \tag{5.3}$$

确定了人眼的正确透视距离之后，根据人眼的最小分辨角，就可以确定允许的最大弥散斑直径为

$$Z'_1 = Z'_2 = d\varepsilon = \beta p \varepsilon$$

相应地，对准平面所允许的最大弥散斑直径为

$$Z_1 = Z_2 = p\varepsilon$$

将其代入式（5.2），可求得远景和近景至入瞳的距离为

$$p_1 = \frac{Dp}{D - p\varepsilon}$$

$$p_2 = \frac{Dp}{D + p\varepsilon}$$

由图 5.9 求得照相机的远景深度和近景深度为

$$\Delta_1 = p_1 - p = \frac{Dp}{D - p\varepsilon} - p - \frac{p^2 \varepsilon}{D - p\varepsilon}$$

$$\Delta_2 = p - p_2 = p - \frac{Dp}{D + p\varepsilon} = \frac{p^2\varepsilon}{D + p\varepsilon} \tag{5.4}$$

因此，照相机的景深为

$$\Delta = \Delta_1 + \Delta_2 = \frac{p^2\varepsilon}{D - p\varepsilon} + \frac{p^2\varepsilon}{D + p\varepsilon} = \frac{2Dp^2\varepsilon}{D^2 - p^2\varepsilon^2} \tag{5.5}$$

式（5.4）和式（5.5）是计算照相机景深的常用公式。由以上公式可知：照相机的景深和入瞳直径及对准平面至入瞳的距离有关。入瞳直径越小，景深越大；距离越大，景深也越大。

5.6 本章小结

本章主要讨论了光学系统中的光阑，重点研究孔径光阑和视场光阑对光束的限制，重点内容如下：

（1）理解孔径光阑、入瞳和出瞳的概念及其对成像光束的影响，掌握如何确定光学系统中的孔径光阑的方法；

（2）理解视场光阑、入射窗和出射窗的概念及其对成像光束的影响，掌握如何确定光学系统中的视场光阑的方法；

（3）了解光学系统的渐晕和景深的概念。

习　题

1. 两个相距4cm，孔径均为5cm的薄透镜，它们的像方焦距分别为10cm和6cm。在两透镜中间位置安放一直径为4cm的圆孔光阑，且与它们共轴。若将一高为4mm的实物正立在第一个焦距为10cm的透镜前方10cm处的轴上，试求入射光瞳、孔径光阑、出射光瞳的位置和大小。

2. 二个薄凸透镜L_1，L_2构成的系统，其中$D_1 = D_2 = 4$cm，$f_1' = 8$cm，$f_2' = 3$cm，L_2位于L_1后5cm，若入射平行光，请判断一下孔径光阑，并求出入瞳的位置及大小。

3. 入射窗和出射窗各指什么？

4. 什么是光学系统的孔径光阑？它的作用是什么？

5. 什么是光学系统的景深？远景和近景各指什么？

6. 什么是光学系统的渐晕？它是如何产生的？

7. 孔径光阑和视场光阑的确定方法是什么？

    任何一个光学系统不管用于何处，其作用都是把目标发出的光，按仪器工作原理的要求，改变它们的传播方向和位置，送入仪器的接收器，从而获得目标的各种信息，包括目标的几何形状，能量强弱等。因此，对光学系统成像性能的要求，可以分为两个主要方面：一方面是光学特性，包括焦距、物距、放大率、入瞳位置、入瞳距离等；另一方面是成像质量，光学系统所成的像应该足够清晰，并且物像相似，变形要小。任何一个实际的光学系统都不可能理想成像，即成像不可能绝对的清晰和没有变形。所谓像差就是光学系统所成的实际像与理想像之间的差异。

    光学系统在不同的成像光束情况下，表现出来的像差现象比较复杂，往往是多种像差的混合。为了说明像差的概念，可以对各种像差单独存在的情况进行描述。当光学系统对单色光成像时产生单色像差，分为球差、彗差、像散、场曲和畸变五类；当光学系统对复色光成像时，由于介质折射率随光的不同频率而改变所引起的像差，称为色差，可分为位置色差和倍率色差两种。

6.1 球 差

    如图 6.1 所示，从 A 点发出的近轴光线的高斯像点 A'_0 的截距 l'；以 U_1 孔径角入射光线的共轭光线与光轴交 A'_1 点，截距为 L'_1；以 U_2 孔径角入射光线的共轭光线与光轴交 A'_2 点，截距为 L'_2。A 点发出的同心光束不交在同一点，如在像方不论在 A'_0 或 A'_2 或 A'_1 处放置光屏都将看到一个弥散斑，这是一种球面固有特性而引起的成像缺陷。

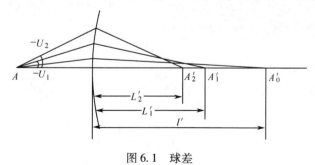

图 6.1 球差

由光轴上某一物点发出的单色光束，经光学系统后，不同孔径角的各光线将交于轴不同位置，从而使轴上像点被一弥散光斑所代替，则称光学系统对该物点的成像有球差。也就是说，球差是系统对轴上物点以单色粗光束成像时所产生的像差。

球差是由孔径角 U 的增大而引起的，如果在近轴区就不会有球差。但是实际光学系统总是要以一定孔径角成像的，这样就必然会有球差产生。一般情况下，由于光孔对光轴对称，在垂轴平面得到像点的弥散斑也对称于光轴。

球差是以第一近轴光线得到的高斯像面 A'_0 点为基准来度量的。在沿轴方向度量的为轴向球差，记为 $\delta L'$，即

$$\delta L' = L' - l' \tag{6.1}$$

式中：L' 为一宽孔径高度光线的聚交点的像距；l' 为近轴像点的像距；$\delta L'$ 为沿光轴方向度量球差大小的量，称为轴向球差或纵向球差。$\delta L'$ 的符号规则是，光线聚交点位在 A'_0 的右方为正，左方为负。

球差对成像质量的危害，表现在它在理想平面上（近轴像平面）产生半径为 TA' 的弥散圆，弥散圆的半径为

$$TA' = \delta L' \tan U' \tag{6.2}$$

式中：U' 为实际光线通过光学系统后的出射光线和光轴的夹角；TA' 为在近轴光线的像点 A' 的垂轴平面内度量球差大小的量，称为垂轴球差或横向球差。垂轴球差 TA' 是轴向球差 $\delta L'$ 的另一种表示方法。而通常我们所说的球差，一般都是指轴向球差 $\delta L'$。

为直观地表示光学系统的球差，以入射光线的相对高度 h/h_m 为纵坐标，以 $\delta L'$ 为横坐标画出的曲线称为球差曲线。符号 h_m 表示全孔径光线在光学系统的第一面上的入射高度，h/h_m 表示不同入射高度 h 的光线对全孔径入射高度 h_m 的相对值。图 6.2 就是一个正透镜的球差曲线。可以看出，正透镜的球差为负值，且入射高度越大，球差的绝对值越大。

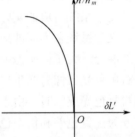

图 6.2　正透镜球差曲线

负透镜也有球差，如图 6.3（a）所示。近轴光线经透镜折射后，与光轴相交 A'（为虚像点），而远轴光线折射后，与光轴相交在 A'_1，而 A' 与 A'_1 的距离即是负透镜的球差。$\delta L' = -L' - (-l')$，故负透镜的球差为正值，其球差曲线如图 6.3(b)所示。

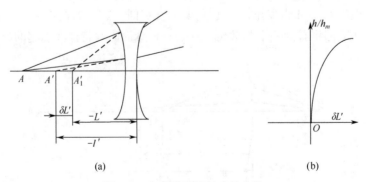

(a)　　　　　　　　　　　　　(b)

图 6.3　负透镜球差与球差曲线

当存在球差时，在不同像平面位置得到的实际像点图形如下：当像平面在 A'_1 位置时，光线的弥散图形为一个周围带有亮圈的圆斑；当像平面逐渐往右移时，弥散图形面

68

积逐渐缩小，亮度增大，并且除了四周的亮圈之外，中心开始出现亮斑；当像平面继续往右移动，就会找到个合适的位置，弥散图形的面积最小，亮度最大，称为"最小弥散圆"；当像平面由此位置继续右移，弥散图形周围的亮圈逐渐消失；再往右移动，则弥散图形面积很快扩大，亮度迅速减小，最后中央亮斑消失。总之，在任何位置处都不能得到一个理想的像点，不过比较来说，当像平面位于最小弥散圆位置时成像质量最好。上面实际像点的弥散图形之所以出现复杂的花纹，是由于光波的衍射引起的。

球差使轴上物点通过光学系统后不能形成一个像点，而是一个弥散斑，因此存在球差的光学系统不能反映物体的细节。当球差严重时，像就变得模糊不清。对于轴上物点，球差是唯一的单色像差。但是，球差出现在视场中心，不仅影响轴上物点成像，而且对整个视场的成像都会产生影响（对轴外物点也有球差存在）。因此，任何光学系统都必须校正球差。

由于正透镜产生负球差，负透镜产生正球差，故可利用正负透镜的组合来消除球差。常用的消球差系统是正负透镜组合在一起的双胶合透镜组和双分离透镜组（图6.4）。

由于不同孔径的光线通过光学系统后产生的球差值不相同，因此，无论是双透镜组，还是更加复杂的光学系统，都不能对所有孔径的光线消除球差。适当地选择玻璃材料和球面半径，有可能使边缘球差为零。设计良好的双胶合透镜的球差曲线如图6.5所示。可见，除了近轴光线和边缘光线球差为0以外，其余孔径的光线都存在一定的剩余球差。当边缘光线的交点位在近轴像点左边时，球差为负，称为"球差欠校正"。反之，当边缘光线交点位在近轴像点右边时，球差为正，称为"球差过校正"。

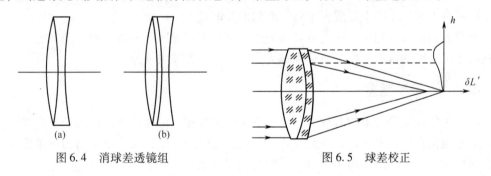

图 6.4　消球差透镜组　　　　　图 6.5　球差校正

6.2　彗　　差

由于共轴系统对称于光轴，当物点位于光轴上时，光轴就是整个光束的对称轴线。通过光轴的任意截面内光束的结构都是相同的。位于过光轴的某一个截面内的光束结构可以用球差曲线表示。球差曲线能够表示轴上物点的光束结构，代表了系统轴上物点成像质量的优劣。对于轴外点来说，成像光线的聚交情况就比轴上点要复杂得多。

由轴外无限远物点进入共轴系统成像的光束，经过系统以后不再像轴上点的光束那样具有一条对称轴线，只存在一个对称平面，这个对称平面就是由物点和光轴构成的平面，如图6.6的 BOZ 平面所示。由于轴外物点发出的通过系统的所有光线在像空间的聚交情况比轴上点复杂得多，为了能够简化问题同时又能够定量地描述这些光线的弥散程度，我们从整个入射光束中取两个互相垂直的平面光束，用这两个平面光束的结构来近似地代表整个光束的结构。其中：一个是光束的对称平面 BM^+M^-，即主光线和光轴决定的平面，称为子午面；另一个是过主光线 BZ 与子午面 BM^+M^- 垂直的 BD^+D^- 平面，称为弧矢面。如果要更全面地了解光束结构，仅了解这两个截面内的光线的情况还是不够的，还需研究截面以外的其他光线。

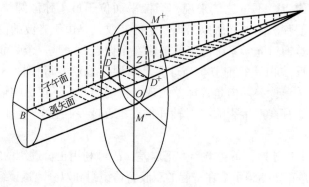

图 6.6　子午面与弧矢面

由靠近轴的轴外点发出的单色粗光束，经过光学系统后，若得到的不是点像，而是彗星形的光斑，则称该系统对给定物点的成像有彗差。与球差引起的弥散斑不同，彗差所产生的光斑对光束的光轴不对称。

产生彗差的原因是由于轴外物点发出的光束中，对称于主光线的一对光线经过光学系统后的偏折程度不同，从系统出射后失去对主光线的对称性，使交点不再位于主光线上，因此在理想像平面上形成一个彗星形状的弥散斑。

彗差的数值通常用子午面上或者弧矢面上对称于主光线的各对光线，经系统后的交点相对于主光线的偏离来度量，分别称为子午彗差或者弧矢彗差。

6.2.1　子午彗差

由于子午面既是光束的对称面，又是系统的对称面，位在该平面内的子午光束通过系统后永远位在同一平面内，因此计算子午面内光线的光路，是一个平面的三角几何问题，可以在一个平面图形内表示出光束的结构，如图 6.7 所示。

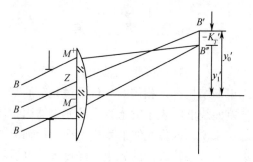

图 6.7　子午彗差示意图

图 6.7 所示为轴外无限远物点发来的斜光束的光路图。与轴上点的情形一样，为了表示子午光束的结构，取主光线两侧具有相同孔径高的两条成对的光线 BM^+ 和 BM^-，称为子午光线对。该子午光线对通过系统以后当然也位在子午面内，如果光学系统没有

像差，则所有光线对都应交在理想像平面上的同一点。由于有像差存在，BM^+ 和 BM^- 光线对的交点 B'_T 既不在主光线上，也不在理想像平面上。为了表示这种差异，我们用子午光线对的交点 B'_T 离开主光线的垂直距离 K'_T 表示此光线对交点偏离主光线的程度，称为"子午彗差"，可表示为

$$K'_T = y'_1 - y'_0 \tag{6.3}$$

式中：y'_0 为主光线在像平面上的高度；y'_1 为子午光线对在像平面上交点的高度。K'_T 的符号规则为以主光线作为起点计算到子午光线对的交点，向上为正，向下为负。

子午彗差 K'_T 表示子午光线对相对于主光线不对称的程度。如果子午彗差为零，则表示折射以后的子午光线对相对于主光线仍然是对称的，它们的交点在主光线上。一般情况下，随着光束口径的减小，K'_T 将逐渐减小。

6.2.2 弧矢彗差

和子午彗差定义类似，只不过弧矢彗差是在弧矢面内。如图 6.8 所示，阴影部分所在平面即为弧矢面。处在主光线两侧和主光线距离相等的弧矢光线对 BD^+ 和 BD^- 相对于子午面显然是对称的，它们的交点必然位在子午面内。和子午光线对的情形相对应，我们把弧矢光线对的交点 B'_S 到主光线的距离用 K'_S 表示，称为"弧矢彗差"，可表示为

$$K'_S = y'_3 - y'_0 \tag{6.4}$$

式中：y'_0 为主光线在像平面上的高度；y'_3 为弧矢光线对在像平面上交点的高度。K'_S 的符号规则为以主光线作为起点计算到弧矢光线对的交点，向上为正，向下为负。

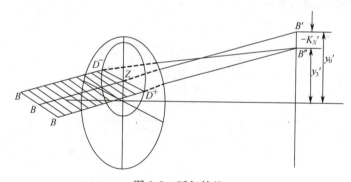

图 6.8　弧矢彗差

对于给定的光学系统，彗差值是光束孔和视场角的函数。光束的孔径越大，视场角越大，产生的彗差的绝对值也越大。

对于某些小视场大孔径的光学系统来说，由于像高本身较小，彗差的实际数值更小，因此用彗差的绝对数量不足以说明系统的彗差特性。一般改用彗差与像高的比值来代替系统的彗差，称为"正弦差"，用符号 SC' 表示，即

$$SC' = \lim_{y'_0 \to 0} \frac{K'_S}{y'_0}$$

在斜光束中，子午彗差和弧矢彗差一般都同时存在，并且弧矢彗差总比子午彗差小，大约等于子午彗差的1/3。因此，根据其中任意一个就能判断系统彗差的大小。

为了消除光学系统的彗差，通常采用不同的玻璃，利用改变透镜的形状和改变孔径光阑位置的办法来实现。如果将两个弯月形透镜对称放置，并在中间设置孔径光阑，如图 6.9 所示。那么当物像的倍率为 −1 时，由于光学系统完全对称，透镜 L_1 和透镜 L_2 产生的彗差符号相反，数值相等，可以相互抵消。

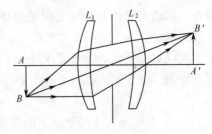

图 6.9　消彗差透镜组

6.3　像　散

　　轴外物点发出的宽光束成像时会有彗差存在。若把孔径光阑缩小到很小，只允许沿主光线的很细的光束通过，则彗差不再存在，但会产生新的像差。使球外物点形成两条相互垂直且间隔一定距离的短线像的一种像差称为像散。

　　图 6.10 所示为轴外无限远物点发来的斜光束的光路图。由于有像差存在，BM^+ 和 BM^- 光线对的交点 B'_T 既不在主光线上，也不在理想像平面上。当光线对对称地逐渐向主光线靠近，宽度趋于零时，它们的交点 B'_T 趋近于一点 Bt'，Bt' 点显然应该位于主光线上，称为子午像点。弧矢光线对称于子午平面，所以它们也将会聚于主光线上，交于点 Bs'，称为弧矢像点，如图 6.11 所示。这说明，该系统在两个相互垂直的方向上聚焦本领不同，一个物点发出的两个相互垂直方向的光束相交于不同位置，这种成像缺陷现象就是光学系统的像散现象。

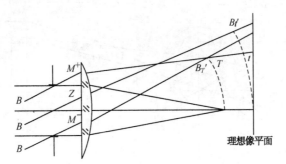

图 6.10　子午像点

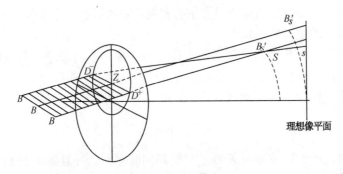

图 6.11　弧矢像点

像散是以子午像点和弧矢像点沿光轴方向的相对距离度量的，用 x'_{ts} 表示，即

$$x'_{ts} = x'_t - x'_s \tag{6.5}$$

式中：x'_t 为子午焦线至理想像平面的距离；x'_s 为弧矢焦线至理想像平面的距离，如图 6.12 所示。

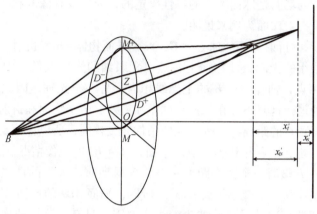

图 6.12　像散度量

若有一个屏沿轴移动，当移动到子午像点所在的平面时，屏上会得到一条与子午面垂直的短线，称为子午焦线，这个平面称为子午焦面。当屏移动到弧矢像点所在的平面时，屏上会得到一条位于子午面内与光轴垂直的短线，称为弧矢焦线，这个平面称为弧矢焦面。而屏从子午焦面移动到弧矢焦面时，所观察到的成像情况是，由直线到椭圆到圆再到椭圆再到直线的弥散斑。

因此，存在像散的光学系统，不论把像平面置于何处，轴外物点通过该系统后，都得不到一个清晰的像点。如果该光学系统对图 6.13（a）所示的平面物体成像，当像平面分别位于子午焦线和弧矢焦线位置时，在像平面上得到的像如图 6.13（b）和（c）所示。如果像平面位于子午焦线和弧矢焦线的中间位置时，轴外物点的像将是一个弥散圆。

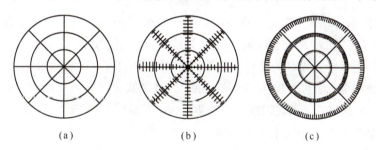

（a）　　　　　　　（b）　　　　　　　（c）

图 6.13　子午焦线和弧矢焦线处像平面图

对于给定的光学系统，像散值是视场角的函数，视场角越大，像散越严重。因此对于视场较大的光学系统，需要消除像散。

光学系统的像散除了和视场角有关外，还和透镜材料的折射率及曲率半径有关，并且正透镜产生的像散和负透镜产生的像散符号相反。所以，适当的选配光学系统中各折射面的曲率半径、玻璃的折射率，以及合理的选择孔径光阑的位置，就可以对某一视场（通常是对边缘视场）消除像散。

6.4 场　　曲

使垂直于光轴的平面物体形成曲面像的一种像差称为"场曲"。

球面光学系统的场曲是球面本身的特性决定的，即使没有像散和其他像差，场曲仍然存在。现以单个折射球面为例来说明。

如图 6.14 所示，折射球面的球心为 C，设一球面物体 AB 和折射面同心，并在球心处放一孔径为无限小的光阑，使物面上各点以无限细的光束成像。轴上物点 A 通过折射球面后成像在 A' 点，轴外物点 B 的主光线相当于另一条光轴，因此轴外点就可以如同轴上点一样来处理，这时不存在像散、球差和彗差。由于物面和折射球面同心，物面上各点至折射球面顶点的距离都相等，成像条件完全相同，所以像面是一个和折射球面同心的球面 $A'B'$。现在来看相切于 A 点的平面物体 A_1B_1 的成像情况。对于 B_1 点，相当于 B 点沿光轴向左方移动一个微小距离 $-\mathrm{d}x$，根据轴向放大率的性质，对应的像点一定以相同方向向左移动一个微小距离 $-\mathrm{d}x'$。所以，平面 AB_1 的像面 $A'B'_1$ 将比球面 AB 的像面 $A'B'$ 更加弯曲。这就是场曲产生的根本原因。只有在这个曲面上，才能对平面成清晰的像，这个曲面称为匹兹万像面。

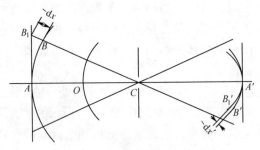

图 6.14　场曲形成原因

图 6.15 所示为轴外无限远物点发来的斜光束的光路图。由于有像差存在，子午光线对 BM^+ 和 BM^- 光线的交点 B_T' 既不在主光线上，也不在理想像平面上。为了表示这种差异，我们用子午光线对的交点 B_T' 离理想像平面的轴向距离 X_T' 表示此光线对交点与理想像平面的偏离程度，称为"子午场曲"。当光线对对称地逐渐向主光线靠近，宽度趋于零时，它们的交点 B_T' 趋近于一点 B_t'，B_t' 点显然应该位于主光线上，它离开理想像平面的距离称为"细光束子午场曲"，用 x_t' 表示。

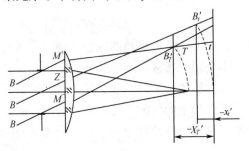

图 6.15　子午场曲

弧矢场曲可以和子午场曲类似定义，只不过现在是在弧矢面内。如图 6.16 所示，阴影部分所在平面即为弧矢面。处在主光线两侧和主光线距离相等的弧矢光线对 BD^+ 和 BD^- 相对于子午面显然是对称的，它们的交点必然位在子午面内。和子午光线对的情形相对应，我们把弧矢光线对的交点 B_s' 到理想像平面的距离用 X_s' 表示，称为"弧矢场曲"；主光线附近的弧矢细光束的交点 B_s' 到理想像平面的距离用 x_s' 表示，称为"细光束弧矢场曲"。

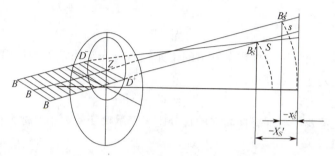

图 6.16　弧矢场曲

当光学系统存在严重场曲时，就不能使一个较大的平面物体上各点同时清晰成像。当把像面调清晰时，边缘就变模糊；反之，边缘调清晰时，中心就变模糊。因此，对于像面是平面的光学系统，如照相机和投影仪，必须对其物镜校正场曲。

对于给定的光学系统，场曲值是视场角的函数，视场越大，场曲越严重。为了消除光学系统的场曲，通常选用较高折射率的玻璃做正透镜，选用较低折射率的玻璃做负透镜，并且适当地增大它们之间的间隔。图 6.17 所示为利用增大正、负透镜之间间隔的方法来消除场曲的光学系统。

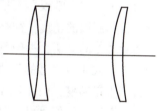

图 6.17　消场曲透镜组

6.5　畸　变

在理想的光学系统中，一对共轭的物像平面上，垂轴放大率是不变的常数。但在实际的光学系统中，当视场较大时，垂轴（轴向）放大率随视场而变化，因此会引起一种失去物像相似的像差，这种使像变形的成像缺陷称为"畸变"。

前述的各种像差的共同特点是像点被弥散斑所代替，从而破坏了成像的清晰度。但是，畸变并不影响物体成像的清晰度，它只影响像与物的几何相似性，或者说只影响像的几何形状。

产生畸变的原因是由于实际光学系统的共轭面上的垂轴放大率已不是常数，不同高度物体具有不同的垂轴放大率。对于给定的光学系统，畸变值是视场角的函数，视场角越大，畸变越严重。

放大率随视场角增加而增大的畸变称为正畸变，又称枕形畸变。放大率随视场角增加而减小的畸变称为负畸变，又称桶形畸变。图 6.18（a）是垂直于光轴的方格物体。当光学系统存在正畸变时，得到图 6.18（b）的像；当光学系统存在负畸变时，得到图 6.18(c)的像。

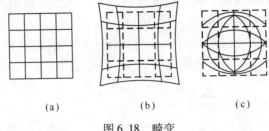

（a）　　　　　　　（b）　　　　　　　（c）

图 6.18　畸变

　　畸变的数值，通常用轴外物点发出的主光线经过光学系统后和理想面的交点离 y'_z 与理想像高 y' 之差 $\delta y'_z$ 来度量，即

$$\delta y'_z = y'_z - y' \tag{6.6}$$

有时，还用畸变值 $\delta y'_z$ 与理想像高 y' 的百分比来表示畸变的大小，称为相对畸变，用符号 q 来表示，即

$$q = \frac{\delta y'_z}{y'} \times 100\% \tag{6.7}$$

　　由于光学仪器的畸变不影响成像的清晰度而只是使像产生变形，因此对于大多数用于观察的光学仪器，如观察用望远镜、摄影物镜和放影物镜等，对畸变的要求并不严格。而对于某些光学仪器，如测绘仪器的物镜、投影仪器的物镜和制版物镜等，为了不影响测量和制版的精度，往往对畸变要求很严格，因此这类光学仪器必须消除畸变。

　　消除畸变的方法，一般是减小视场角，因为畸变随着视场减小而迅速减小。另外，采用对称型或亚对称型的光学系统也可以消除畸变。因为当孔径光阑位于正透镜之后时，将产生正畸变；而孔径光阑位于正透镜之前时，将产生负畸变。因此，如图 6.9 所示的光学系统，不但可以消除彗差，也可以消畸变。

6.6　色　差

6.6.1　色差现象

　　光实际上是波长为 400～760nm 的电磁波。不同波长的光具有不同的颜色，一般把光的颜色分成红、橙、黄、绿、蓝、靛、紫 7 种。红光的波长最长，紫光的波长最短。白光则是以各种颜色的光混合而成的。

　　不同波长的光线在真空中传播的速度 c 都是一样的，但在透明介质（如水、玻璃等）中传播的速度 v 随波长而改变。波长的速度 v 大，波长短的速度 v 小。根据第 1 章中折射率与光速的关系式 $n = \dfrac{c}{v}$ 可知：在介质中的传播速度 v 大，折射率 n 就小；反之，传播速度 v 小，折射率 n 就大。因此，红光的折射率最小，紫光的折射率最大。某一种介质对两种不同颜色光线（用波长 λ_1 和 λ_2 表示）的折射率之差（$n_{\lambda_1} - n_{\lambda_2}$）称为该介质对这两种颜色光的"色散"。一般用波长为 656.28nm 的 C 光和波长为 486.13nm 的 F 光的折射率之差（$n_F - n_C$）代表介质色散的大小，称为该介质的"中部色散"。

前面讨论透镜成像的成像性质时，都把某一种介质的折射率看作常数，实际上只是对同一波长的光线而言，这样的光线称为"单色光"。

薄透镜的焦距公式为

$$\frac{1}{f'} = (n-1)\left(\frac{1}{r_1} - \frac{1}{r_2}\right)$$

因为折射率 n 随波长的不同而改变，焦距 f' 显然也要随着波长不同而改变。折射率越高，焦距越短。因此，对同一个透镜，红光的焦距最长，紫光的焦距最短。如果把一个简单的正透镜用来对无限远的物体成像，由于各种颜色光线的焦距不同，所成像的位置也就不同。

红光的像点最远，紫光的像点最近。各种颜色光线的像点依次排列在光轴上。这种不同颜色光线的像点沿光轴方向的位置之差称为"轴向色差"。如果在紫光的像点 $F'_{紫}$ 处用屏幕观察，则屏幕上呈现一个圆形的光斑，光斑中心带一紫色亮点，外边绕有红色边缘，如图 6.19 中位置 I 所示。如果在 $F'_{黄}$ 位置处观察，则光斑中心带一黄色亮点，周围为绛色，因为红光和紫光混合后成为绛色，如图 6.19 中位置 II 所示。如果在 $F'_{红}$ 位置处观察，则光斑中心为红色亮点，周围绕有紫色边缘，如图 6.19 中位置 III 所示。因此，像平面在任何位置上，都不能得到一个清晰的白色像点。在不同像平面位置观察时，像都带有颜色，使像模糊不清。

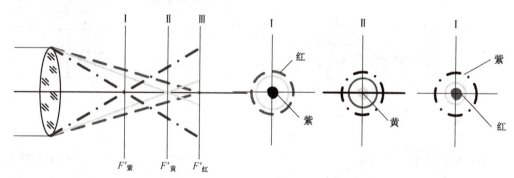

图 6.19　色差

6.6.2　轴向色差

沿光轴度量的不同色光光线与光轴交点间的距离称为"轴向色差"，又称位置色差或纵向色差。通常用 C、F 两种波长光线的像平面间的距离表示轴向色差。即若 l'_F 和 l'_C 分别表示 F、C 两种波长光线的近轴像距，则轴向色差 $\Delta l'_{FC}$ 为

$$\Delta l'_{FC} = l'_F - l'_C \tag{6.8}$$

光学系统的色差严重影响成像质量，轴向色差使物点的像成为一个模糊的带有彩色的弥散斑。因此，对于用白光成像的光学系统，大多需要消色差。

薄透镜的轴向色差取决于透镜的焦距和玻璃材料，例如：火石玻璃的色散较大；而冕牌玻璃的色散较小。同时，正透镜产生的是负色差，而负透镜产生的是正色差。所以，一个用冕牌玻璃作正透镜、用火石玻璃作负透镜的双胶合透镜组，可以起到消轴向色差的作用。

对于轴上点宽光束成像，除轴向色差外，还伴随着球差。因此，不同孔径将产生不同的轴向色差。要对所有孔径的白光消色差是不可能的，要对某一孔径消除所有色差也是不可能的，只能选择某两条或三条谱线消色差。

6.6.3 垂轴色差

沿垂轴方向度量的不同色光所成像的大小差异称为"垂轴色差"，又称放大率色差或横向色差。

如图 6.20 所示，根据无限远物体像高计算公式，当 $n' = n = 1$ 有 $y' = -f'\tan\omega$，当焦距 f' 随波长改变时，像高 y' 也就随之改变。因此，不同颜色光线所对应的像高也不一样，如图图 6.20(a) 所示。红光的像高最大，紫光的像高最小。换句话说，不同颜色光线的放大率不一样。这种像的大小的差异就是"垂轴色差"。当光学系统存在垂轴色差时，像的周围出现由红到紫或由紫到红的色边，它同样也会使像模糊不清。如图 6.20（b）所示，垂轴色差一般用 C、F 光线在同一像平面（通常在 D 光的理想像平面）上像高之差表示。若 y'_{zF} 和 y'_{zC} 分别表示 F、C 两种波长光线的主光线在 D 光理想像平面上的交点高度，则垂轴色差 $\Delta y'_{FC}$ 为

$$\Delta y'_{FC} = y'_{zF} - y'_{zC} \tag{6.9}$$

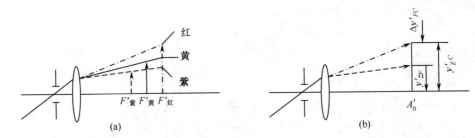

图 6.20　垂轴色差

垂轴色差是光学系统对不同颜色的光线具有不同垂轴放大率引起的。根据牛顿放大率公式 $\beta = f'/X$ 可知，对于一定位置的物体，垂轴放大率和光学系统的焦距有关。由于光学系统对于不同颜色的光线具有不同的焦距，因此具有不同的放大率，不同色光的主光线通过光学系统后产生不同的像高，形成了垂轴色差。

垂轴色差使视场边缘呈现彩色，影响轴外物点的成像清晰度。在视场较大的光学系统中，必须消除垂轴色差。

垂轴色差和孔径光阑的位置有密切关系。当孔径光阑位于正透镜之前时，F 光的像高小于 C 光的像高，垂轴色差为负；当孔径光阑位于正透镜之后时，F 光的像高大于 C 光的像高，垂轴色差为正。因此，用如图 6.9 所示的完全对称的光学系统，在消除彗差、畸变的同时，也消除了垂轴色差。对于前面提到的双胶合透镜组，在消除轴向色差的同时，垂轴色差也得到了校正。

6.7　本　章　小　结

本章主要讨论了实际光学系统和理想光学系统成像的差异，即像差的相关知识。单

色像差有五类，即球差、彗差、像散、场曲和畸变。色差有两类，即位置色差和倍率色差。重点内容如下：

（1）球差的概念、产生的原因、表示方法、对成像的影响及消除方法；

（2）彗差的概念、形成原因、子午彗差和弧矢像差的含义、对成像的影响及消除方法；

（3）像散的概念、成像的特点；

（4）场曲的概念、产生的原因；

（5）畸变的形成及其与光阑的关系；

（6）色差的概念及度量方法。

习　题

1. 一个正方形物体经过光学系统成像后，物像的形状如习题 1 图所示，试问这主要是由何种单色像差引起的，并对成因作简单的分析。

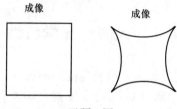

习题 1 图

2. 球差指什么？如何消除光学系统的球差？

3. 一个正方体能否通过理想光学系统成理想像？

4. 光学系统色差的产生原因是什么？

5. 在什么情况下需要在光学系统中设置消杂光光阑？

6. 对同一个透镜，红光和紫光谁的焦距长？谁的焦距短？为什么？

第7章

眼睛和目视光学系统

放大镜、显微镜和望远镜等和人眼配合使用的光学系统是直接扩大人眼的视觉能力的，称为目视光学系统。本章应用前面所学过的共轴球面系统中的物像关系，分析这些目视光学系统的成像原理，使我们弄清如下问题：为什么使用了目视光学系统之后就能够看得更远更细，这些系统应该怎样构成，对目视光学系统应该有什么样的要求。

7.1 人眼的光学特性

目视光学仪器是与人眼配合扩大人眼视觉能力的仪器。人眼实际上可以看成是整个系统的一个组成部分，所以在研究目视光学仪器之前，首先要对人眼有一个必要的了解。

7.1.1 人眼的构造

人眼大致是呈球状，其直径约为 25mm，结构如图 7.1 所示。

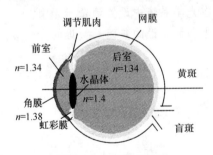

图 7.1　人眼的构造

（1）巩膜：它是一层坚韧不透明的膜层，与角膜组成了封闭的容器。

（2）角膜：位于巩膜前部，是眼睛巩膜中仅有的透明的部分。外界的光是从角膜进入眼睛的，其厚度约为 0.55mm，折射率为 1.3771。

（3）前室：其中充满了折射率为 1.3374 的透明水状液，前室深度约为 3.05mm。

（4）水晶体：它被透明的胶囊包裹着，形如一个双凸透镜，前表面的曲率半径约为 10.2mm，后表面约为 6mm。它是完全透明的，但光学性质并不均匀，各层具有不同的折射率，外层低约为 1.373，内层高约为 1.42。借助于水晶体周围睫状肌的作用可以使水晶体的曲率发生变化，从而改变水晶体的光焦度，使不同位置的物体成像于网膜上。

（5）虹彩膜：紧贴着水晶体的前表面，中心部分有圆孔，这就是眼睛的瞳孔。它会根据外界观察物体发光的强弱本能地在 2～8mm 范围内自动调节以控制进入眼睛的光能量。

（6）后室：水晶体后面的空间，其中充满了透明的折射率为 1.336 的液体，称为玻璃体。

（7）网膜：后室的内壁与玻璃液接触的是网膜。它是眼睛感受光刺激的部分，具有十分复杂的构造，它共有 10 层，其中第 9 层是感光层，由光敏杆状和锥状细胞组成。杆状细胞直径约为 2～4μm，锥状细胞直径约为 1.5～5μm 之间。网膜第 10 层是由强烈吸收光的物质组成，作用是防止感光器官受到强光的过分刺激，并且在吸收光的同时发生化学分解作用，这就是视觉刺激。这种刺激经过连接感光细胞的视神经纤维传到大脑引起视觉。

（8）脉络膜：网膜外部包围着一层黑色膜，它吸收透过网膜的光线，使后室成为一个暗室。

（9）盲斑：位于视神经进入眼内腔的网膜上，是无感光细胞、无视觉的感光盲区，呈椭圆形 1.4～2.7mm 的区域。我们通常感觉不到盲斑的存在是因为眼球在眼窝内一刻不停转动的缘故。

（10）黄斑：其水平方向 1mm，垂直方向 0.8mm。

（11）中心凹：在黄斑中心有一椭圆形的凹陷区。大约为 0.3mm，垂直方向约为 0.2mm，在中心凹区域密集着大量的锥状细胞，是网膜中对光感应最灵敏的区域。当人们要"注视"某物体时会本能地通过眼球的转动使其成像在中心凹上。

（12）视轴：眼睛的像方节点和中心凹的连线为视轴。眼睛的视场可达 150°，但是只能在视轴周围 5°左右清晰地识别物体。其他部分是比较模糊的，常称为眼睛的"余光"。

照相机中，正立的人在底片上成倒像，人眼也是成倒像，但我们感觉还是正立的，这是神经系统内部作用的结果。

上面简要介绍了眼睛的构造。从光学角度看，眼睛构造结构中最主要的是水晶体、网膜和瞳孔。眼睛和照相机很相似，如果对应起来看，人眼的水晶体对应着照相机的镜头，视网膜对应着底片，而瞳孔则相当于光阑。

7.1.2 标准眼

眼睛作为一个光学系统，其各种有关参数可由专门的仪器测出。根据大量的测量结果，可以定出眼睛的各光学常数，包括：角膜、房水、晶状体和玻璃体的折射率，各光学表面的曲率半径，各组件之间的间距。满足这些光学常数的眼模型称为"标准眼"。标准眼设计的目的是建立一个适用于眼球光学系统研究的模拟人眼的光学结构，具有一定的普适性。在标准眼的设计中会忽略很多非重点的复杂部分。由于所针对的研究领域上的差异，不同的标准眼所简略的部分也就有所不同。

1）Christian Huygens 模型眼

眼睛的第一个物理模型是由 Christian Huygens 提出的，这个模型中没有考虑晶状体，眼睛的屈光能力全部由角膜承担，而后逐步发展到有晶状体的模型眼、晶状体的梯度折射率变化模型眼、角膜和晶状体的非球面面形模型眼、晶状体同心多层结构模型眼等。模型眼结构是基于眼的生理解剖学和生物试验的数据设计的。由于活体角膜的参数容易测量，所以在各种眼睛模型中，角膜的参数变化不大。但是，活体晶状体前后表面半径和折射率的测量存在一定的难度，因此各眼模型中晶状体的结构存在着较大的差别。

2）Gullstrand 精密眼模型

该模型是由 Gullstrand 提出的，把眼的光学系统看成是同轴和同心的透镜系统，包括位于空气与房水之间的角膜系统和位于房水与玻璃体之间的晶状体系统两部分。由于房水与玻璃体的折射率非常接近，将它们视为一种屈光介质，折射率为 1.336。实际上的晶状体是层状结构，其折射率从外层向内层逐渐增加，核的折射率最大，设计中把晶状体视为囊及皮质和核两部分。这样构成的屈光系统有 6 个折射面，包括：角膜前、后表面，晶状体皮质前、后表面和晶状体核前、后表面。系统有 3 对基点，包括两个主焦点、两个主点和两个节点。经测量和计算证明，此屈光系统与眼睛的实际屈光状况相似。图 7.2 给出了 Gullstrand 精密眼模型的结构，表 7.1 列出了该眼模型的基本参数。

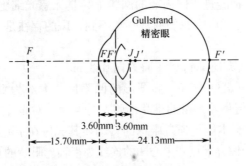

图 7.2　Gullstrand 精密眼模型

表 7.1　Gullstrand 精密眼模型的基本参数

折射率	角膜	1.376
	房水	1.336
	晶状体皮质	1.386
	晶状体核	1.406
	晶状体全体	1.4085
	玻璃体	1.336
位置	角膜前顶点	0mm
	角膜后顶点	0.5mm
	晶状体前顶点	3.6mm
	晶状体后顶点	7.2mm
	视网膜	23.89mm
曲率半径	角膜前表面	7.7mm
	角膜后表面	6.8mm
	晶状体前表面	10mm
	晶状体后表面	−6mm

基点位置	前主点	1.348mm
	后主点	1.602mm
	前节点	7.079mm
	后节点	7.333mm
	前主焦点（自前主点）	−17.05mm
	后主焦点（自后主点）	22.53mm

在 Gullstrand 精密眼模型的基础上，Le Grand 用近轴近似做了进一步简化，把 6 个折射面简化为 4 个折射面，即晶状体由前、后 2 个表面组成，称为 Gullstrand – Le Grand 眼模型。它由 6 个面组成，考虑到了角膜前表面和后表面、瞳孔、晶状体前表面和后表面、视网膜各自的结构。设计中考虑到眼的调焦是由晶状体的前表而完成的，当对无限远的物体调焦时其曲率半径为 10.2mm，当对近点调焦时其曲率半径为 6.0mm。这个模型的优点是能够很好地描述眼睛的近轴性质，因此在一级近似计算中，此模型获得了广泛的应用。之后各种改进的眼模型，例如晶状体的梯度折射率变化以及角膜和晶状体的非球面面形等眼模型，都是在此眼模型的基础上设计的。Gullstrand – Le Grand 眼模型的具体结构参数如表 7.2 所列。

表 7.2 Gullstrand – Le Grand 眼模型的具体结构参数

折 射 面	曲率半径/mm	非球面系数	厚度/mm	折射率（543nm）	介 质
角膜前表曲	7.8	0	0.55	1.3771	角膜
角膜后表面	6.5	0	3.05	1.3374	房水
瞳孔	无限大	0	0		虹膜
晶状体前表面	10.2（6.0）	0	4.0	1.42	晶状体
晶状体后表面	−6	0	17.3	1.336	玻璃体
视网膜	−12.5	0			视细胞

3）简化眼

简化眼是将眼的光学系统简略为仅有一个折射面的光学结构。该结构的设计原理为：眼球的两主点相近，在调节状态下几乎不发生变化；两节点也相近且都固定，与晶状体后表面的距离较小。因此，两主点和两节点的位置在简化中合而为一，取其平均值，成为只有一个主点和一个节点的系统。眼球也因此可以仅用一个理想球面来代替，球面的一侧是空气，另一侧是具有一定折射率的介质。这样的系统仅有 1 个折射面和 4 个基点（2 个焦点、1 个主点、1 个节点）。简化眼是将 Gullstrazid 精密眼进一步简化而成的，图 7.3 给出了它的结构。

简化眼的角膜球面曲率半径为 5.73mm，其顶点为简化眼的主点，位于实际角膜顶点后约 1.35mm 处。空气的折射率为 1，眼内介质的折射率为 1.336。节点在实际角膜顶点后的 7.08mm 处，节点也是实际角膜球面折射面的曲率中心简化眼的后焦点位于其主点后 22.78mm 处，即实际角膜顶点后 24.13mm 的视网膜位置。视网膜的曲率半径为 11.0mm。简化眼的前焦点位于其主点前 17.05mm 处，即实际角膜顶点前 15.7mm，据此可以求得简化眼在静态时的折光度为 58.64D。

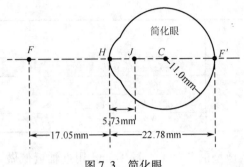

图 7.3　简化眼

人眼在 50lx 照度照明下最适合、最习惯的工作距离为明视距离，对于正常眼为 250mm，记为 D。双眼瞳孔间的间距为 55～74mm。

7.1.3　人眼的调节

眼睛有两类调节功能，即视度调节和瞳孔调节。

1）视度调节

我们观察某一物体时，物体通过眼睛（主要是水晶体）在网膜上形成一个清晰的像，视神经细胞受到光线的刺激引起了视觉，我们就看清了这一物体。此时，物、像和眼睛光学系统之间应当满足前面讲过的共轭点方程式。远近不同的其他物体，物距不同，则不成像在网膜上，我们就看不清。如要看清其他的物体，人眼就要自动地调节眼睛的焦距，使像落在网膜上，眼睛自动改变焦距的这个过程称为"眼睛的视度调节"。

正常人眼在完全放松的自然状态下，无限远目标成像在网膜上，即眼睛的像方焦点在网膜上。在观察近距离物体时，人眼水晶体周期肌肉收缩，使水晶体前表面半径变小，眼睛光学系统的焦距变短，后焦点前移，从而使该物体的像成在网膜上。

为了表示人眼调节的程度，引入了视度的概念。与网膜共轭的物面到眼睛距离的倒数称为视度，用 SD 表示，即

$$SD = \frac{1}{l} \tag{7.1}$$

式中：距离 l 以米为单位。例如，观察眼睛前方 2m 处的目标时，$l = -2$，$SD = 1/(-2) = -0.5$，即眼睛的视度为 -0.5；观察无限远目标，$l = -\infty$，$SD = 0$。显然，视度绝对值越大，说明调节量越大。

正常人眼从无限远到 250mm 之内，可以毫不费力地调节。一般人阅读或操作时常把被观察目标放在眼前 250mm 处。此距离称为"明视距离"，对应的视度为 $SD = 1/(-0.25) = -4$。在明视距离之内人眼还能调节，但不是无限的。当眼睛的睫状肌完全放松时，所能看清楚的最远点称为"远点"，眼睛物方主点到远点的距离称为"远点距离"，用 r 表示（单位"米"）；当眼睛的睫状肌处于最紧张时所能看清楚的最近点称为"近点"，眼睛物方主点到近点的距离称为"近点距离"，用 p 表示（单位"米"），它们的倒数 $P = \frac{1}{p}$（折光度），$R = \frac{1}{r}$（折光度）分别称为近点发散度和远点发散度。P 和 R 它们的差值用 $\overline{A}$ 表示，即 $\overline{A} = R - P$，称为"眼睛的调节范围"或"调节能力"。

对于每一个人来说，近点距离和远点距离是随着年龄而变化的，表7.3列出了不同年龄段正常人眼的调节能力。

表7.3　正常眼调节调节范围与年龄的关系

年龄（岁）	p/cm	P/D	r/cm	R/D	$\bar{A} = R - P/D$
10	-7.1	-14	∞	0	14
20	-10.0	-10	∞	0	10
30	-14.3	-7.0	∞	0	7.0
40	-22.2	-4.5	∞	0	4.5
50	-40.0	-2.5	∞	0	2.5
60	-200	-0.5	200	0.5	1.0
70	+100	+1.0	80	1.25	0.25
80	+40	+2.5	40	2.5	0

从表7.3中可见，随着年龄的增大，调节范围$\bar{A}$变小。童年时，近点离开眼睛的距离很小，远点则为无限远，调节范围最大。在40～45岁之间，近点处在明视距离250mm附近。在50多岁的时候，近点落在眼睛前方400mm处，已经远视，此时眼睛睫状肌不紧张已经不能看清无限远的物体了。75岁以后，眼睛已经完全丧失了调节能力。

2）瞳孔调节

眼睛的虹彩膜可以自动改变瞳孔的大小，以控制眼睛的进光量。一般情况下，人眼在白天光线较强时，瞳孔缩到2mm左右，夜晚光线较暗时刻放大到8mm左右。设计目视光学仪器时要考虑和人眼瞳孔的配合。

7.1.4　人眼的分辨率

眼睛的分辨本领是眼睛的重要光学特性，也是设计目视光学仪器的重要依据之一。我们把眼睛能够区分两个很靠近两点的能力称为眼睛的分辨本领。它的大小与网膜上神经细胞的大小有关，要分辨两个物点必须使两个物点像在网膜上的距离等于或大于两个细胞的距离。在黄斑上视神经细胞直径约为0.001～0.003mm，所以一般取0.006mm为人眼的分辨率。这是在人眼网膜上度量的可以分辨的最短距离，最常使用的是此距离在人眼物空间对应的张角ω_{min}。

把眼睛简化为一光学系统，如图7.4所示。根据理想像高的计算公式$y' = f\tan\omega$，若y'取成人眼的分辨率0.006mm所对应的两物点，对眼睛的张角就是的ω_{min}，即$\omega_{min} = \frac{y'_{min}}{f}$。人眼在自然状态下，物方焦距$f = -16.68mm$，将$y'_{min} = -0.006mm$一并代入，并将弧度换成角秒，得到$\omega_{min} = 60''$。我们把刚能分辨的两物点对眼睛的张角$\omega_{min}$称为"眼睛的视角分辨率"，用它来表征人眼的分辨能力。

当瞳孔直径增大到3～4mm时，眼睛的极限分辨角还可以略小；如果再增大，由于像差同时增大，分辨能力反而降低。眼睛分辨能力对于波长为555nm的单色最高，在中心凹处最高，同时分辨能力还与物体亮度和背景亮度有关。

上述人眼分辨率是指对两个发光点能分辨的最小角距离或线距离。在很多测量工作中，常用某种标志对目标进行对准或重合，如用一条直线去和另一条直线重合。

这种重合或对准的过程称为瞄准。由于受人眼分辨率的限制，二者不可能完全重合。偏离于完全重合的程度称为瞄准精度。它与分辨率是两个不同的概念，但是相互关联。实际经验表明，瞄准精度随所选取的瞄准标志和方式而异，最高可达人眼分辨率的 $1/10 \sim 1/5$。

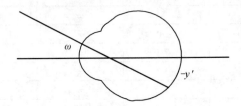

图 7.4　人眼简化光学系统

常用的瞄准标志和方式有二直线端部对准、叉丝对直线对准和双线对直线瞄准，分别如图 7.5 所示。直线对直线的瞄准精度为 $\pm 10'' \sim \pm 20''$，叉丝对直线对准瞄准精度为 $\pm 10''$，双线对直线的瞄准精度为 $\pm 5'' \sim \pm 10''$。

图 7.5　常用瞄准方式

这些对准精度可达到 $10''$ 左右，由前面讨论可知视角 $10''$ 所对应的两条直线在网膜所成的像之间的距离小于两个感光的距离，$10''$ 相当于网膜上 $0.001\,mm$，但是由于一条直线的像刺激着一列视觉细胞，而另一直线的像又刺激着旁边一列视觉细胞，所以眼睛能够敏锐地感觉到它们之间的位移。

以上讨论是眼睛对空间点和线之间分辨角的情况，这是眼睛的空间分辨能力。

人眼观察物体还有一个特征，就是当观察的物体消失后，它的影像在视觉上并不立即消失，而是要存留一个短暂时间，这种特性称为视觉暂留。人眼的视觉暂留大约为0.1秒，由于视觉暂留使人眼发现不了电灯灯光的闪烁，也发现不了电影画面每秒24帧的变换。

7.1.5　空间深度感觉和双眼立体感觉

当观察外界物体时，除了能够知道物体的大小、形状、亮暗以及表面颜色以外，还能够产生远近的感觉以及分辨不同的物体在空间的相对位置。这种对物体远近的估计就是空间深度感觉，它无论是用单眼或者双眼观察时都能产生。但是，双眼的深度感觉比单眼观察时强得多，也正确很多。对物体在空间位置的分布以及对物体体积的感觉，即为立体视觉。

单眼深度感觉的来源有以下几种：第一，当物体的高度已知时，根据它所对应的视角大小来判断它的远近，视角大则近，视角小则远；第二，根据物体之间的遮蔽关系和日光的阴影也能判断物体之间的相对位置；第三，根据对物体细节的鉴别程度和空气的透明度也能产生一定的深度感觉；第四，根据眼睛调节的程度（眼肌肉收缩的紧张程度）也能判定物体的远近。但是，只是对在 2~3m 以内的物体才能感觉出远近的差别。

当用双眼观察时，除了上面这些因素外，另外还有两个因素。第一，当我们注视某一物体时，两眼的视轴就自动地对向该物体，如图 7.6 所示。物体的距离越近，视轴之间的夹角越大。由于视轴的夹角不同，使眼球发生转动的肌肉的紧张程度也就不同。根据这种不同的感觉，也能辨别物体的远近。经验表明，这种感觉只是在 16m 以内才能产生，实际上能够精确判断的距离只有几米。第二，双眼立体视觉。当两眼视轴对向某一物体时，两眼视轴之间的交角称为视差角，记为 θ，且有 $\theta = \dfrac{b}{L}$，式中：L 为物体离开两眼节点连线的距离；b 为两眼的瞳孔距，平均距离 $b = 62\text{mm}$。

如图 7.7 所示，有两个不同距离的 L_A 和 L_B。当眼睛注视 A 物体时，在两眼中心凹处分别有 A 的像 a_1 和 a_2 以及 B 的像 b_1 和 b_2，b_1 和 b_2 都在 a_1 和 a_2 的左边，且有

$$\alpha = \theta_A + \varphi_1 = \theta_B + \varphi_2 \Rightarrow \theta_A - \theta_B = \varphi_2 - \varphi_1$$

式中：$\theta_A = \dfrac{b}{L_A}$；$\theta_B = \dfrac{b}{L_B}$。

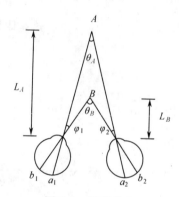
图 7.6　视轴对准

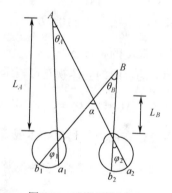
图 7.7　双眼立体视觉

若 $L_A = L_B$，则 $\theta_A - \theta_B = 0$，进而有 $\varphi_2 - \varphi_1 = 0$，$\varphi_2 = \varphi_1$，此时眼睛网膜上 $b_2 a_2 = a_1 b_1$。若 $L_A \neq L_B$，则 $\theta_A - \theta_B = \varphi_2 - \varphi_1 \neq 0$，$\varphi_2 \neq \varphi_1$，此时眼睛网膜上 $b_2 a_2 \neq a_1 b_1$。在这种情况下，根据 $a_1 b_1$ 和 $a_2 b_2$ 的差别，可以发现物体距离上的差异。

如图 7.6 所示不同距离 L_A 和 L_B 的物体，A 物体在两眼网膜上的像分别为 a_1 和 a_2，B 的像为 b_1 和 b_2，这时左眼 b_1 在 a_1 的左边，右眼 b_2 在 a_2 的右边，这与图 7.7 是不同的。此时有 $\theta_A - \theta_B = \varphi_2 + \varphi_1$

若 $L_A = L_B$，则 $\theta_A - \theta_B = 0$，有 $\varphi_2 - \varphi_1 = 0$，此时，左眼中 b_1 和 a_1 以及右眼中的 b_2 和 a_2 基本重合在一起，没有差别。若 $L_A \neq L_B$，则 $\theta_A - \theta_B = \varphi_2 + \varphi_1 \neq 0$，此时，或者左眼中 b_1 和 a_1 不重合，或者右眼中的 b_2 和 a_2 不重合，或者左眼中 b_1 和 a_1 和右眼中的 b_2 和 a_2 均不重合。

双眼观察不同距离的物体，不同距离物体的视角差是不同的。视角差的差将引起不同距离物体在两小眼睛网膜上有差异。这种差异产生了对物体不同距离的感觉，从而能够判断两物体相对位置的远近，建立起空间深度的感觉，这种就是双眼的立体视觉。它

能够精确地判断二物点的相对位置。显然，这种差异取决于 $\theta_A - \theta_B$，我们称其为立体视差，记为 $\Delta\theta$。当立体视差 $\Delta\theta$ 很小时，感到两物体相对距离小；当 $\Delta\theta$ 小到一定程度时，虽然两物体距离有差异，但人眼将发现不了差异。把眼睛能发现立体视差的最小值，或眼睛刚能感觉到两物体距离差异时的立体视差角，称为立体锐角视度（体视锐度），记为 ε_T，通常 $\varepsilon_T = 10''$，甚至可能达到 $5''$ 至 $3''$。无限远物点对应的视差角 $\theta_\infty = 0$。当物点对应的视差角等于 ε_T 时，人眼刚刚能分辨出它和无限远物点之间的距离差别，即它反映了眼睛有可能分辨出远近的最大距离。人眼二瞳孔之间的平均距离 $b = 62\mathrm{mm}$，$\varepsilon_T = 10''$，则有

$$L_M \leqslant \frac{b}{\varepsilon_T} = \frac{0.062}{10''} \times 206000'' = 1200\,(\mathrm{m})$$

也就是说，有限远物体在 1200m 以内时，眼睛能分辨出它与无限远物体距离的差别。$L_M = 1200\mathrm{m}$，称为"立体视觉半径"。

如果两物体均在有限远处，有

$$\theta = \frac{b}{L} \Rightarrow \Delta\theta = \frac{b}{L^2}\Delta L = \varepsilon_T$$

式中：L 为物距；b 为人眼二瞳孔之间的间隔。将 $b = 0.062\mathrm{m}$，$\varepsilon_T = 10'' = 4.8 \times 10^{-5}\mathrm{rad}$，代入上式有 $\Delta L = \dfrac{\varepsilon_T}{b}L^2 = 8 \times 10^{-4}L^2$（m）。$\Delta L$ 称为双眼立体视觉误差，这是眼睛刚能分辨空间两点的深度的距离。

明视距离的双眼的立体视觉可表示为

$$\Delta L = \frac{\varepsilon_T}{b}L^2 = 8 \times 10^{-4}L^2 = 8 \times 10^{-4} \times 0.25^2 = 0.05\mathrm{nm}$$

由此可见，在明视距离处立体视觉限是很小的。

对于人眼来说，要提高立体视觉，使立体视觉限 ΔL 变小，由 $\Delta L = \dfrac{\varepsilon_T}{b}L^2 = 8 \times 10^{-4}L^2$（m）可知，必须增大基线 b，利用望远镜进行视角放大使 ε_T 减小。

这样就产生了各种体视光学仪器，提高了人眼的立体视觉。体视显微镜、双筒望远镜都是用双眼观察，比单眼观察相比有视差角，增加了体视感。图 7.8 所示的赫姆霍兹立体望远镜原理图，把基线有人眼 b 扩大到 b_0。从而使得立体视觉限 ΔL 减小了 b_0/b 倍，大大提高了人眼的立体视觉。

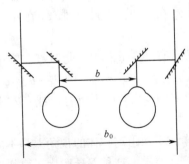

图7.8　赫姆霍兹立体望远镜原理图

7.2 放大镜和显微镜的工作原理

从本节开始，我们将研究放大镜、显微镜、望远镜等目视光学仪器的成像原理。首先来讨论一下对各类目视光学仪器的共同要求。

通过对人眼光学特性的讨论，我们知道了人眼的视角分辨率为60″，如果远距离两目标对人眼的张角小于60″，它们的像不能落在网膜不相邻的细胞上，就分不清是一个点还是两个点。设想，如果先用一个光学仪器对两目标成像，使它们的两像点对人眼的张角大于60″，人眼看清这两个像点，也就是看得清两目标了。也就是说，如果使用仪器扩大了视角，人们就可以看清肉眼直接观察时看不清的目标。下面，具体讨论一下这个问题。

设同一目标用人眼直接观察时的视角为 $\omega_{眼}$，在网膜上对应的像高为 $y'_{眼}$，通过仪器观察的视角为 $\omega_{仪}$，在网膜上对应的被仪器放大了的像高为 $y'_{仪}$。设 x' 为眼睛的像方节点 J' 到网膜的距离，如果忽略眼睛调节的影响，可以认为是一个常数，在图7.9中有 $y'_{眼} = x'\tan\omega_{眼}$，$y'_{仪} = x'\tan\omega_{仪}$。

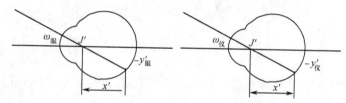

图7.9 同一目标的人眼和仪器成像

对于同一个目标，由于用人眼和用仪器观察时在网膜上所成的像的大小不同，便产生了放大的感觉。用仪器观察时网膜上的像高与人眼直接观察时网膜上的像高之比，表示了该仪器的放大作用，一般用 Γ 表示。由上面的关系，得

$$\Gamma = \frac{y'_{仪}}{y'_{眼}} = \frac{-x'\tan\omega_{仪}}{-x'\tan\omega_{眼}} = \frac{\tan\omega_{仪}}{\tan\omega_{眼}} \tag{7.2}$$

由式（7.2）可以看到，Γ 等于同一目标用仪器观察时的视角 $\omega_{仪}$ 和人眼直接观察时的视角 $\omega_{眼}$ 二者正切之比，所以称为"仪器的视放大率"。例如，当用一个视放大率等于10倍的仪器进行观察时，它在网膜上所成的像高正好等于人眼直接观察时像高的10倍，仿佛人眼在直接观察一个放大了10倍的物体一样。显然，对目视光学仪器的一个首要的要求就是扩大视角。

此外，人眼在完全放松的自然状态下，无限远目标成像在网膜上。为了在使用仪器观察时人眼不至于疲劳，目标通过仪器后应成像在无限远，或者说出射平行光束。这是对目视光学仪器的第二个共同要求。

放大镜、显微镜必须满足以上两个对目视光学仪器的共同要求。

7.2.1 放大镜工作原理

放大镜是用来观察近距离微小物体的。人眼直接观察近距离微小物体时，人眼能够分辨的物体大小 y 和物距 l 之间必须满足以下关系，即

$$\frac{y}{l} \geqslant 0.0003 \qquad (7.3)$$

0.0003 是人眼分辨率60″对应的弧度值。

要满足上述关系式，被观察物体 y 越小，物距 l 就要减小，即把物体拉近。但人眼调节范围有限，只能看清近点以外的物体。所以，人眼直接观察微小物体时，物体不可能太小。

为了看清微小物体，我们设想，在人眼和物体之间放置一个透镜，并使物与透镜物方焦平面重合，如图 7.10 所示。物体先通过透镜成像在无限远，再进入人眼成像在网膜上。由于透镜出射的是平行光束，满足了对目视光学仪器的第二个共同要求，但是否能扩大视角呢？

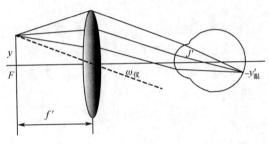

图 7.10　放大镜

设透镜焦距为 f'，物体通过透镜所成的像对人眼的视角 $\omega_{仪}$ 为 $\tan\omega_{仪} = \dfrac{y}{f'}$，人眼直接观察的视角 $\omega_{眼}$ 为 $\tan\omega_{眼} = \dfrac{y}{-l'}$ 二者之比即为视放大率。但 l 是个不确定数，为了统一，取 $l = -250\text{mm}$ 即人眼的明视距离，人眼直接观察的视角 $\omega_{眼}$ 为 $\tan\omega_{眼} = \dfrac{y}{250}$，视放大率为

$$\varGamma = \frac{\tan\omega_{仪}}{\tan\omega_{眼}} = \frac{250}{f'} \qquad (7.4)$$

分析视放大率的表达式可知，透镜的焦距 f' 如果等于 250mm，$\varGamma = 1$，就没起到扩大视角的作用，f' 越小，$\varGamma$ 越大，放大的作用也就越大。这块透镜称为放大镜。一般的放大镜只用一单片透镜，倍数高一点的采用几片透镜构成的透镜组。由于在一定的通光口径下，单个透镜组的焦距不可能做得太短，所以放大镜的视放大率就受到限制，一般不超过 15 倍。

7.2.2　显微镜工作原理

放大镜不能满足人们对细小物体观察分析的要求，怎样才能进一步提高放大率以观察更微细的物体？用放大镜观察的是放在焦面上的物体，如果把更微细的物体先用一组透镜放大成像到放大镜焦面上，再通过放大镜观察，这样通过两级放大，就可以观察到更微细的物体了。根据这样的思路，就形成了视放大率更高的显微镜，其中：把被观察物体进行尺寸放大的一组透镜就是显微物镜；靠近眼睛，扩大视角的放大镜就是显微镜目镜。

如图 7.11 所示，物体首先经过显微物镜并在目镜的物方焦平面上形成一个放大的实像，再经过目镜成像在无限远。

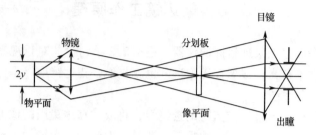

图 7.11　显微镜工作原理

人眼直接观察的视角的正切为 $\tan\omega_眼 = \dfrac{y}{250}$，通过显微镜观察时，视角的正切为

$\tan\omega_仪 = \dfrac{y'}{f'_目}$，显微镜的光学筒长为 $\Delta = f'_物 F_目$，如图 7.12 所示。

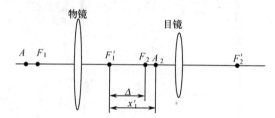

图 7.12　显微镜视放大率推导

根据牛顿公式的放大率公式 $\beta_物 = \dfrac{y'}{y} = -\dfrac{\Delta}{f'_物}$，即 $y' = \dfrac{-\Delta y}{f'_物}$，代入 $\tan\omega_仪$ 的表达式，

可得 $\tan\omega_仪 = -\dfrac{\Delta}{f'_物 f'_目} y$，将 $\tan\omega_仪$ 和 $\tan\omega_眼$ 代入视放大率公式有

$$\Gamma = \frac{\tan\omega_仪}{\tan\omega_眼} = -\frac{250\Delta}{f'_物 f'_目} \qquad (7.5)$$

根据目镜（放大镜）的视放大率公式（7.4）和对物镜应用的牛顿放大率公式可得

$$\Gamma = \frac{\tan\omega_仪}{\tan\omega_眼} = -\frac{\Delta}{f'_物} \cdot \frac{250}{f'_目} = \beta_物 \Gamma_目 \qquad (7.6)$$

即显微镜的总视放大率等于物镜的垂轴放大率与目镜的视放大率之积。

显微物镜的垂轴放大率 $\beta_物$ 和显微目镜的视放大率 $\Gamma_目$ 都刻在镜管上，将二者相乘就可知道显微镜的视放大率。通常使用的显微镜，物镜、目镜都配有多个，倍率各不相同，不同的物镜与目镜的搭配可以得到不同的总视放大率。

根据组合系统的焦距公式，显微镜的组合焦距应为 $f' = \dfrac{f_1 f'_2}{\Delta} = -\dfrac{f'_物 f'_目}{\Delta}$，代入式（7.5）

可得 $\Gamma = \dfrac{250}{f'}$。可见，显微镜本质上是一个放大镜。

为了便于使用和维修，对于各国生产的通用显微镜物镜，不论物镜倍率多少，从物平面到像平面之间的距离（物像共轭距离）都是相等的，大约等于195mm。物镜与镜管的连接部分也是相同的，以便于互换使用。

7.3 望远镜工作原理

望远镜是用来观察无限远目标的仪器，根据7.2节讨论的对目视光学仪器的共同要求，仪器应该出射平行光，成像在无限远。也就是说，望远镜应该是一个将无限远目标成像在无限远的无焦系统。

对于无限远目标，通过一定焦距的透镜组，将成像在透镜组的像方焦平面上，而不是无限远，不可能构成望远系统。根据7.2节对放大镜和显微镜的讨论，可以想象，再加一目镜，使上述透镜组的像方焦平面与目镜的物方焦平面重合，这种组合就实现了把无限远目标成像到无限远的目的，如图7.13（a）所示。

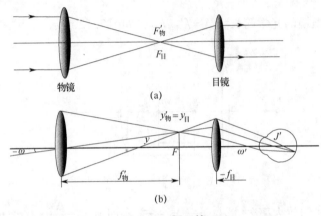

图7.13 望远镜

1）望远镜的视放大率

望远镜是扩大人眼对远距离目标观察的视觉能力的，它必须要起到扩大视角的作用。由于物体位在无限远，同一目标对人眼的张角 $\omega_{眼}$ 相对仪器的张角 ω（望远镜的物方视场角）完全可以认为是相等的，即 $\omega_{眼} = \omega$。从图7.13（b）可以看到，物体通过整个系统成像后，对人眼的张角就等于仪器的像方视场角 ω'，即 $\omega' = \omega_{仪}$。按照视放大率的定义，对望远系统可以写出

$$\Gamma = \frac{\tan\omega_{仪}}{\tan\omega_{眼}} = \frac{\tan\omega'}{\tan\omega} \tag{7.7}$$

我们关心的是视角能否扩大，符合什么关系才能扩大视角，因此需要把 $\tan\omega'$ 和 $\tan\omega$ 用系统内部的光学参数表示出来。由图7.13（b），并根据无限远物的理想像高公式和无限远像的物高公式，对于物镜和目镜分别有 $y'_{物} = -f'_{物}\tan\omega$ 和 $y_{目} = f'_{目}\tan\omega'$。

代入视放大率公式，并考虑到 $y'_{物} = y_{目}$，得

$$\Gamma = \frac{\tan\omega'}{\tan\omega} = -\frac{f'_{物}}{f'_{目}} \tag{7.8}$$

式（7.8）即为望远系统的视放大率公式。从式（7.8）可以看到，视放大率在

数值上等于物镜焦距与目镜焦距之比，只要物镜焦距大于目镜焦距，就扩大了视角，起到了望远的作用。要提高视放大率，就必须加大物镜的焦距或减小目镜的焦距。从式（7.8）还可以看出，Γ 可正可负，它与物镜、目镜焦距的符号有关。Γ 为负时，ω' 与 ω 反号，通过望远系统观察的是倒立的像。

从以上的讨论可知，一个望远系统应该由物镜和目镜两组构成，物镜的像方焦平面应与目镜的物方焦平面重合，且物镜焦距在数值上应大于目镜焦距。这样，就把无限远物成像在无限远，并扩大了视角。

正是由于望远系统的这种构成方式，使望远系统具有一般光学系统并不具备的特点。从图 7.13（b）看到，ω 是入射光束和光轴的夹角，ω' 是出射光束和光轴的夹角，二者正切之比是角放大率 γ。显然，望远系统的视放大率 Γ 与角放大率 γ 相等，即 $\Gamma = \gamma$。

按照角放大率定义，它是一对共轭面的成像性质，但在望远系统中，入射光和出射光都是平行光束，倾斜入射的平行光束中任意一条入射光线的出射光线和光轴的夹角都是相同的，即角放大率为定值，且与共轭面的位置无关。可以把不同的入射光线看作是由轴上不同点发出的，与相应的出射光线和光轴的交点看作是一对共轭点，各对共轭面角放大率皆相同，所以角放大率与共轭面位置无关，这是望远系统特有的性质，一般光学系统角放大率是随共轭面位置的改变而变化的。由此可以得出：望远系统的视放大率等于角放大率，与共轭面位置无关，只与物镜和目镜的焦距有关。根据放大率之间的关系，还可以知道，望远系统的垂轴放大率、轴向放大率都与共轭面的位置无关。

由望远镜的视放大率公式（7.8）可知，Γ 可正可负，完全取决于物镜和目镜焦距的符号。Γ 为负，ω' 与 ω 反号，通过望远系统观察的像是倒立的；反之，Γ 为正，像正立。望远物镜只能是正透镜，否则不能满足扩大视角的要求，所以 Γ 的正负取决于目镜采用正透镜还是负透镜。

采用正光焦度目镜的望远镜称为开普勒望远镜，视放大率为负值，所以正立的物体成倒立的像，观察和瞄准极不方便，通常需要加入棱镜或透镜式倒像系统，使像正立。开普勒望远镜在物镜和目镜之间有中间实像，可以安装分划扳，使像和分划板上的刻线进行比较，便于瞄准和测量，特别适合军用。

图 7.14 给出了军用观察望远镜的光学系统图。

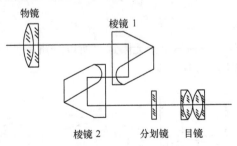

图 7.14　军用观察望远镜的光学系统

如图 7.15 所示的采用负光焦度目镜的系统称为伽利略望远镜，这种系统 Γ 为正值，成正像，不必加倒像系统，但这种系统物镜的像方焦平面在目镜后方，系统中无法安装分划板，不适合军用。另外，它的视放大率受到物镜口径的限制，也不可能很大，一般在 2～3 倍左右，常用作观剧镜。

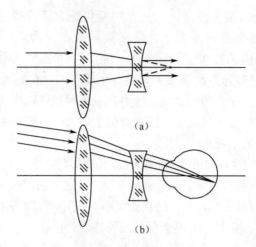

(a)

(b)

图 7.15 伽利略望远镜

下面给出两个例子，说明望远系统计算中考虑问题的一些方法。

例题 1 用望远镜观察时要鉴别 5km 处 200mm 的间距，应选用多大倍率的望远镜？

解：先求出直接观察时的视角为

$$\omega = \frac{200\text{mm}}{5 \times 10^6 \text{mm}} \times 206000'' = 8.24''$$

前面讲过，人眼的视角分辨率为 60″。仪器应将 8.24″ 大到 60″ 以上，人眼就能分辨。所以，仪器的视放大率至少应为

$$\Gamma = \frac{\tan\omega'}{\tan\omega} = \frac{\omega'}{\omega} = \frac{60''}{8.24''} \approx 7.3^\times$$

例题 2 经纬仪望远镜视放大率 $\Gamma = 20$，使用夹线瞄准，问瞄准角误差等于多少？

解：夹线瞄准是图 7.5 所示的第三种瞄准方式，人眼判断单线居双线中间时，便认为已对准，对准精度为 10″，这是说在仪器的像方误差角 ω' 为 10″，要求解的是物空间的瞄准角误差 ω，显然二者之间存在着 $\frac{\omega'}{\omega} = \Gamma$。代入 ω' 和 ω 的数值，便可求出瞄准角误差为 $\omega = \frac{\omega'}{\Gamma} = \frac{10''}{20} = 0.5''$。

2）望远镜的分辨率

对望远镜而言，被分辨的物体位于无限远，所以分辨率就以能分辨开的两物点对望远镜的张角 α 表示，如图 7.16 所示

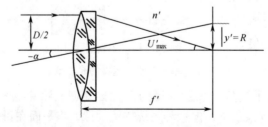

图 7.16 望远镜分辨率

根据无限远物体像高的公式可得 $y' = f\tan\alpha$，式中：f 为物镜物方焦距；y' 为像平面上刚被分辨开的两衍射斑间的距离。由于此像高等于理想的衍射分辨率 R，所以 $y' = \dfrac{0.61\lambda}{n'\sin U'_{max}}$，将 y' 值代入理想像高的公式，由于 α 很小，近似用 α 代替 $\tan\alpha$，得 $\alpha = \dfrac{0.61\lambda}{n'\sin U'_{max}f}$，通常系统位于空气中，所以 $n' = n = 1$，$f' = -f$。另外，从图7.16中有 $\sin U'_{max} \approx \dfrac{D}{2f'}$，将以上关系一并代入 α 公式并取绝对值得 $\alpha = \dfrac{1.22\lambda}{D}$。由此可以看出，分辨率与光的波长以及望远物镜的光束口径有关。对眼睛最灵敏的谱线的波长 $\lambda = 555\text{nm}$，代入上式并将角度化成秒为单位表示，则有

$$\alpha = \frac{1.22 \times 0.000555}{D} \times 206000'' = \frac{140''}{D} \tag{7.9}$$

式（7.9）即为望远镜的衍射分辨率公式，其中物镜的光束口径 D 以毫米为单位。可以看出，欲提高望远镜分辨率，必须增大物镜的口径，由此不难理解为什么天文望远镜物镜的口径做得很大的原因。

3）望远镜视放大率的测量和倍率计的构造

视放大率是望远镜的重要性能指标，在产品出厂前要进行检验。这里介绍测量望远镜视放大率的方法，以及所有的仪器（倍率计）的构造。

望远镜的视放大率等于它的角放大率，即

$$\Gamma = \gamma = \frac{\tan\omega'}{\tan\omega}$$

由以上公式很容易想到，只要在望远镜前方用一个平行光管，产生一定视场角 ω 的平行光束，通过被测望远镜以后用一个测角仪器测出相应的出射光束的视场角 ω'，代入上式即可求得视放大率 Γ。在实际工作中，角度的测量比较麻烦，上述方法生产中很少采用。常用的方法是根据放大率之间的关系，测量出望远镜的垂轴放大率，然后求角放大率。根据放大率之间的关系式，有

$$\Gamma = \gamma = \frac{1}{\beta}$$

只要测出系统的垂轴放大率 β，它的倒数就是望远镜的视放大率。前面已经说明了望远镜的视放大率和共轭面的位置无关。从图7.17可以看到，和光轴平行高度为 h 的入射光线，可以看作是由任意一个物平面上物高为 y 的物点发出的，其出射光线显然通过相应的像点，而出射光线和光轴平行，所以像高 y' 都应该是相等的。因此，任意物平面的垂轴放大率不变。要测量望远镜的垂轴放大率，只要在望远镜的前方任意位置放一个已知大小的物体，在望远镜的后方测出它的像大小，就可以求得垂轴放大率。假定物体的大小为 D，通过望远镜所成的像的大小为 D'，则有

$$\beta = \frac{D'}{D}$$

根据视放大率和垂轴放大率的关系，得

$$\Gamma = \frac{1}{\beta} = \frac{D'}{D} \tag{7.10}$$

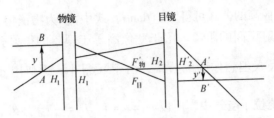

图 7.17　望远镜物像关系

　　用来测量望远镜视放大率的仪器称为倍率计，它的原理图如图 7.18 所示。整个仪器的光学系统实际上是一个显微镜，前面是一个垂轴放大率等于 1 的物镜，中间是一个分划镜，它们都装在一个镜管 A 内。分划镜上刻有每格为 0.1mm 的分划尺，总长为 10mm，如图 7.19 所示。在 A 管的外面另加一套管 B。测量时把一个已知孔径 D 的孔安放在被测望远镜的前方，而倍率计的外管 B 则安在望远镜的目镜座上。拉动内管 A，使望远镜所成的圆孔 D 的像 D' 通过倍率计的物镜在分划镜上再成一清晰的像。由于显微镜物镜的垂轴放大率等于 1，这样分划镜上像的大小也等于 D'。因此，直接由分划镜上的刻度即可读出 D' 值。例如图 7.19 中，D' 等于 4mm。把已知的 D 和测得的 D' 代入式（7.10），即可求得视放大率。倍率计除了用于测量望远镜的视放大率外，还可以用作其他测量。

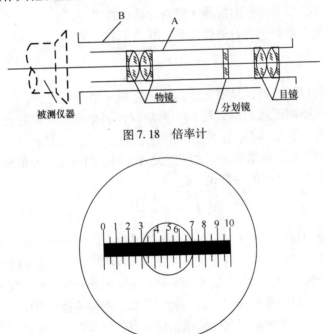

图 7.18　倍率计

图 7.19　倍率计分划镜

7.4　眼睛的缺陷和目视光学仪器的视度调节

　　所谓正常眼是指其远点在无限远，即：眼睛的睫状肌在自然放松状态下，无限远的物体成像在网膜上，或者说正常眼在睫状肌完全放松时像方焦点在网膜上。除此之外，远点不在无限远处的均为非正常眼。常见的非正常眼有近视眼、远视眼和散光眼等。

1）近视眼

近视眼的远点在眼前有限距离，引起的原因是眼睛的睫状肌长期处于紧张状态，已经不能完全正常放松。此时，像方焦点在网膜之前，使远方的物体在网膜上得到一个弥散斑，模糊不清。睫状肌无法放松到正常的程度，因此，睫状肌最大限度放松时只能对有限远物体成清晰像，它的远点在有限距离。

由于近视眼的像方焦点 $F'_{眼}$ 位于网膜的前方，所以网膜上就不能获得无限远物体清晰的像，因此就看不清无限远物体，而只能看清一定距离以内的物体。我们曾经讲过，眼睛能看清的最远距离称为远点。正常人眼的远点在无限远，而近视眼的远点却在有限远。近视眼依靠调节，只能看清远点以内的物体。通常采用近视眼的远点距离所对应的视度表示近视的程度。

例如，当远点距离为 0.5m 时，近视为 −2 视度，和医学上的近视200°相对应。如果眼睛的调节能力不变，则近视眼的明视距离和近点距离也将相应地缩短。近视度的视度加 −4（正常人眼的明视距离视度）就等于近视眼的明视距离视度。同理，近视的视度加正常人眼的近点视度（等于最大调节视度）就等于近视眼的近点视度。例如，近视为 −2 视度的青年人，假定他的调节能力为 −10 个视度，则他的近点距离为

$$\frac{1}{l_{近}} = -2 + (-10) = -12$$

$$l_{近} = \left| \frac{1}{-12} \right| = 0.083\text{m} = 83\text{mm}$$

为了校正近视，可以在眼睛前面加一个发散透镜，发散透镜的焦距正好和远点距离相同。无限远的物体通过发散透镜以后，正好成像在眼睛的远点上，再通过眼睛成像的网膜上。

对于近视眼需用负透镜加以矫正，远处物体通过负透镜发散后对眼睛来说变成了一个近处的虚物，眼睛稍加调节便可以在网膜上得到清晰的像，使近视眼看清远方的物体。

2）远视眼

远视眼是由于睫状肌松弛使得远点变远了。远点落到了网膜的后面，像方焦点处在网膜后面。眼睛的调节能力减弱，睫状肌收缩能力变差，就无法看清近处的物体。

对远视眼来说，在自然状态下像方焦点 $F'_{眼}$ 落在网膜的后方，依靠眼睛的调节，有可能看到无限远的物体，但它所能看清的近点距离将增加。例如，当调节能力为 −10 个视度和远视为 +2 个视度时，近点距离为

$$\frac{1}{l_{近}} = +2 + (-10) = -8$$

$$l_{近} = \left| \frac{1}{-8} \right| = 0.125\text{m} = 125\text{mm}$$

为了校正远视眼，可以在眼睛前面加一个会聚透镜，使由无限远物体发出的光线经过透镜会聚以后，再进入眼睛正好成像在网膜上。

对于远视眼，需用正透镜加以矫正。近处的物体经过正透镜，会聚后对眼睛来说是一个在眼睛后面 $r > 0$ 的虚物，经过眼睛稍稍调节，便可以在网膜上得到清晰的像，使远视眼能看清近处的物体。

3）散光眼

散光眼是由于晶体曲率不正常使物点发出的同心光束通过眼睛后变成像散光束，在网膜上得不到清晰的像。对于散光眼需要加柱面镜，对眼睛曲率加以校正，消除像散光束。

远点距离是眼睛的重要特征，它的数值实际上表示了眼睛的好坏程度。通常，用人眼远点距离 r 的倒数 R 表示眼睛近视或远视的程度，称为视度 $R = \dfrac{1}{r}$。远点距离 r 以"米"为单位，视度单位就是折光度（D）。对正常眼远点距离 $r = \infty$，$R = 0$。近视眼远点距离 $r < 0$，R 为负值。若 $r = -1\text{m}$，$R = -1$ 折光度，就说明这是 $100°$ 近视度眼；若 $r = +1\text{m}$，$R = +1$ 折光度，就说明这是 $100°$ 远视眼。

例如，一个年龄 50 岁的人，近点距离为 -0.4m，远点距离为无限远，则他的眼睛的调节范围 $\bar{A} = R - P = \dfrac{1}{\infty} - \dfrac{1}{-0.4\text{m}} = 2.5$（折光度）。又如，一个人的远点距离为 -0.5m，需要配的眼镜为 $\dfrac{1}{-0.5\text{m}} = -2$（折光度），即 200 "度"。

为了使目视光学仪器能适应各种不同视力的人使用，可以改变目镜的前后位置. 使仪器所成的像不再位于无限远，而是位于目镜前方或后方的一定距离上，以适应近视或远视眼的需要，这就是目视光学仪器的视度调节。

由于正常人眼适应于无限远物体，因而要求物镜的像方焦点恰好和目镜的物方焦点相重合。对于近视眼来说，则要求仪器所成的像应位于前方近视眼的远点距离上。为此，目镜应该向前调节，使物镜所成的像位于目镜的物方焦点以内。这样，通过目镜以后在前方成一视度为负的虚像，此虚像再通过近视眼正好成像在网膜上。对于远视眼，目镜应向后调节，使物成像在仪器后方，视度为正，再通过远视眼正好成像在网膜上，如图 7.20 所示。

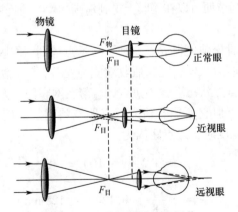

图 7.20　光学仪器的视度调节

下面导出视度和目镜调节量（轴向移动量）之间的关系。如果要求仪器的视度调节值为 SD，则通过仪器的像距应为 $x' = 1000/SD$。根据牛顿公式，有

$$x = \frac{-f'^2_{\text{目}}}{x'} = \frac{-SD f'^2_{\text{目}}}{1000}\text{mm} \tag{7.11}$$

式中：SD 为视度值；$f'_目$ 为目镜焦距；x 为目镜的移动量。

例如要求调节 -5 个视度，目镜焦距 $f'_目 = 20\text{mm}$，求目镜的移动量 $x = \dfrac{-(-5) \times 20^2}{1000} =$ 2mm，x 为正值，说明物镜像方焦点（对目镜而言是物点）在目镜物方焦点的右侧，所以目镜应向左移动 2mm。

7.5 双眼观察仪器

当用双眼观察外界景物时，能够产生明显的远近感觉，这种感觉称为"双眼立体视觉"，简称为体视。如果使用单眼望远镜或单眼望远镜观察时，就不能产生体视，因而也就影响观察效果。为了在使用仪器观察时仍能保持住人眼的体视能力，所以必须采用双眼仪器，如"双眼望远镜"和"双目显微镜"等。

当使用双眼仪器时，人眼的体视能力不仅可以保持，而且还可以得到提高。由 7.4 节知道，人眼能否分辨出两个物点 A 和 B 的远近，取决于此二物点对应的视差角之差（$\alpha_A - \alpha_B$），如图 7.21 所示。假定人眼直接观察某一物体时对应的视差角为 $\alpha_眼$，当使用仪器观察时对应的视差角为 $\alpha_仪$，二者之比称为双眼仪器的体视放大率，用 Π 表示，即

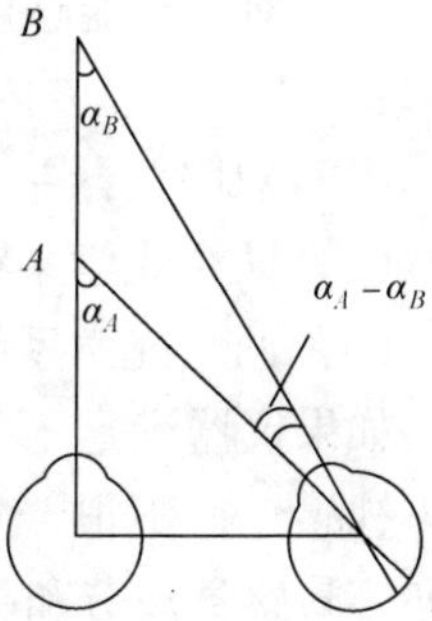

$$\Pi = \frac{\alpha_仪}{\alpha_眼} \qquad (7.12)$$

图 7.21　视差角

假如人眼左右二瞳孔之间的距离为 b，物体距离为 l，则直接观察时的视差角 $\alpha_眼$ 为 $\alpha_眼 = \dfrac{b}{l}$。假如双眼望远镜的二入射光轴之间的距离为 B，称为该仪器的基线长，则同一物体对仪器的二入射瞳孔构成的视差角 α 为

$$\alpha = \frac{B}{l}$$

假定系统的视放大率为 Γ，物方视差角 α 和像方视差角 α' 在角度不大的条件下存在以下关系，即

$$\alpha' \approx \Gamma\alpha = \Gamma\frac{B}{l}$$

α' 显然就是人眼使用仪器以后对应的视差角 $\alpha_仪$，即

$$\alpha_仪 = \alpha' = \Gamma\frac{B}{l}$$

将 $\alpha_眼$ 和 $\alpha_仪$ 代入体视放大率公式，得

$$\Pi = \frac{\alpha_仪}{\alpha_眼} = \Gamma\frac{B}{b} \qquad (7.13)$$

取人眼二瞳孔的距离 b 的平均值，b 等于 62mm，代入上式得到体视放大率的近似公式为

$$\Pi = 16\Gamma B \qquad (7.14)$$

式中：仪器的基线长 B 以米为单位。

体视测距仪是一种利用人眼的立体视觉来测量目标距离的仪器。为了提高仪器的测量精度，必须增大仪器的体视放大率 Π。由式（7.14）可以看到，要增大体视放大率，一个途径是增大仪器的视放大率 Γ，另一个途径是增大仪器的基线长度 B。

双眼仪器的体视误差，显然应比人眼直接观察的体视误差小 Π 倍。由式 $\Delta l = 8 \times 10^{-4} l^2$ 和 $\Pi = 16 \Gamma B$ 得到双眼仪器的体视误差公式为

$$\Delta l = \frac{8 \times 10^{-4} l^2}{16 B \Gamma} = 5 \times 10^{-5} \frac{l^2}{B \Gamma} \tag{7.15}$$

式中：l 和 B 均以米为单位。例如，一个基线长为 1m，视放大率为 $10^{\times}$ 的体视测距仪，测量 1000 米的目标，距离误差为

$$\Delta l = 5 \times 10^{-5} \times \frac{1000^2}{1 \times 10} = 5 (\text{m})$$

为了使人眼能够形成良好的体视感，双眼仪器左右两个光学系统必须满足以下的要求：

（1）双眼仪器左右两个光学系统的光轴要平行；

（2）两个光学系统的视放大率应该一致；

（3）两个光学系统之间不应该有相对的像倾斜。

如果仪器满足不了这些要求，严重时，可以使人眼完全失去体视感；在不很严重的情况下，虽然能够形成体视，但观察者亦容易感觉疲劳和头晕。如图 7.22 所示，假定双眼仪器左右两个光学系统的光轴之间成 θ 角，由无限远物点射入两个光学系统的光束是彼此平行的，左镜管中入射光束平行于光轴，因此其出射光束的方向不变，仍平行于光轴；而右镜管中入射光束和光轴成 θ 角，其出射光束和光轴的夹角则变为 $\theta' = \Gamma \theta$。故左右两镜管的出射光束之间的夹角为

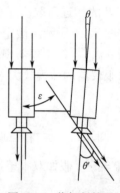

图 7.22　像倾斜情况

$$\varepsilon = \theta' - \theta = (\Gamma - 1) \theta \tag{7.16}$$

当人眼通过仪器观察时，左右两眼的视轴交角应等于 ε。人眼视轴允许的不平行度根据经验大约为下列数值。

水平方向：视轴的最大会聚角为 40′；视轴的最大发散角为 20′。

垂直方向：视轴允许的最大夹角为 10′。

由式（7.16）找到两镜管允许的光轴不平行度为

$$\theta = \frac{\varepsilon}{\Gamma - 1} \tag{7.17}$$

例如，一个 $8^{\times}$ 双眼望远镜在垂直方向允许的光轴不平行度为

$$\theta = \frac{10'}{8 - 1} \approx 1.4'$$

双眼仪器的放大率允许误差一般为

$$\frac{\Delta \Gamma}{\Gamma} \leqslant 2\%$$

相对像倾斜的允许误差一般为 20′。

以上为一般双眼观察仪器的光轴不平行度、放大率和像倾斜的允许误差。对于双眼

测距仪器，由于上述误差和测距误差直接有关，应按允许的测距误差进行推算，而不能直接引用上述数据。

由于单眼观察没有体视感，双眼观察有体视感，效果逼真。因此许多目视仪器采用双眼结构，如双目体视显微镜，双目望远镜。事实上使用了双眼仪器时，不但可以保持人眼的体视能力，而且还可以使人眼的体视能力得到提高，故双眼仪器应用广泛。

7.6 本 章 小 结

本章主要介绍了眼睛和常用的目视光学系统，重点内容如下：
（1）人眼的光学特性；
（2）放大镜、显微镜和望远镜的工作原理；
（3）双眼立体视觉和双目观察仪器的误差。

习 题

1. 某人戴着250"度"的近视眼镜，此人的远点距离等于多少？

2. 迎面而来的汽车的两个头灯其相距为1m，问汽车在离多远时它们刚能为人眼所分辨？假定人眼瞳孔直径3mm，光在空气中的波长为0.0005mm。

3. 有一焦距为50mm，口径为50mm的放大镜，眼睛到它的距离为125mm，如果物体经放大镜后所成的像在明视距离处。求放大镜的视放大率和线渐晕系数≥0.5的线视场。

4. 假定用人眼直接观察敌人的坦克时，可以在 $l = -400$m 的距离上看清坦克上的编号，如果要求在距离2km处也能看清，问使用几倍望远镜？

5. 拟制一个6倍望远镜，已有一个焦距为150mm的物镜，问组成开普勒型和伽利略型望远镜时，目镜焦距应为多少？简长（物镜到目镜的距离）为多少？

6. 如欲分辨清楚相邻0.00075的两个点，请选一对物镜和目镜组合。

第8章 军用光学仪器

光学仪器在人类的生产、生活等方面都占有相当重要的地位。例如，人们为了揭示宇宙的奥秘、观察星体的运动规律，就需要借助于天文望远镜；医学科学家们为了研究各种病理现象，经常需要培养细菌，并观察其繁殖生长情况，这就需要有显微镜。通常，我们把直接用于军事目的，并承担或完成特定战术任务的光学仪器，统称为军用光学仪器。

无论是过去的战争，还是现代战争，军用光学仪器都是辅助作战的一种重要装备器材。陆、海、空三军所属各兵种使用的各种武器，几乎都离不开军用光学仪器。就炮兵而言，随着火炮射程的提高，敌方伪装的加强，必须有效地侦察和搜索目标，准确地测定射击诸元，迅速引导火炮实施直接或间接的瞄准射击，观察射击效果，纠正射击偏差，这一切都离不开光学仪器。在海军和空军中，无论是轰炸机进行轰炸、歼击机进行空战或攻击地面目标，还是潜水艇的潜行、水面舰艇的巡航和作战，也都离不开光学仪器。

光学仪器在军事上得到了广泛应用，在部队作战和训练中占有十分重要的地位。它是保障战斗顺利进行，保证武器实施准确射击的重要技术手段。没有足够完善和先进的军用光学仪器，要想充分发挥各种尖端、常规武器的威力都是不可能的。随着科学技术的不断发展，武器装备更新换代的加快，对军用光学仪器的要求也必然会越来越严格，其性能会越来越先进。

军用光学仪器在武器系统中多数是配属于各种武器装备的，因此品种比较多。根据军用光学仪器在完成战斗任务中所承担的作用不同，可以把它分为三大类，即观察仪器、测量仪器（测距、测角）和瞄准仪器。本章将在每类光学仪器中选择具有代表性的产品进行讨论。

8.1 观 察 仪 器

观察仪器的主要任务是观察地形、侦察敌情、搜索目标、测量角度以及观测射弹效果等。它的基本结构是以望远系统为基础的光学系统，配合其他光学零件（如转像棱镜、保护玻璃、聚光镜等）和用来联结、固定、调整的机械机构。

观察仪器可以提高人眼的分辨能力，帮助人眼观察目力所不能及的远方目标，以直接获得战场的视觉信息。它以观察为主，同时兼有测量功能。最常用的观察仪器除了我们已经学过的望远镜以外，还有炮队镜、潜望镜和高炮指挥镜等。望远镜用于搜索和发现目标、观察战斗情况，也可用于对目标进行粗略的测量，一般是双筒的、手持的；潜望镜用于遮蔽物后或在观察所、坦克内的观察，配有测向装置，可以测量目标的方位角和高低角；炮队镜用于搜索和发现目标，观察射击效果和校正偏差，测量目标方位角、高低角和距离，具有一定的潜望性和较高的测量精度，是地面炮兵的主要观察仪器；高射炮兵指挥镜（简称指挥镜）用于搜捕目标、跟踪目标、指示目标和测定炸点的偏差。

观察仪器应具有以下战术技术性能。

（1）视放大率：观察仪器的视放大率应根据人眼最小分辨率来确定，一般在 2.5 ~ 40 倍的范围内。手持观察仪器的视放大率一般不超过 15 倍，大于 15 倍的观察仪器应架设在三脚架上使用。

（2）视场：观察仪器的视场根据所需观察目标的不同有不同的要求。如果观察固定目标，视场可以小一些；如果捕捉和跟踪目标，以保证连续不断观察，视场应尽可能大一些。

（3）出射光瞳：在正常情况下，仪器的出射光瞳直径应等于人眼的瞳孔直径。人眼的瞳孔直径在白天照明条件下为 2mm，黄昏时平均增大到 5mm，夜间则可达 7.5mm。对于观察仪器来说，为了满足白天和黄昏观察的需要，出瞳直径平均为 4 ~ 5mm。如果对经常处于震动和摇摆中的观察仪器，出瞳直径达 8 ~ 20mm。

（4）出射光瞳距离：为了防止观察作业时眼睫毛接触目镜的最后表面，出射光瞳距离一般为 12 ~ 15mm。如果需要戴防毒面具观察，出射光瞳距离不小于 20mm。

观察仪器除具有以上的战术技术性能以外，还具有一定的体视性、潜望性和视度的可调性。

8.1.1 军用望远镜

望远镜是我军各军、兵种最常用的一种观察仪器，主要用于搜索发现目标，研究地形，观察战斗情况，测量目标的方向角和高低夹角。我军装备的望远镜主要有 6 倍、7 倍、8 倍、10 倍、15 倍、20 ~ 40 倍等，其主要技术诸元见表 8.1。

表 8.1　各式望远镜主要诸元

诸元\类别	倍率	视场	鉴别率	出射光瞳直径/mm	出射光瞳距离/mm
62 式 8 倍	8	8°20′	7″	3.7	11.2
63 式 15 倍	15	4°30′	4″	3.3	8.5
65 式 25 倍	25	2°30′	2.4″	4	14
65 式 40 倍	40	1°30′	2.4″	2.5	8.2

各类望远镜的钩造、原理和使用方法都是一样的。本节以国产 1962 年式 8 倍望远镜（简称 62 式 8 倍望远镜）为主进行介绍。

1. 望远镜的构造

1）用途

62 式 8 倍望远镜的主要用途是搜索目标，侦察敌情，观察地形、战况及射弹效果以及测量目标的方向角和高低夹角，并利用密位公式计算出目标至观察者之间的距离。

2）性能指标

62 式 8 倍望远镜的视放大率为 8 倍，视场 8°20′，入瞳直径 30mm，出射光瞳直径 3.7mm，出射光瞳距离 11.2mm，分辨率 7″，视度调节范围 ±5 视度，目距调节范围 56～74mm，望远镜重 0.6kg，全套仪器重 1.07kg。

3）光学系统

望远镜由两个基本相同的光学系统组成。左镜筒没有分划板，右镜筒由物镜、转像棱镜、分划板和目镜组成，如图 8.1 所示。

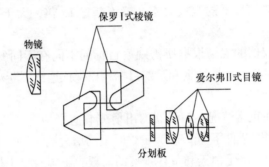

图 8.1 62 式 8 倍望远镜光学系统

（1）物镜：采用双胶物镜，其作用是将远方物体在其像方焦面上成一个倒立缩小的实像。

（2）转像棱镜：采用两直角棱镜组成的保罗 I 式棱镜，其作用是将物镜所成的倒像转正，便于观察。

（3）分划板：采用刻有角度分划的玻璃平板，其作用是测量目标方向角和高低夹角，形状如图 8.2 所示。

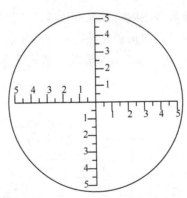

图 8.2 62 式 8 倍望远镜分划板

（4）目镜组：由两块双胶透镜和一块单透镜组成，称为爱尔弗 II 式目镜，其作用是将物镜所成像的视角放大。

无限远起点以外的物体经过物镜后，在物镜的像方焦面上成一个倒立的缩小的实像，由于在物镜和物像焦面有保罗 I 式转像棱镜，它使像上下、左右绕光轴各旋转 180°，因此在分划板上得到的是一个正立缩小的实像，然后通过目镜将视角放大。

2. 望远镜的使用

使用望远镜进行观察和测量时，除了选择便于隐蔽和利于观测的地形外，还应掌握以下要领，即：双手握稳望远镜，使人眼瞳孔与仪器出瞳重合，两肘夹紧紧靠胸前，以减少手的抖动。

1) 测量方向角

测量方向角时，用分划板的水平分划。若方向角小于 0 – 50，测量时用分划板十字中心对正一目标，看另一目标所对的分划数，就是所测目标的方向角值。如图 8.3 (a) 所示，方向角值为 0 – 30。

若方向角大于 0 – 50，而小于 1 – 00，测量时，则用分划板一端的刻线对正一目标，看另一目标所对的分划数，再加上 0 – 50，就是所测的方向角值。如图 8.3 (b) 所示，方向角为 0 – 30 + 0 – 50 = 0 – 80。

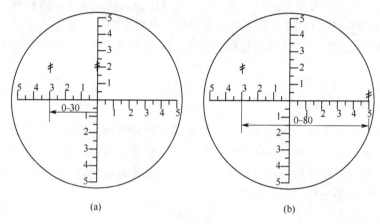

(a)   (b)

图 8.3　测量方向角示意图

若方向角大于 1 – 00 时，应找辅助目标，采用分段测量，方法同上，再将分段测得的结果相加。

2) 测高低夹角

测量高低夹角时用分划板的垂直分划、测量时用分划板刻线的一端对准下方目标，看上方目标所对应的分划板数，就是所测得的高低夹角值。如图 8.4 所示，高低夹角值为 0 – 50。

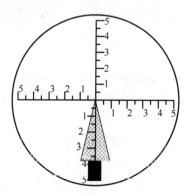

图 8.4　测量高低角示意图

3) 观察射弹效果

观察射弹效果，就是观测射弹偏差和命中的效果。

正确地观测射弹偏差，可以在较短的时间内，以较少的弹药完成射击任务。观测时，应先以分划板十字中心对正目标，在弹丸爆炸的瞬间，利用方向和高低分划，迅速地看读方向和高低偏差量。同时，在一定的射击距离范围内，还可以判断射弹的远近误差，即远弹和近弹。

4) 利用密位公式求距离

密位公式是炮兵测量中常用的计算公式之一，它反映了间隔、角度和距离之间的相互关系。其公式为

$$D = \frac{H}{\varepsilon} \times 1000 \qquad\qquad (8.1)$$

式中：D 为目标至仪器的距离，单位是 m；H 为目标的高度或宽度，俗称间隔，单位是 m；ε 是与目标间隔 H 相应的高低夹角或方向角，单位是密位。根据此公式，只要测出目标的高低夹角或方向角，估计出目标的真实高度或宽度，即可计算出目标至观察者的距离。

8.1.2 炮队镜

炮队镜是一种新式炮兵观察仪器，主要装备于炮兵连和各级炮兵侦察分队。它的特点是体积小、重量轻、携带和操作方便。与望远镜相比，测量精度高，并具有一定的潜望功能。它主要用于侦探敌情和研究地形，观察射击效果和测定炸点偏差、测方向角和高低角、与两米测距板配合测量距离。

8 倍炮队镜光学系统如图 8.5 所示，由保护玻璃、反光镜、物镜、靴形屋脊棱镜、分划板、目镜（左镜筒无分划板）组成。物镜和目镜组成开普勒式望远镜组。反光镜和靴形屋脊棱镜组成正像和潜望系统。保护玻璃，向外侧下方倾斜15°，可防止反射光线暴露目标和消除二次成像。分划板用于瞄准和测量，分划板上刻有测角分划和测距分划。测距分划是用来与二米测距板配合测量距离，测量范围为 50~400m。

16 倍炮队镜的光学系统由保护玻璃、反光镜、物镜、五角屋脊棱镜、菱形棱镜、分划板、目镜组等组成，如图 8.6 所示。物镜和目镜组组成开普勒式望远光组；反光镜和五角屋脊棱镜成正像和潜望系统；菱形棱镜可以使光轴位移，用以调整目距；保护玻璃向下倾斜12°，向内倾斜5°，以消除二次成像，避免向观察方向反光。

8.1.3 指挥镜

指挥镜是小高炮连、高射机枪连指挥所的主要观察器材，用于搜捕、跟踪、指示目标等。本节以高射炮兵指挥镜为例介绍相关知识。

1. 高射炮兵指挥镜特点

高射炮兵指挥镜（简称指挥镜）装备于高射炮兵连，用来搜捕目标、跟踪目标、指示目标和测定炸点的偏差。对空作战时，由于飞机的航速比较快，要求指挥镜能在较远的距离上发现目标，并能轻便灵活地跟踪和指示目标。为此，指挥镜有如下的特点。

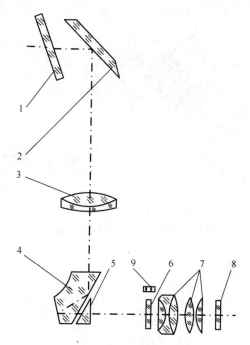

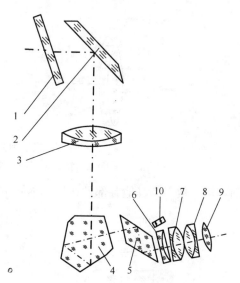

图 8.5　8 倍炮队镜光学系统

1—保护镜；2—反射镜；3—物镜；

4—靴形屋脊棱镜；5—楔形镜；6—分划镜；

7—目镜；8—滤光镜；9—照明窗玻璃。

图 8.6　16 倍炮队镜光学系统

1—保护玻璃；2—反光镜；3—物镜；4—五角屋脊棱镜；

5—菱形棱镜；6—分划板和负场镜；7—前场镜；

8—中场镜；9—接眼镜；10—照明窗玻璃。

（1）指挥镜具有一定的放大倍数，且射入瞳孔、射出瞳孔比较大，便于在较远的距离上发现目标，以及在能见度较弱的情况下进行观察。

（2）指挥镜的视界比较大，方向和高低机构动作灵活，便于迅速地捕捉目标。

（3）指挥镜的结构比较简单，固定牢靠，在一般情况下不易出现故障，便于部队使用和维护。

（4）为便于指挥员掌握情况和检查射击效果，配置有指挥员用单眼镜（简称单眼镜）。

2. 高射炮兵指挥镜光学系统

高射炮兵指挥镜光学系统由物镜、45°斯米特棱镜、分划板和目镜组成，如图 8.7 所示。

（1）物镜：有效口径 80mm，用于将物像成在分划板的刻线面上。

（2）斯米特棱镜：将物镜所成倒像转正，并使光路向上折转 45°，便于对空观察。

（3）目镜：放大和观察物镜所成的目标像。

（4）分划板：用于瞄准目标和测量炸点偏差。

3. 单眼镜

供指挥人员检查瞄准手瞄准情况时使用，用紧定螺和燕尾松固定在双眼镜的右镜筒上，并向右折转 90°。单眼镜上方固定有供瞄准手使用的概略瞄准具；目镜前右侧固定有分划板照明灯插座；目镜视度亦可调，其范围为 -5 ~ +5 个视度。

单眼镜光学系统如图 8.8 所示。其分划板分划形式与指挥镜光学系统部分相同，但

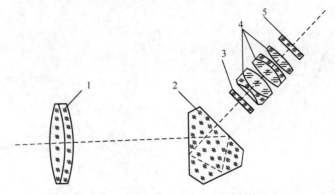

图 8.7　高射炮兵指挥镜光学系统

1—物镜；2—45°角屋脊棱镜；3—分划板；4—爱弗尔Ⅱ式目镜；5—滤光镜。

分划不标注数字，其他各部件作用基本同主机。

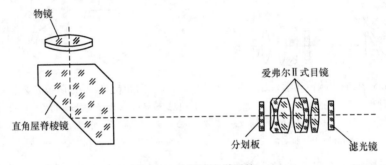

图 8.8　单眼镜光学系统

8.1.4　光电潜望镜

"潜望镜"一词，顾名思义，是指一种可实现潜望观察的光学仪器。潜望是能置身于安全隐蔽的位置去观察人们难以直接观察或难以到达的危险区域。潜艇潜望镜是海军潜艇使用的一种大型精密光学仪器，供艇内的艇员观察海面和空中目标用，是潜艇上必备的观察设备。

被誉为"潜艇的眼睛"的潜艇潜望镜在吸纳了电视、激光、红外、ESM、卫导/通信等光电子技术和电子技术而成为潜用光电探测系统之后，其作用已远远超过"眼睛"的功能。它已从一种大型复杂的光学仪器发展成为兼具侦察、监视、观测、导航、火控和信息记录等多用途的昼夜探测装备，可有效地对付敌人反潜兵力侦察或探测；大大改善潜艇的昼夜搜索、监视能力及探测精度；提高潜艇的夜间作战能力和攻击效果；大大提高潜艇自身的隐蔽性和安全性。尽管现代潜艇装有先进的声呐、雷达和其他电子探测系统，但光电潜望镜伸出水面几秒钟的观测中所获得的战术情报，有时比音响和电子探测系统几小时甚至几天的监视所获得的信息还多，特别是非穿透耐压壳体式潜用光电桅杆的出现，更是提高了现代潜艇潜望镜在潜艇上的地位和作用。现在，潜用光电探测系统已成为潜艇最重要、最直观、最有效、最可靠的探测装备。

潜艇潜望镜是一种长达 10m 左右的细长光学镜管，两头装有转像棱镜，中间有成像透镜和转像透镜系统，它是潜艇借以从水下观察水面及空中目标的一种大型复杂的光学仪器。光电潜望镜则是在潜艇潜望镜的基础上，综合应用诸如增强器、微光电视系统、热成像系统、激光测距仪、ESM系统、卫星导航/通信系统和微处理机等光电部件后所组成的一种新型的潜用光电探测系统。

1. 光电潜望镜的用途

在现代海战中，潜艇光电潜望镜的主要作用为：

（1）昼夜观察、搜索海面及空中目标；

（2）测定目标的距离、方位、速度和舷角，装定鱼雷发射提前角，对敌舰船进行瞄准，实施鱼雷攻击；

（3）对目标进行侦察照相、摄像或对战斗效果进行记录摄影、录像，以便战后进行分析和评估；

（4）测量天体高度，确定舰位；

（5）测定岸标的距离、方位以确定舰位，保障航行安全；

（6）采用电子技术和无线电技术（镜管上部又作为有关天线或接收系统的平台），与相应的电子设备和通信、导航系统匹配，完成卫星导航、无线电通信、雷达预警和电子干扰等使命。

显然，光电潜望镜具有其他军用光学仪器所无可比拟的多功能：既是一种昼夜观察和探测的仪器，又具有鱼雷射击瞄准具、测距仪、导航仪、雷达侦察仪、电子干扰机、照相机与摄像机及无线电通信机等功能。由于不同的战斗使命会对潜艇潜望镜提出不同的战术技术要求，所以上述多种战斗使命很难由一具潜望镜来完成，因此出现了具有各种用途的光电潜望镜。

2. 光电潜望镜的光学系统

光电潜望系统的主体是潜望镜。潜望镜的基本功能是供潜艇指战员在舱室观察海面或空中目标，因此它的基本光学系统是一个望远系统，不同的只是在隐蔽的潜艇舱室观察海、空目标。为此，除了实现望远外，还必须能潜望。为了实现"潜望"，需使瞄准线和目镜光轴拉开一段距离，所以潜望镜具有上、下两个反射镜，上反射镜使瞄准线偏折向下垂直行进，而下反射镜又把垂直行进的光线偏折使之水平射向观察者的眼睛；为了进行瞄准，需要配置分划镜，必须采用开普勒望远镜；为了便于观察和瞄准，要求从目镜观察到的是正像，必须加入转像系统；为了观察的不同需要，潜望镜通常备有变倍系统；为防止海水进入潜望镜内部，潜望镜的入射窗口应是能承受一定海水静压力的保护玻璃。因此，光电潜望镜的基本光学系统与传统潜望镜基本一致，也是由保护玻璃、反射镜、变倍系统、物镜、分划镜、转像系统、棱镜和目镜组成，如图8.9所示。

光学系统各组件的功能或作用如下。

（1）头部窗口：保护玻璃用来承受海水压力；通电使用时，窗口被均匀地加热，以防止窗口外表面结冰或生雾。

（2）头部棱镜，一块在斜面镀了银的直角棱镜，直接把对目标的瞄准线向下引入潜望镜。

（3）伽利略望远镜：一个4倍的望远镜。当把该望远镜倒置转入系统光路中时，

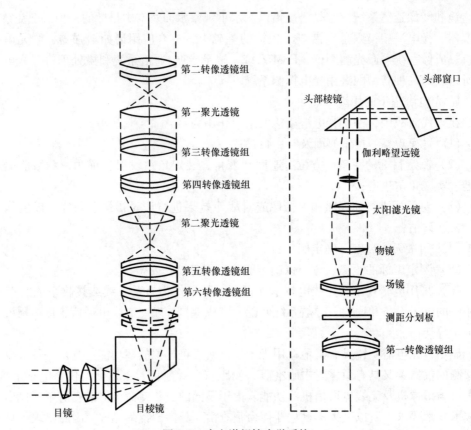

图 8.9　光电潜望镜光学系统

能减少潜望镜的倍率，加大视场，有助于潜艇在潜望深度航行时的快速海面搜索。

（4）太阳滤光镜：一块平板玻璃。该太阳滤光镜仅在搜索潜望镜中观测太阳，进行潜艇潜望状态天文导航时使用。

（5）高倍物镜：功能与一般物镜相同。

（6）场镜：起校正透镜的作用，可减少物镜的球差。

（7）测距分划板：该测距分划板在潜望镜光学系统中有三个作用。一是在像平面上提供一个瞄准十字线，作为方位和航向的基准；二是测距，当目标高度已知时，可利用分划板所定刻度值来确定它所对应的角度值，只要所测目标是直立的，就可利用它在分划板上的图像长度来确定其距离；三是分划板的背面为凸面，可起到一个聚光镜的作用。

（8）转像透镜组：起着沿着潜望镜的主镜管传递目标或景物图像的作用，各种类型潜望镜的 6 个转像透镜组，除攻击潜望镜的第五转像透镜组略有不同之外，其他透镜组在结构上都是相同的。

（9）分像透镜组（视距机透镜组）：用来测量目标的高度角。它是通过将目标的一个图像的桅杆顶与另一个图像的吃水线相接所形成的双像来进行测定的，双像则是通过把分像透镜的两个半边相互错开而形成的一个望远镜，即使它的通光孔径被挡住了一半，也可以形成完整的图像。但实际上，有两个望远镜组，共用一个目镜和一个半切物镜。分像透镜的每一半切透镜作横向移动时，其图像就错开一相应的量值，当图像的错开量达到相应的目标高度值时，即可确定目标的距离。潜望镜的视距机利用一个凸轮和传动机构，根据目标图像的错开量，把目标的高度值变换为目标的距离值。

（10）聚光透镜：装在第二、第三转像透镜组之间和第四、第五转像透镜组之间，设计这两组聚光镜是为了改进像质。

（11）第六转像透镜组：处在上部位置（图中用实线画出）时，上下作微量移动（它可沿光轴移动大约10inch）以达到潜望镜聚焦的目的，便于观察；当需用通过潜望镜进行照相时，取下目镜，换上照相机，然后把第六转像透镜组向下移动到其照相位置（图中用虚线表示），这样就把像平面移动到潜望镜之外的照相机胶片感光面上，实现潜望镜照相。

（12）目棱镜：将瞄准线偏折90°转向目镜的一个直角棱镜。

（13）目镜：由两个双胶合透镜组成，从外部安装在潜望镜目镜头壳体上，可以装拆，目镜内装有除雾的电加热器。若取下目镜，用照相机取而代之，这时的潜望镜就处于照相工作方式。

攻击潜望镜的光学系统，除了第五转像透镜组的安装不同和没有太阳滤光镜之外，其他均与上述搜索潜望镜的光学系统布置相同。攻击潜望镜的第五转像透镜组固定在一个可以转动的立方体内，视距机的分像透镜组也同样安装在该立方体内，其方位与第五转像透镜组成90°。这样，在测距时可随时把分像透镜组转入光路；不测距时，将第五转像透镜组转入光路。

8.2　瞄准仪器

瞄准仪器配备各种火器使用（包含有射角机构的称为瞄准具，不包含的称为瞄准镜），与兵器成刚性连接，主要用于火器直接、间接瞄准和标定。瞄准仪器一般都是由单筒望远镜（光路上设有与武器弹道性能相对应的分划板）和方向机构、高低机构等机械装置组成。本节以周视瞄准镜为典型瞄准仪器介绍相关知识。

周视瞄准镜是配备于炮兵多种火炮的一种通用瞄准镜，可用于火炮的直接、间接瞄准和标定。此外，它与标定器配合使用，能够不受地形、地物和气候条件的限制，对火炮实施瞄准或标定。

周视瞄准镜一般具有以下特点。

（1）具有周视能力，即当转动方向转螺使镜头环视一周时，目镜保持原位不动，这样瞄准手不移动位置就可以在任意方位上选择瞄准点。

（2）有较大的视场和一定的视放大率，能迅速地捕捉目标并精确瞄准。

（3）有较大的出射光瞳距离，能防止火炮射击时因震动而碰伤瞄准手的眼睛。

（4）结构牢固可靠，能经受住行军时所能遇到的冲击和震动及火炮发射时的冲击震动。

（5）它配备有标定器，间接瞄准和标定时，不受地形、地物和气候条件等的限制。

周视瞄准镜的光学系统由保护玻璃、直角棱镜、梯形棱镜、物镜、屋脊棱镜、分划板和目镜组等构成，如图8.10所示。

（1）保护玻璃：用以保护瞄准镜内部光学零件，避免外界潮气、灰尘侵入。

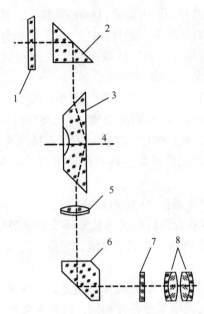

图 8.10　周视瞄准镜光学系统

1—保护玻璃；2—直角棱镜；3—梯形棱镜；4—入瞳位置；
5—物镜；6—屋脊棱镜；7—分划板；8—目镜组。

（2）直角棱镜：改变光路的方向；并借助它在垂直面内的摆动，使瞄准线上下移动，借助它绕垂直轴旋转可环视一周。为了使入射角小于临界角的光线也能全部反射，所以此棱镜反射面镀有银层。

（3）梯形棱镜：在仪器中依靠差动机构的作用，使梯形棱镜绕垂直轴回转的转角总是直角棱镜绕垂直轴回转角的一半，以补偿直角棱镜转动所引起的像倾斜现象，从而保证镜头作周视时所观察到的像永远是正立的。

（4）物镜：将远方目标成像在分划板刻线面上。

（5）屋脊棱镜：将光路改变90°，并起正像的作用。

（6）分划板：位于物镜的后焦面上，刻线面朝向物镜一侧。

（7）目镜组：为对称式目镜，用以放大物像的视角。

光学系统的正像原理是由于直角棱镜、梯形棱镜和屋脊棱镜的反射作用，使物像上下颠倒3次、左右颠倒1次，正好抵消了物镜成像上下和左右各相差180°的作用，从而保证在分划板上能获得正立的物像。

8.3　测距仪器

测距仪器主要装备于地面炮兵和高射炮兵部（分）队。地面炮兵装备有光学测距机、激光测距机；高射炮兵装备有各种类型的光学测距机，用于测量空中和地面目标的距离。我军装备的测距机有58式对空1m测距机、59式3m测距机（配指挥仪用）和74式0.5m地炮测距机等。双目体视测距仪的主要作用是增大人眼观察的基线长度和扩大人眼的视差角，这样就可以大大提高人眼的体视分辨能力。显然，其测距精度与距离的平方成反比，距离越大，误差越大。各种测距仪器主要技术诸元见表8.2。

表 8.2　测距仪器主要诸元

性能 类别		倍率	视界	出射光瞳直径/mm	出射光瞳距离/mm	测距范围/m	鉴别率
地面 炮兵	74 式 0.5m 测距机	10×	6°	2.5	19.9	300～4000	6″
	75 式 0.8m 测距机	12×	15°	2.5	21	500～6000	5″
高射 炮兵	58 式 1m 测距机	10×	6°	2.5	21	500～6000	5.5″
	75 式 3m 测距机	32×	1.83°	1.85	20.5	750～31615	3.5″
	76 式 2m 测距机	22×	2.67°	1.8	21.8	750～18000	4.2″

下面介绍体式测距机的相关知识。

体视测距机是具有一定基线和倍率的双眼测距仪器，它利用双眼在纵深上能够判别物体远近的能力来进行测距。体视测距机的测距方式常见的有两种：一种是定标测距；另一种是游（动）标测距。两种测距方式的一般原理都是解算测量三角形。定标测距是直接通过体视观察测出目标的距离；游标测距是通过体视观察和解算三角形机构相配合测出目标的距离。

8.3.1　体视测距机光学系统

测距机的光学系统由观察系统、平行光管系统和照明系统三部分组成（见图8.11）。

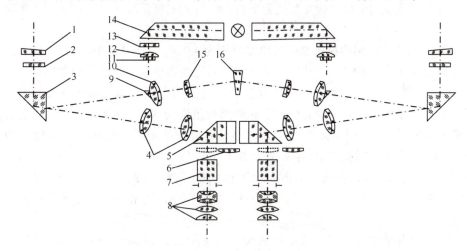

图 8.11　1m 测距机光学系统

1—楔形保护镜；2—滤光镜；3—末端棱镜；4—对物镜；5—转像棱镜；6—强光滤光镜；7—菱形棱镜；
8—接眼镜组；9—照明棱镜；10—立标物镜；11—照明楔形镜；12—照明透镜；
13—蓝色滤光镜；14—导光棱镜；15—校正镜（凹）；16—中央反射镜。

1）观察系统

观察系统是一个放大倍率为 10× 的望远系统，用于将目标和立标成像。它由以下光学零件组成。

（1）楔形保护镜：楔形保护镜用来防止灰尘及潮湿空气从入射窗浸入测距机内部，其中，左楔形保护镜并用作距离规正镜，操作时用其进行距离规正；右楔形保护镜的楔

113

形角比较大，在工厂装配或修理测距机时，用来调整目标的距离。

（2）滤光镜：测距机的端部滤光镜共两对，一对为黄绿色，另一对为灰色。昼间操作时，根据不同的气候条件引入光路，用来减弱目标的亮度以衬托出立标。

（3）末端棱镜：末端棱镜是一块角度为43°5′，93°50′，43°5′的棱镜，用以将目标光线及立标光线反射到观察系统中成像。目标光线是经过棱镜斜而反射的，立标光线是经过棱镜的出射表面（此处镀有半反射膜层）反射的。

（4）对物镜：对物镜为两块分离放置的双胶合透镜所组成，其中一块起凸透镜作用，另一块起凹透镜作用。此对物镜可通过视度调整机构使其沿光轴移动，以此来改变测距机的视度。

（5）转像棱镜：由一块直角棱镜和一块弦边对角为91°的棱镜所组成，它与末端棱镜相配合将物镜所成的倒像转正。

（6）强光滤光镜：当测距机对向太阳方向观察时，将其引入光路，用以同时减弱目标和立标的亮度，减弱强光对人眼的刺激。由于强光滤光镜位于对物镜焦距以内，为了避免引入光路后造成像平面后移而改变仪器的视度，因此强光滤光镜制成长焦距的凸透镜。

（7）菱形棱镜：用来改变测距机的瞳孔间隔。

（8）接眼镜：由两块单透镜和一块双胶透镜组成。

2）平行光管系统

平行光管系统用于将立标光线变为平行光线射入观察系统成像。它由以下光学零件组成。

（1）照明棱镜：照明棱镜是一块角度分别为43°5′，93°50′，43°5′的棱镜。它通过矩形垫圈胶合在立标物镜上。其作用是反射照明光线将立标照亮和保护立标。

（2）立标物镜：立标物镜是一块双胶合透镜，其焦距值为200mm±0.4mm。在透镜的主平面上用照相法复制着立标。立标的测距范围为500～6000m（测标镜上的数字乘100）。立标"5"到立标"20"，两相邻立标之间的距离值为100m；立标"20"到立标"40"，两相邻立标之间的距离值为200m；立标"40"到立标"60"，两相邻立标之间的距离值为500m，在视界上方有无限远立标"▼"。视界的左半部与立标"20"对称的位置上有一检查立标"△"，其距离代表2000m，用来检查平行光管物镜焦距的平衡性。

（3）校正镜：校正镜是一块小凹透镜，其焦距值为2000mm±60mm。它与立标物镜共同组成平行光管物镜。从原理上要求平行光管左、右物镜的焦距应相等，但在制造上又难以达到，所以增设一块校正镜。改变校正镜与立标物镜之间的间隔，可以改变平行光管物镜的焦距，达到校正左、右物镜焦距使之平衡的目的。

（4）中央反射镜：中央反射镜为石英玻璃制成的楔形反光镜，两面均镀有反射层，用来反射立标的光线和规正高低差，反射镜的楔形角为70°40′，在于保证平行光管的光轴与测距相机筒轴线夹角为3°50′。

3）照明系统

照明系统用于将测标均匀照亮，它有日光照明和灯光照明两种方式，具体组成如下。

（1）照明灯泡：共有两个，一个参加工作，另一个备用，以待工作者损坏后立即更换。灯泡工作电压 2.5V，电流强度 0.4A。

（2）照明透镜：照明透镜由一块平凸透镜和楔形镜胶合而成，楔形镜的楔形角为 20°±10′，转动它可校正测距机的照明情况，保证测距机在任何仰角工作时能将立标均匀照明。

（3）导光棱镜：为航空有机玻璃制成的长形棱镜，其作用是在夜间操作时，将灯泡光线导至立标照明窗，照亮立标。

（4）蓝色滤光镜：将灯泡光线变得近似自然光。

8.3.2　1m 体视测距机测距原理

1）对应点成像

日常生活中我们用双眼观察物体时，同一物体将分别在两眼视网膜上成两个像。当物像成在两眼黄斑中心凹的同侧时，视神经可以把它们合在一起，我们感觉看到的是一个物体。若物像不成在黄斑中心凹的同侧，两眼内的两个物像则不能合成一个，我们感觉看到的就是双像。这就是人的双眼"合像"能力，即为"对应点成像"。

对应点成像和人的视神经能够把两眼的两个像合在一起非常重要，在实践中有着广泛应用。正是根据这一现象和理论，人们进而研究出两个形状大小完全相同的物体分别被两眼所成的两个像，只要符合对应点成像条件，同样能合在一起（见图 8.12）。军事和民用等诸方面，据此制出了各种使用效果更好的双眼观察仪器（仪器双筒的轴必须平行，各项光学性能必须一致，否则两筒的两个像不能合在一起，效果反而更坏）和立体电影等。

2）体视原理

从图 8.13 可以看出，由于 A、B 两物体的远近不同，它们在眼睛黄斑同侧对应点成像的间隔大小也不同。A 物体远，成像间隔（b_1）小；B 物体近，成像间隔（b_2）大。所以，我们根据物体在眼睛里成像间隔的大小，可以判断出物体的远近。

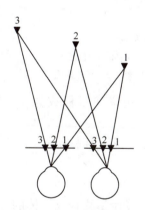

图 8.12　对应点成像

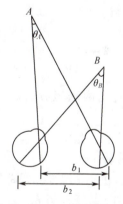

图 8.13　双眼判别物体远近

基于这一理论和对应点成像，我们可以得出，在构成对应点成像时，即两个完全相同的物体分别被两眼所成的两个像合成一个时，若两物体之间的间隔不等，它们合像后的远近感觉也应不同，即：间隔大者，距离近；间隔小者，距离远。58 式 1m 体视测距机就是根据这一道理制作的。其左右镜筒的测标像（左右平行光管系统中的两个测标镜），对应测标的形状、大小完全相同，但它们之间的间隔却各不相等。当我们通过仪器两目镜观察时，根据对应点成像理论，两个测标镜上的对应测标合二为一；又根据体视原理，合像后的测标具有明显的远近不同的立体感而代表着不同距离。使用测距机测距，就是利用这些代表不同距离的测标，与仪器中的目标像进行纵深上的比较，当目标像与某一测标等远时，该测标所代表的距离就是被测目标的距离。

8.3.3 双眼瞄准镜光学系统

双眼瞄准镜是 3m 测距机上的辅助仪器。由于测距机本身的视界比较小（仅 1° 50′），不便于搜捕目标。安装上双眼瞄准镜后，由于双眼瞄准镜的视界比较大（为 4° 50′），在高低及方向瞄准手的协同下，即可使测距机尽快地捕到目标。

测距机的两个双眼瞄准镜的构造相同，在瞄准镜标牌旁有一条红标线的为高低瞄准镜，有两条红标线的为方向瞄准镜。使用中高低与方向瞄准镜不应互换，因为装配时，瞄准镜与瞄准镜座是配成对进行瞄准线的一致性检查调整。若使用中互换，可能引起测角误差和破坏瞄准线的一致性。

图 8.14 是瞄准镜右镜筒的光学系统图。瞄准镜的光学系统由两套独立的望远系统所组成，除右镜筒内有分划镜外，两镜筒的组成相同，现以右镜筒为例进行介绍。

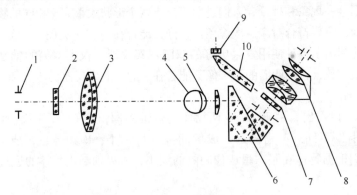

图 8.14 瞄准镜右镜筒光学系统

1—光阑；2—太阳滤光镜；3—物镜；4—深色滤光镜；5—浅色滤光镜；
6—转像棱镜；7—分划镜；8—目镜；9—保护玻璃；10—导光棱镜。

（1）物镜：它是两透镜胶合在一起的透镜组，用来使目标成像。对物镜焦距是 247.2mm。

（2）转像棱镜：它是两块棱镜胶合在一起的复合棱镜，用来将光路向上改变 60°，将对物镜所成的像转正。

（3）分划镜：供测手瞄准和跟踪目标之用。

（4）目镜：由 5 块镜片组成，靠近分划镜的 3 块镜片是胶合成一体的，其他两块分离放置，其焦距为 20.2mm。

（5）滤光镜：有深色和浅色两种，根据不同的目标背景选用，以减弱目标背景的亮度。

（6）导光棱镜：用于将照明光线导至分划镜，以便将分划镜照明。

（7）保护玻璃：用于防止灰尘和潮湿空气由照明窗进入仪器内部。

（8）太阳滤光镜：当测距机对太阳进行规正时，在瞄准镜上戴上此镜，以免阳光刺伤测手的眼睛。

8.4 测角仪器

测量仪器主要有方向盘和测地经纬仪。方向盘是炮兵部队营、连的主要观测器材，主要用于测量目标的方位角、方向角、高低角，以及赋予火炮基准射向，配有潜望镜，可以潜望。测地经纬仪是炮兵测地分队的主要测量仪器，其主要用途是测量方向角、高低角、磁方位角和进行天文测定方位。此外，测地经纬仪还可配合视距尺进行距离测量，配合水准尺直接测定高差。

8.4.1 方向盘

方向盘是高射炮兵连装备的观测仪器之一，主要用来确定高炮连各武器装备的配置位置和标定方位。此外，方向盘还可用于观察射弹偏差，以及与测距板配合，在一定范围内测量距离。由于配备有潜望镜，故方向盘具有潜望性能，可以隐蔽操作。

方向盘光学系统为一带有分划板的开普勒式单眼望远镜，用于观察和瞄准远方目标。其光学系统的组成情况见图 8.15 所示。

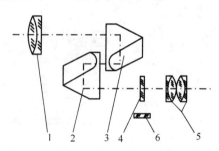

图 8.15　方向盘光学系统

1—物镜；2—棱镜Ⅰ；3—棱镜Ⅱ；4—分划镜；5—目镜；6—照明窗玻璃。

（1）物镜：用于将目标成像在分划板的刻线面上。

（2）棱镜Ⅰ和棱镜Ⅱ：将物镜所成的倒像转正。

（3）目镜：用于放大并观察物镜成的目标像。

（4）分划镜：位于物镜和目镜的重合焦面处，用于使用时瞄准目标和进行小角度的高低（夹）角、方向（夹）角的测量及与测距板相配合，测量一定范围内的距离。

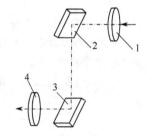

图 8.16　潜望镜光学系统

1—保护玻璃；2—平面反射镜。

潜望镜为一没有放大作用的折光镜筒，用于在掩体内或遮蔽物后架设方向盘时使用。光学系统由镜筒、上镜头和下镜头组成，如图 8.16 所示。

8.4.2　经Ⅱ型经纬仪

经Ⅱ型经纬仪，是一种中等精度的测地经纬仪，可测量方向角、高低角、磁方位角，与视距尺相配合能测量距离和两目标的高差，目前是我军地面炮兵测地分队的主要观测器材。炮兵测地分队依据它测得的角度和距离，决定现在点的坐标和方位，计算射击诸元，绘制炮兵控制网，做好射击前的准备工作。

经Ⅱ型经纬仪的光学系统（见图8.17）共由三大部分组成，即望远瞄准系统、显微读数系统和对心系统。

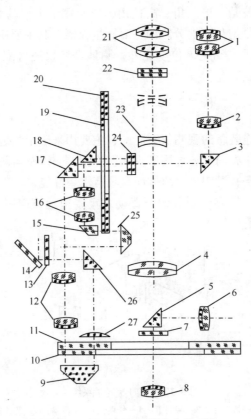

图 8.17　经Ⅱ型经纬仪的光学系统

1—显微镜目镜；2—显微镜物镜；3—直角棱镜；4—望远镜物镜；5—直角棱镜；6—对心器目镜；
7—对心器分划板；8—对心器物镜；9—直角棱镜；10—保护玻璃；11—水平度盘；
12—水平系统物镜；13—毛玻璃；14—反光镜；15—直角棱镜；16—竖直系统物镜；
17—直角棱镜；18—直角棱镜；19—竖直度盘；20—保护玻璃；21—望远镜目镜；
22—望远镜分划板；23—调焦物镜；24—显微镜分划板；
25—直角棱镜；26—直角棱镜；27—照明聚光镜。

1）望远瞄准系统

望远瞄准系统为一内调焦的开普勒式望远系统。它由双胶物镜、调焦透镜、望远分划板和对称式目镜组成，用于测量时精确瞄准目标，并可与视距尺配合测量距离及高差。

双胶物镜和调焦透镜共同组成望远瞄准系统的物镜，用于将物体成像在目镜的前焦面即望远分划板的刻线面上。其中，调焦透镜通过改变它与双胶物镜的间隔，来调整系统物镜的总焦距，使远近不同的物体均能成像在分划板的刻线面上而被看清。实际中，人们把这种物镜、目镜不动，靠移动它们之间的调焦镜来改变其物镜总焦距，以调整物体成像位置的办法称为"内调焦"；而系统中无调焦镜，靠前后移动物镜本身以改变像面位置的办法称为"外调焦"。

对称式目镜由两块双胶合透镜对称放置构成，用来放大并观察上述物镜所成的像，以进行目标瞄准和距离、高差的测量。

望远分划板式样如图8.18所示，其十字丝的横丝为测高低角时瞄准用，竖丝为测方向角时瞄准用，双丝是对直线形细狭目标瞄准用。四根短丝为视距丝，上下左右对称，用于和视距尺配合测量距离。为保护分划板的刻线不被埙伤，在分划面上胶有平面保护玻璃。

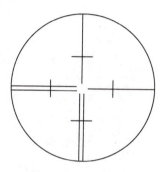

图8.18　望远分划板

由于望远瞄准系统的光路中没有转像系统，我们从目镜中看到的将是目标的倒像。

2）显微读数系统

显微读数系统用于放大竖直度盘、水平度盘和显微分划板的分划，并进行读数。按各光学零件的作用，又可分为照明、成像和读数三部分。

照明部分包括反光镜、毛玻璃、照亮竖直度盘的棱镜，照亮水平度盘的棱镜、照明聚光镜和棱境。照明部分的作用是照亮竖直度盘和水平度盘的分划。其中，因照亮水平度盘的光程比照亮竖直度盘的光程长，为提高水平度盘分划的充度，在照充水平度盘的光路中设置一照明聚光镜以聚光。

成像部分包括竖直度盘成像和水平度盘成像两方面。其光学零件有显微分划板、竖直度盘及其成像部分的棱镜、竖直度盘和物镜、校镜和水平度盘及其成像部分的水平系统物镜、棱镜。

读数部分包括有棱镜、显微物镜和显微目镜。其作用是将显微分划板的分划和其上竖直度盘、水平度盘分划的像放大并进行读数。显微物镜倍率为1，可将上述分划的倒像转正（像面位于目镜的前焦面上）；也可将显微系统的光程拉长，使显微镜管和望远镜管等高，既美观又方便使用。显微目镜用于对分划像放大并进行读数。

3）对心系统

对心系统由对心器物镜、目镜、分划板和棱镜组成的开普勒式望远系统。

8.5　本章小结

军用光学仪器在一直是辅助作战的一种重要装备器材。本章主要讲授我军部队装备中的一些光学仪器，按照观察仪器、瞄准仪器、测距仪器和测角仪器的分类对典型军用光学仪器进行了介绍，重点集中在各类光学仪器的功能和光学系统的差异方面。

习　题

1. 请分析望远镜、炮队镜和指挥镜的光学系统的相同与相异之处。
2. 军用光学仪器可以分为哪几种，其主要作用各是什么？
3. 请分析光电潜望镜和传统潜望镜的不同之处。
4. 请查阅资料自学关于光学仪器保养保管知识。

军用红外光学系统

9.1　红外技术的军事应用

1800 年英国天文学家赫谢耳（Herschel）在用水银温度计研究太阳光谱各色光热效应时，发现热效应从紫光到红光逐渐增大，而最大的热效应却位于红光的外面，称为"红外光"或"红外线"。

红外辐射穿透大气和云雾的能力比可见光强，这种性质在军事上对通信、导航、制导、定位、跟踪、对抗和夜视有着重要意义。红外系统一般都以"被动方式"接收目标的信号，故隐蔽性很好。相对于雷达探测、激光探测而言，它更安全且易于保密，也不易被干扰。红外探测是基于目标与背景之间的温差和发射率差，传统的伪装方式不可能掩盖由这种差异所形成的目标红外辐射特性，从而使红外系统具有比可见光系统优越得多的识伪能力。相对于雷达而言，红外系统体积小、质量轻、功耗低，容易制成灵巧装备，且不怕电磁干扰，特别适合于"发射后不管"的精确制导武器。红外技术也有明显的缺点。例如：它在大气层内的探测能力不如雷达，并且只能利用在三个大气窗口内的目标辐射信息；红外材料品种太少，红外探测器工艺复杂，成本高昂，且有效尺寸很小，大大限制了红外系统的战术技术性能。目前服役的红外装备，大多需要制冷手段，这也影响了其应用。

红外光自 1800 年被发现之后至今已 210 多年，早期发展缓慢，直至第二次世界大战期间和战后，随着军事上和航天上的需要，红外技术才得到了迅猛的发展。近些年来，随着红外探测技术的发展，红外技术在现代军事技术、工农业生产、空间技术、资源勘测、气象预报和环境科学等许多领域的应用日益增多。导弹的红外导引头、人造卫星上的红外扫描仪、医学上的乳腺癌诊断仪、工业红外测温计等仪器和装置都是应用了红外技术制作出来的。

红外技术真正获得实际应用从 20 世纪开始，首先受到军事部门的关注，因为它提供了在黑暗中观察、探测军事目标自身辐射及进行保密通信的可能性。第一次世界大战期间，为了战争的需要，研制了一些实验性红外装置，如信号闪烁器、搜索装置等。虽然这些红外装置没有投入批量生产，但它已显示出红外技术的军用潜力。第二次世界大战前夕，德国第一个研制出了红外变像管，并在战场上应用。战争期间，德国一直全力投入对其他红外设备的研究；同时，美国也大力研究各种红外装置，如红外辐射源、窄带滤光片、红外探测器、红外望远镜、测辐射热计等。第二次世界大战后，苏联也开始重视红外技术的研究，大力加以发展。

20世纪50年代以后，随着现代红外探测技术的进步，军用红外技术获得了广泛的应用。美国研制的"响尾蛇"导弹上的寻的器制导装置和U-2间谍飞机上的红外照相机代表着当时军用红外技术的最高水平。因军事需要发展起来的前视红外装置（FLIR）获得了军界的重视，并广泛使用。机载前视红外装置能在1500m高空探测到人、小型车辆和隐蔽目标，在20000m高空能分辨出汽车，特别是能探测水下40m深处的潜艇。60年代初期，在飞机和卫星上进行红外照相侦察，有效消除了敌人伪装、复杂气象对侦察的影响。60年代后期，出现了机载热成像夜视仪，使空军作战不受白昼与夜晚的限制。到70年代初期，红外技术在卫星、导弹、预警系统等方面得到了应用。1980年，红外成像制导的空—地导弹试验成功，这是战术导弹及战略导弹走向"智能武器"的重要一步。在海湾战争中，充分显示了红外技术特别是热成像技术在军事上的作用和威力。美军把主要作战行动都放在夜间进行，完全凭借先进的夜战装备取得优势。在战斗中投入的夜视装备之多、性能之好，是历次战争不能比拟的。美英法的战斗机都装备有先进的前视红外仪、红外搜索跟踪系统、微光电视设备、夜视镜等，能在各种恶劣的气候条件下作战，极大增强了夜战能力。美军每辆坦克、每个重要武器直到反坦克导弹都配有夜视瞄准具，仅美军第24机械化步兵师就装备了上千套夜视仪。多国部队除了地面部队、海军陆战队广泛装备了夜视装置外，美国F-117隐形战斗轰炸机、"阿帕奇"直升机、F-15E战斗机、英国的"旋风"GR1对地攻击机等都装有先进的热成像夜视装备。正因为多国部队在夜视和光电装备方面的优势，所以在整个战争期间掌握了绝对的主动权。多国部队利用飞机发射的红外制导导弹在海湾战争中发挥了极大的威力，他们仅在10天内就毁坏伊军坦克650多辆、装甲车500多辆。

目前，红外技术作为一种高技术，与激光技术并驾齐驱，在军事上占有举足轻重的地位，已成为一个国家军事装备现代化的重要标志之一。在军用方面，红外技术主要应用在导航系统、探测与搜索、光学成像和目标评估系统，红外成像、红外侦察、红外跟踪、红外制导、红外预警、红外对抗等在现代和未来战争中都是很重要的战术和战略手段。红外系统不仅保密性能好，抗干扰性强，而且分辨率高，准确可靠，大大提升了军队装备的现代化水平。特别是标志红外技术最新成就的红外热成像技术，不但在军事上具有很重要的作用，在民用领域也大有用武之地。它与雷达、电视一起构成当代三大传感系统，尤其是焦平面阵列技术的采用，将使它发展成可与眼睛相媲美的凝视系统。

红外系统通常由光学系统、调制盘、红外探测器、信号处理与显示器等部分组成。目标是红外系统所探测的对象，目标的辐射在传输过程中将受到大气中某些气体分子的选择性吸收以及大气中悬浮微粒的散射而衰减。透过大气的目标辐射，被光学系统接收、调制并聚焦到红外探测器响应平面上。调制盘将连续光调制成交变信号并进行空间滤波。红外探测器接收交变的红外辐射并把它转变为电信号，由探测器输出的信号经过电子线路完成放大处理。显示记录装置将经过处理的信号进行显示和记录。如果是用于监控的红外系统，还需将处理后的信号输入监控装置，以驱动执行机构工作，实现自动监控。整个系统涉及大气传输特性、光电探测器件和光电转换等多种知识和技术，本章仅就红外仪器中的红外光学系统及与之有密切关系的内容作一简要讨论。

9.2 红外光学系统概述

9.2.1 红外光学系统的功能与特点

1）红外光学系统的功能

红外光学系统的作用是重新改善光束的分布，更有效地利用光能。若光学系统用于辐射源，或者用于聚集辐射能，形成有确定方向的辐射光束，或者使辐射束具有确定的形式；若光学系统用于辐射探测器，则用来收集辐射，会聚到探测器灵敏面上。红外光学系统可大大提高灵敏面上的照度，它比入射到光学系统表面上的照度高若干倍，从而提高仪器的信噪比，增大系统的探测能力。

对于红外导引头，光学系统还要配合误差形成环节实现对目标的空间位置编码，依此来测量目标在空间相对于基准的方位，提供控制信息。

对于红外成像系统，由于红外探测器光敏面积很小，例如，单元锑化铟仅为 $\phi 0.1\text{mm}$，在红外物镜焦距一定的条件下，对应的物方视场角极小。因此，为了实现对大视场目标和景物成像，必须利用光机扫描的方法。红外成像系统中常含有扫描元件，从而实现大视场的搜索与成像。

对于红外探测系统，利用调制盘将目标的辐射能量编码成目标的方位信息，从而确定辐射目标的方位。

对于红外观察和瞄准系统，除了物镜系统外，在红外变像管后面装有目镜，可以用于人眼的观察测量与瞄准。

2）红外光学系统的特点

（1）红外光学系统必须具有大的通光孔径和大的相对孔径，以收集更多的红外辐射。

（2）工作波段宽，与可见光系统相比，像差校正困难。

（3）红外光学系统元件必须选用能透红外波段的锗、硅等材料，或者采用反射式系统。

（4）红外光学系统的接收器为红外探测器。

9.2.2 红外光学系统的性能指标

1）相对孔径 NA 及 F 数

相对孔径定义为光学系统的入瞳直径 D 与焦距 f' 之比，即 $NA = \dfrac{D}{f'}$。相对孔径的倒数称为 F 数，即 $F = \dfrac{1}{NA} = \dfrac{f'}{D}$。

相对孔径 NA 越大，表示系统的聚光能力越强。例如，一个物镜的焦距为 160mm，孔径光阑 $D = 20\text{mm}$，则其 F 数为 8。通常以 $F/8$ 表示光学系统的焦距为孔径光阑的 8 倍。

2）焦深（2δ）

光学系统会聚到焦点上的光束在焦点处最小，然而在焦点左右两侧 δ 距离内，光束的横截面积近似相等，因此存在一个很小的轴距范围，光点呈现同样的明亮，这一距离

称为焦深。焦深公式为

$$2\delta = \frac{4\lambda}{n'}(F^2) \tag{9.1}$$

式中：n' 为像方折射率；F 为光学系统的 F 数；λ 为波长（μm）。

3）光学增益（K）

光学增益定义为入射光瞳和探测元件面积之比，其表示式为

$$K = \frac{\pi D^2}{4} \bigg/ \frac{\pi d^2}{4} = \frac{D^2}{d^2} \tag{9.2}$$

式中：D 为入射光瞳直径；d 为探测元件直径。

光学增益反映光学系统加入前后探测元件所能获得照度的变化。为了增大导引头的探测能力，总是希望元件上的照度愈大愈好。

4）灵敏度（S）

灵敏度是指目标辐射的红外线通过光学系统后在探测元件上所获得的照度大小，可表示为

$$S = \frac{D^* e}{F} = D^* Ae(\mathrm{W/cm}^2) \tag{9.3}$$

式中：e 与光学系统或红外线通过光学仪器时吸收、反射的损失率及信息调制规律有关。

5）瞬时视场角（2ω）和跟踪视场角（2Ω）

瞬时视场角即光学系统的静态视场，是在瞬时内感应目标存在的空间角度，它是导引头所能监视目标空间范围的一个参数。

瞬时视场的表示式为

$$2\omega = \frac{d}{D \cdot F} \tag{9.4}$$

一般为了能多接收目标辐射来的能量，要求孔径 D 大些好；从探测的信噪比考虑，要求探测器直径 d 小些。

6）分辨率

红外系统的分辨率表示在某一瞬时视场里出现靠近的两个点源目标时的辨别能力。用分辨两个目标形成的像点间的最小分离角表示。该角是两像点中心对反射镜主点的张角。根据衍射理论，一个像的弥散圆的圆心与另一个像的弥散圆的第一暗环重合时，则认为这两个像点是可辨别的。其最小分离角为

$$\alpha = 0.122 \times \frac{\lambda}{D}(\mathrm{mrad}) \tag{9.5}$$

式中：D 为光学系统的接收口径直径（mm）；λ 为红外波长（μm）。式（9.5）表明，分辨力 α 与 λ 成正比，红外波长越短，则分辨力越强。

9.3 红外物镜

红外物镜的作用是将目标和红外辐射接收、收集进来并传递给红外探测器。它的主要类型有反射式、折反射式和透射式三种。透射系统容易校正像差，并能获得较大视场，在相对孔径相同的情况下口径比较小，而长度比较长，因此多用于要求视场较大、

相对孔径大而口径小的红外系统中。折反射系统长度短，重量轻，大孔径的性能比折射系统好，但是由于渐晕和中央暗区而使视场受限制，多用于对物镜要求焦距长和大孔径的红外系统中。

9.3.1 反射式物镜

由于红外辐射的波长较长，能透过它的材料很少，因而大都采用反射式物镜系统。反射式物镜可以做成大口径物镜，焦距可以做得较长；取材容易，可以用金属材料，也可以在普通玻璃上镀一层金属膜或其他介质膜来制作，对材料要求不高。反射式物镜光能损失小，无透射损失，镜面反射比往往比透镜的透射比高很多。反射式物镜不产生色差。这些优点使反射式物镜在红外光学系统中用得较多。反射式物镜存在视场小、体积大和次镜遮挡等缺点。

反射物镜分单反射镜和双反射镜。最常用的是双反射镜系统，由两块单反射镜组合而成，因此也称为组合反射镜。

1）单球面反射镜

简单的反射物镜就是单个球面反射镜，它易于加工和装调，价格便宜，没有色差。其球差值一般也比相同口径和相同焦距的单透镜小。若孔径光阑置于球心处，由于任意主光线都可以作为此物镜的光轴，因此任一角度投射到物镜上的光束，其像质都和轴上点的像质一样，这样就在整个视场范围内得到均匀良好的像质。此时，因为主光线与球面法线重合，主光线入射角为 0°，由初级像差理论可知彗差、像散和畸变均为零，仅有的像差是球差和场曲。如果孔径光阑不在球心，那么除球差和场曲外，还有彗差、像散和畸变。当视场增大，F 数变小时，像质迅速恶化，因此球面反射镜只能用于视场较小且 F 数较大的场合。为了使大口径或大视场的物镜能获得良好的像质，可采用非球面反射镜或加装校正透镜。

2）单非球面反射镜

由于球面只有一个参数（半径 r）决定其面型，因而只能通过改变自身的形状来消像差，具有很大的局限性。而抛物面、双曲面等面型由两个参数决定，即可以有两个变数，克服了球面反射镜消像差的局限性。采用非球面反射镜可以使大口径或大视场的物镜获得良好的像质，常使用的是二次曲面反射镜。由二次曲面方程知，二次曲面镜都有两个焦点，它们之间是等光程的，视场不大时，可以得到较好的像质。常用的单非球面反射镜有抛物面反射镜、双曲面反射镜、椭球面反射镜和扁球面反射镜等。

（1）抛物面反射镜。

将方程 $y^2 = -2px$ 决定的扫描线绕其对称轴旋转一周即形成抛物面，把以此曲面做成的反射镜称为抛物面反射镜。根据抛物线的光学性质可知，从无限远来的平行于光轴的光束被抛物面镜反射后都将严格地会聚于抛物面的焦点，因此对无限远轴上物点来说，抛物面反射镜没有像差，像质受衍射限制，弥散斑的大小为艾利斑，所以抛物面反射镜是小视场应用的优良物镜，但抛物面加工比较困难。对于轴外物点，抛物面反射镜没有球差，但存在彗差和像散，其大小取决于光阑位置。抛物面反射镜的像质比球面反射镜要好得多，但由于加工较困难，只有在球面反射镜无法满足要求时，才采用抛物面反射镜。

以焦距 $f' = -p/2$ 代入 $y^2 = -2px$ 中，得

$$y^2 = 4f'x \qquad (9.6)$$

由此可知,如果所要求的焦距已定,则抛物面反射镜的形状即可由式(9.6)完全确定下来。

图9.1是常用的两种抛物面反射镜,其中:图9.1(a)光阑位于抛物面焦面上,球差和像散为零,像质较好;图9.1(b)为离轴抛物面镜,焦点在入射光束之外,使用时没有遮光问题,放置探测器较为方便,但装校比较麻烦。离轴抛物面镜应用较多,传递函数测定仪中使用的平行光管物镜多为离轴抛物面镜,在红外光学系统中大多使用抛物面镜与另一反射镜的组合。

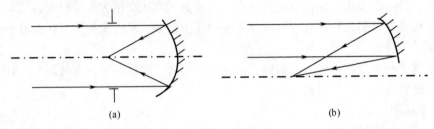

(a)   (b)

图9.1 两种抛物面反射镜

(2)双曲面反射镜。

双曲面反射镜是由方程的两根双曲线中的一根绕对称轴 x 旋转一周而成,取其一部分即为回转双曲面,如图9.2所示。双曲线方程为

$$\frac{x^2}{a^2} - \frac{y^2}{b^2} = 1 \qquad (9.7)$$

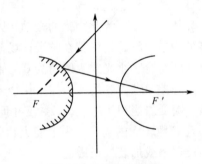

图9.2 双曲面反射镜

由双曲线的光学性质可以知道,射向焦点 F 的所有光线经双曲面反射镜反射后,将准确地会聚于焦点 F'。也就是说,只有那些射向 F 点的光线才能无像差地在 F' 点成完善像,其他光线是不能成完善像的。

(3)椭球面和扁球面反射镜。

将椭圆方程的轨迹绕长轴旋转一周,取其一部分,即得到旋转椭球面,如图9.3所示。椭球面反射镜有一对共轭的焦点 F 和 F',椭球面的两个焦点之间等光程,由 F 发出的光线将严格地会聚于 f' 点,没有像差。

将椭圆曲线绕短轴旋转一周,取其一部分,即得到旋转扁球面,如图9.4所示。扁球面一般利用凸面。扁球面反射镜没有焦点,很少单独使用,有时可与球面主反射镜配合作次镜用。

但是,椭球面反射镜和双曲面反射镜很少单独使用。因为它们的彗差很大,像质不好,它们都在与其他反射镜组合的双反射镜系统中使用。

综上所述,由于球面反射镜和透镜一样,不能把平行于光轴的光束会聚于光轴上一点,即有球差。因此,可以利用二次旋转曲面来克服这一缺点。在不同的情况下,双曲面镜、椭球面镜和抛物面镜都可以单独作为一个物镜使用。如前所述,抛物面镜是把无限远发来的平行光轴的光线会聚在其焦点上;椭球面镜是把一点发出的光束会聚到另外一点;双曲面镜则是把会聚到一点的光束再会聚到另外一点处。

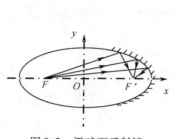

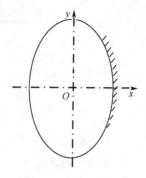

图 9.3 椭球面反射镜   图 9.4 扁球面反射镜

3）双反射镜系统

单球面反射镜或抛物面反射镜的焦点是在入射光路内，若在焦点上放置接收器件则装调很不方便，而且会发生很大的遮挡。为了减小对入射光的遮挡，有利于接收器件的安置，通常在光学系统里加一反射镜，将焦点引到入射光束的一边或主反射镜之外，这就构成了双反射镜系统。在双反射镜系统中，入射光线首先遇到的反射镜称为主镜，第二个反射镜称为次镜。较常用的有牛顿系统、格里高利系统和卡塞格林系统。

（1）牛顿系统。

牛顿系统由一个由抛物面反射镜（主镜）和一块平面反射镜（次镜）构成，如图 9.5 所示。主镜对入射光线起会聚作用，次镜位于主镜的焦点附近，且与光轴成 45°角。次镜的作用是使光线偏转方向，将主镜所成的像引到入射光束的外部（系统的侧面），以便用目镜观察或探测器接收，但次镜要挡掉入射光束的中央部分。无限远轴上点经抛物面反射后，在它的焦点 F 成一理想像点，再经平面反射镜后同样得一个理想像点 F'。

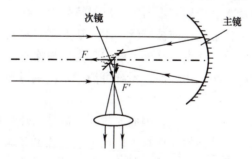

图 9.5 牛顿系统

由于牛顿系统的主镜是抛物面镜，所以对于无限远的轴上物点来说，是没有像差的，其像质只受衍射限制，但对轴外物点像差较大。牛顿系统常用于像质要求较高的小视场的红外系统中。

（2）格里高利系统。

格里高利系统由抛物面镜主镜和位于抛物面焦点之外的椭球面次镜组成，如图 9.6 所示，椭球面的一个焦点与抛物面的焦点重合，而椭球面的另一个焦点便是整个物镜系统的焦点。所以，无限远轴上点经抛物面后在 F_1 处成一个理想像点，再经椭球面理想成像于另一个焦点 F_2。此系统是符合完善成像条件的，即对无限远轴上物点是没有像差的。格里高利系统成正像，但系统较长。

127

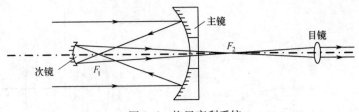

图 9.6　格里高利系统

　　格里高利系统根据消像差的要求也可采用其他的组合。例如，若主镜和次镜都采用椭球面，则系统可同时消球差和彗差等。

　　（3）卡塞格林系统。

　　卡塞格林系统由一个抛物面反射镜（主镜）和一个双曲面反射镜（次镜）组成，如图 9.7 所示。抛物面的焦点和双曲面的虚焦点重合于 F_1。抛物镜面使无限远物点成一完善像于其焦点 F_1，再经双曲面理想成像于实焦点 F_2，即此系统对无限远轴上物点是没有像差的。

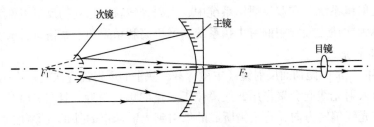

图 9.7　卡塞格林系统

　　卡塞格林系统成倒像，其优点是：镜筒短，主镜和次镜的场面符号相反，有利于扩大视场；焦距长，结构紧凑，会聚光束通过主反射镜的中央孔，使得焦面上便于放置探测器组件。因此，卡塞格林系统目前被广泛采用。缺点是二次曲面的加工较困难。

　　卡塞格林系统目前已被广泛用于红外系统中，为了消除不同像差，已发展有多种结构。例如：主镜用椭球面，次镜用球面，系统可消球差；主镜和次镜都用双曲面时，系统可同时消球差和彗差等。

　　综上所述，牛顿系统的镜筒很长，因而质量大，这是红外装置所不希望的。卡塞格林系统和格里高利系统不但镜筒短，而且可以比牛顿系统更好地校正轴外像差。与格里高利系统相比，卡塞格林系统的次镜挡光较少，镜筒更短，显得比格里高利系统优越。像质好、镜筒短、焦距长、焦点可以在主镜后面这些优点使卡塞格林系统在红外装置中得到广泛的应用。不过，卡塞格林系统成的是倒像，而格里高利系统成的是正像，对红外探测器来说是无所谓的，因为在瞬时视场内正像和倒像无法区别。双反射镜系统的最大缺点是次镜把中间一部分光挡掉，并且随着视场和相对孔径变大，像质迅速恶化。因此，双反射镜系统往往只用在物面扫描的红外装置中，很少用在像面扫描的红外装置中。

9.3.2　折反式物镜系统

　　反射式物镜系统对轴上点来说成像符合理想，但对轴外点来说，有很大的彗差和像散，因此它们的可用视场很有限。为获得较好的像质，反射式系统往往需要采用非球面镜，而非球面镜加工困难，检验也麻烦，致使成本提高，这就促使人们研究改进反射系统。将主镜和次镜仍然采用球面镜，依靠加入校正透镜的方法来校正球面镜的像差，这就构成了折射—反射式物镜系统，简称折反式物镜系统。折反式光学系统多用于要求长焦距大孔径的物镜中，如远距离观察和瞄准仪器。

加入校正透镜虽能校正球面反射镜的某些像差，却带来了色差，因此校正透镜本身应当是消色差的，或做得很薄，以减小色差。红外系统中常用的折反式物镜系统有施密特系统、曼金折反射系统和包沃斯—马克苏托夫系统。

1）施密特系统

施密特系统由一个球面反射镜和一块校正板构成，如图9.8所示。球面反射镜没有色差，将光阑放在反射镜的曲率中心处时，也没有彗差和像散，只产生球差和场曲。在球面反射镜的曲率中心处，放置一块非球面校正板（施密特校正板），其一面为平面，一面为非球面。非球面的中间部分微凸，起正透镜作用，边缘部分微凹，起负透镜作用。校正板的作用是一方面用于校正球面反射镜的球差，另一方面作为整个系统入瞳，使球面不产生彗差和像散，相对孔径可达1:2，甚至达到1:1，视场可达到20°。为避免产生附加的像差，校正板做得很薄。缺点是它的镜筒长度等于主反射镜焦距的二倍，校正板加工很困难，场曲没有校正。此外，校正板还带来色差。

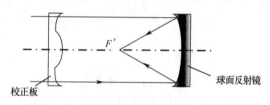

图9.8　施密特系统

2）曼金折反射系统

曼金折反射系统由一个球面反射镜和一个与它相贴的弯月形折射透镜组成，如图9.9（a）所示。对球面反射镜来说，光阑就是它本身，各种像差都有。弯月形折射透镜的作用是要减小球面反射镜的像差，主要是球差和彗差，但色差较大，有时为了校正色差，需要把弯月折射透镜做成双胶合消色差物镜。

弯月形透镜的第二个面的曲率半径做得和球面反射镜一致，不能随意改变，但第一个面的曲率半径可以改变。如果反射镜的相对孔径大时，系统只能校正边缘球差，因此仍有剩余球差存在。曼金折反射系统的弧矢彗差约为类似球面镜的一半。曼金折反射镜的造价低，安装较简单，目前仍被采用。

曼金折反射系统常用在卡塞格林系统中，图9.9（b）为带曼金折反系统的卡塞格林系统。主镜为球面反射镜，曼金折反射次镜做成消色差的组合透镜。如果需进一步减小球差，主镜也可以改用曼金折反射镜，但会增加成本。

3）包沃斯—马克苏托夫系统

如果把曼金折反射系统的球面反射镜和负透镜分开，就构成包沃斯—马克苏托夫系统。这种系统由于多了反射镜和负透镜第二面的间距及透镜第二个面的曲率半径这两个变量，因而可以消去更多的像差，其像质比曼金折反射镜有更大的改进。

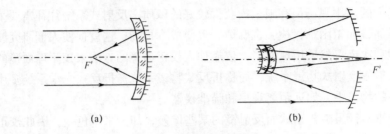

(a)   (b)

图 9.9   曼金折反射系统

图 9.10 是基本的包沃斯—马克苏托夫系统，由一个球面反射镜和一个弯月形校正透镜组成。把弯月形折射透镜向球面反射镜移动，并在校正透镜的中央部分镀上铝反射膜作次镜用，使主镜的像在形成之前就被铝膜反射到主镜的右方。由两个球面构成的弯月形透镜，也能校正球面反射镜产生的球差和彗差。这种校正透镜称为马克苏托夫弯月镜，相对孔径一般不大于 1:4，视场为 3°。

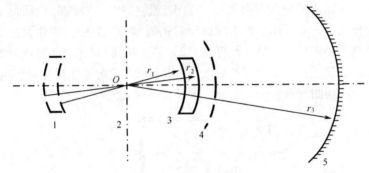

图 9.10   包沃斯—马克苏托夫系统

1—校正透镜的交替位置；2—孔径光阑；3—校正透镜；4—焦面；5—球面反射镜。

三个面的曲率中心都取在同一点 O，光阑就位于这个共同的曲率中心处。这种系统的优点和光阑位于曲率中心的单球面反射镜一样，即通过曲率中心的任一条直线都可以认为是系统的光轴，因此彗差、像散和畸变都为零。同心的校正透镜的作用是校正球面反射镜的球差，但会引入一些色差。系统的像面呈弯曲状，整个像面位于一个曲率半径等于系统焦距的曲面上。包沃斯—马克苏托夫系统的校正透镜也可以放在孔径光阑前面，如图 9.10 中的虚线所示，但其曲率中心必须在反射镜球心上。

包沃斯—马克苏托夫系统像质虽好，但由于焦点在球面反射镜和校正透镜之间，接收器必然造成中心挡光，并且使用不方便，为此发展成包沃斯—卡塞格林系统。这种系统把校正透镜的中心部分镀上铝、银等反射膜作次镜用，将焦点移出主反射镜之外，如图 9.11 所示。

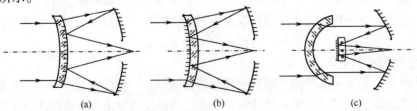

(a)   (b)   (c)

图 9.11   包沃斯—卡塞格林系统

9.3.3 透射式物镜

虽然在红外系统中一直广泛采用反射式物镜。但是，其像质不能满足大视场大孔径成像的要求，加上红外光学材料的增多，势必促使人们重新考虑透射式物镜。透射式物镜结构简单，装校方便，其主要优点是无挡光，加工球面透镜较容易，通过光学设计易消除各种像差。近年来，开始更多地采用锗、硅等大视场和小型化的红外透射光学系统，并得到良好的像质，如图9.12所示。但这种光学系统光能损失较大，装配调整比较困难。

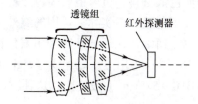

图 9.12　透射式成像物镜系统

透射式物镜可以由单片构成，也可以由多片组成（组合透镜）。单折射物镜是最简单的透射式物镜，可应用于像质要求不太高的红外辐射计中。为了减小单透镜的球差和色差，可以做成组合透镜。

根据目前可用的红外光学材料，已经设计制造出许多红外波段应用的透射式物镜系统，透镜系统的结构型式如图9.13所示。

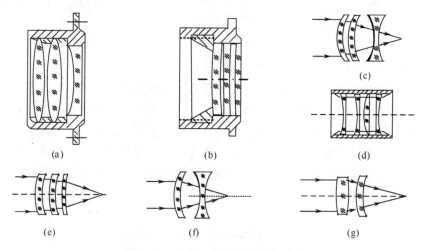

(a)　　　　　(b)　　　　　(c)　　(d)　　(e)　　(f)　　(g)

图 9.13　组合红外透镜系统的型式

1）单折射透镜

单折射透镜是最简单的透射物镜，它可应用于像质要求不太高的红外辐射计中。这种物镜一般应满足最小球差条件，球差和正弦差均较小，孔径像差较小，但不适合用于大视场。当红外工作波段宽时，色差也较严重，适用于工作波段不宽，且配上干涉滤光片使用。某红外辐射计中所用锗物镜就是一个单个弯月形物镜，与之配合的探测器表面又加入了浸没透镜，热敏电阻探测器紧贴在浸没物镜上，如图9.14所示。

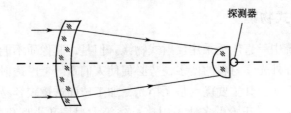

图 9.14　红外辐射计中所用单透镜物镜

2）双胶合物镜和双分离消色差物镜

双胶合物镜中正透镜用低色散材料，负透镜用高色散材料，除了能校正球差、正弦差并保证光焦度外，还可以校正色差。但实际上可用的红外材料不多，通常把两个透镜分开，中间有一定的空气间隔。通常，在近红外区采用氟化钙和玻璃，中远红外区采用硅和锗作为透镜材料。图 9.15（a）为用热压氟化镁（MgF_2）和热压硫化锌（ZnS）做成的双分离消色差物镜，在 $3.0 \sim 5.5\,\mu m$ 波段使用。这种物镜的缺点是装调较困难。

3）多组元透镜组

为了达到较大的视场和相对孔径，红外物镜必须复杂化，需要增加透镜个数，并采用合理的结构形式，如图 9.15（b）所示的（Ge－Si－Ge）三透镜组和图 9.15（c）所示的 Ge 的四透镜组。

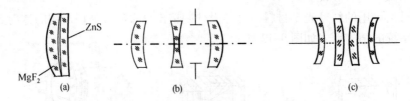

图 9.15　组合透镜

从设计角度看，红外物镜的设计与可见光光学系统没有本质的区别，但在设计透射式和折反式物镜时，要特别注意光学材料的选择，因为透镜系统的像差和色差与材料的折射率 n 及色散有关。不同材料对不同波段有不同的透过率，这些都要精心考虑，设计时要参考有关的材料手册。还有，红外系统还存在冷反射的问题，即被冷却的探测器在系统中经过各种表面的反射，还有可能成像在像面附近，影响了系统的质量，必要时也应该进行冷反射的计算。

9.4　红外辅助光学系统

红外系统接收器为对红外光敏感的探测器如碲镉汞、锑化铟等。探测器尺寸一般都比较小，一般只有十分之几毫米到几毫米，这使得物镜系统在焦距一定的情况下所对应的物方视场角很小。若光学系统的焦距 f' 较长、视场 ω 较宽、入瞳直径 D 较大时，要求探测器尺寸也相应地加大，但探测器尺寸大时噪声就大，整个红外系统的信噪比就会降低。为了实现对大视场目标和景物成像，必须在上述红外接收物镜系统后面使用红外辅助光学系统或扫描光学系统，才可以在不降低探测器信噪比的前提下，实现大视场的搜索与成像。

辅助光学系统通常是指放置在物镜之后，与探测器相联系的场镜、光锥和浸没透镜等二次聚光元件。这些光学元件将光束会聚后再传送到探测器，可以在物镜系统视场较宽、焦距较长、入瞳较大的情况下将尽可能多的光能聚集到尺寸较小的红外探测器的光敏面上。

9.4.1　场镜

场镜被广泛地应用于可见光和红外光电系统中。场镜通常加在像平面附近，它可在不改变光学系统光学特性的前提下，改变成像光束位置。它在红外光学系统中的第一个作用是扩大视场。在大多数红外辐射计、红外雷达系统的红外光学系统中，常需要在光学系统焦平面上安放调制盘，这样探测器就不得不放在焦平面后几个毫米的地方，致使探测器上所接收的光束增大。为了不增加探测器的光敏面积以免增加噪声，可在焦平面后放置一块正透镜（场镜），使全视场主光线折向探测器中心，就可以用较小的探测器接收到更大视场范围内的辐射能量，如图9.16所示。

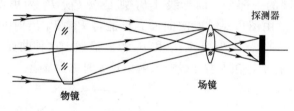

图 9.16　场镜

场镜的另一作用是使会聚到探测器上的辐照度均匀化。场镜是把物镜出瞳成像在探测器上，使焦平面上每点发出的光线都充满探测器，从而使探测器光敏面上辐照度分布均匀，减小了探测器产生虚假信号的概率。

场镜还有其他一些作用。当系统光路很长时，使用场镜可以减小系统的体积和渐晕现象；当两个光学系统组合时，在前组的像平面上安放场镜，可以减小后组的通光口径；在本是曲面的像面附近加一平像场镜，能使像面变成平面，从而可使用较易制作的平面探测器。

9.4.2　光锥

光锥是一种锥形的聚光元件，内壁具有高反射率，分为空腔光锥或由一定折射率材料形成的实心光锥两种。它的大端放在光学系统焦平面附近，收集光线并依靠光锥内壁的连续多次反射把光能传递到小端，小端端口放置探测器，这样就可以用较小尺寸的探测器收集进入大端范围的光能。实心光锥光线传播情况如图9.17所示。

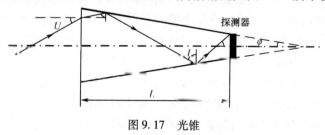

图 9.17　光锥

实际使用中也采用场镜与光锥的组合来提高系统的聚光效果。图9.18（a）是空心光锥加场镜；图9.18（b）则是将场镜与实心光锥做成一体，来自物镜的大角度光线先经场镜会聚再进入光锥大端，减小进入光锥的入射角。也就是说，组合结构的临界入射角将高于单个光锥的临界入射角，有利于收集更大范围内的光能。

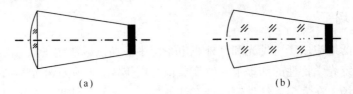

(a)   (b)

图9.18　场镜与光锥组合

为了减少光线在光锥中的反射次数，降低反射或吸收损耗，有时还采用各种二次曲面（球面、椭球面、抛物面、双曲面）构成二次曲面光锥来取代直线光锥。图9.19表示一个椭球面光锥，图9.19（a）中的 P_1、P_2 为物镜的出瞳，光锥的母线 A_1B_1 恰是以 P_2、B_2 为焦点的椭圆的一部分，而母线 A_2B_2 则是以 P_1、B_1 为焦点的椭圆的一部分（参见图9.19（b））。由图可见，二次曲面光锥能将 P_1、P_2 出射的光线经 A_2B_2 面和 A_1B_1 面一次反射后分别会聚于小端的 B_1 和 B_2 点。显然，这种曲面光锥的聚光性能要比直线光锥好很多，特别是在入射光线的入射角较大时更为显著。

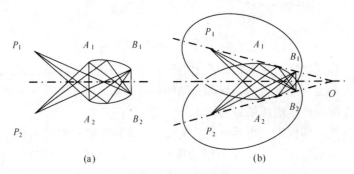

(a)   (b)

图9.19　椭球面光锥

9.4.3　浸没透镜

浸没透镜是一种高折射率球冠状透镜，其前表面为球面，后表面为平面，平面与探测器光敏面用胶合剂粘接在一起，如图9.20所示。它将光线会聚后射入探测器，可以有效地缩小探测器的尺寸，提高信噪比。红外系统探测器前加入的浸没透镜一般用 Ge、Si 等高折射率红外材料制成。

浸没透镜的加入改变了光线进行的方向，像的位置发生了变化，如图9.21所示。设浸没透镜前的介质折射率为 n，浸没透镜的折射率为 n'，透镜球面半径为 r，浸没透镜厚度为 d。光线 AP 在没有浸没透镜时成像于 B 处，在加入浸没透镜后将成像在 B' 处，则物距 $OB = l$，像距 $OB' = l'$。根据单个折射球面的成像公式和初级像差理论可知，单个折射球面在三个共轭点没有球差，其位置为：

（1）物点和像点部位于折射球面的顶点，即 $l = l' = 0$；

（2）物点和像点都位于折射球面的球心，即 $l = r = l' = d$；

（3）物距和像距分别为 $l = \dfrac{n' + n}{n} r$，$l' = \dfrac{n' + n}{n'} r = d$。

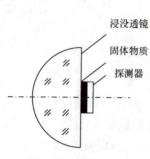

图 9.20　浸没透镜

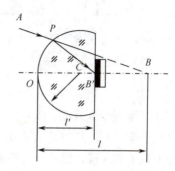

图 9.21　浸没透镜成像

上述第一种情况是没有实用意义的，而满足（2）、（3）条件的两对共轭点，则能对任意宽的光束成完善像，这两对共轭点称为齐明点或不晕点。按齐明条件（2）、（3）设计的浸没透镜分别称为半球型浸没透镜和标准超半球型浸没透镜，如图 9.22 所示。

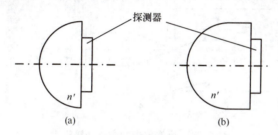

图 9.22　浸没透镜原理图
（a）半球；（b）超半球。

使用半球型浸没透镜可以使探测器的尺寸减小 n' 倍，光敏面面积缩小至原来的 $1/n'^2$；而使用标准超半球型浸没透镜则可以使探测器的线尺寸减小 n'^2 倍，光敏面面积缩小至原来的 $1/n'^4$。当用高折射率材料，如锗（$n = 4$），那么浸没透镜的作用是相当有效的。由于这两种浸没透镜没有像差，故可以供已校正好像差的物镜系统直接使用。实际上由于粘接材料的折射率较低，必须考虑全反射问题，粘接材料一般为硒。另一种方法是镀膜后在较低温度的热压下将浸没透镜与探测器直接光胶起来，使其保持光学接触。

由于浸没透镜是由单折射球面和平面构成，故可将其成像看成是单个球面折射成像。而单个折射球面成像是有像差的，在设计浸没透镜时必须考虑到这一点；否则，虽然探测器的尺寸缩小了，但却增大了光学系统的像差。适当选择共轭点位置，可以消除宽光束小视场的像差，但实际上还是要考虑和主光学系统像差的匹配，使包括浸没透镜的整个系统达到最好的校正。

9.4.4　中继光学系统

中继光学系统能把像沿轴向从一个位置传送到另一个位置，如图 9.23 所示，通过中间元件把图像从 I_1 传送到 I_2。在传送过程中，它能使图像成正像或成倒像。

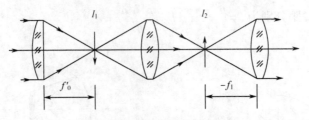

图 9.23　中继光学系统

连续使用一系列中继透镜，就可使图像沿一条直径限定的长管进行传送。图 9.24 表示一种热像仪光学系统，其中使用了放大率为 1 的中继透镜组 5。热像仪所观察的物体上的各点经球面镜 1 和次镜 2 以及旋转折射棱镜 3 的扫描后，都将依次成像在轴上同一点。该点位于棱镜后面不远的地方，即图中光阑 4 所在的位置。如果将探测器安放在这个位置，在结构安排上有一定困难，而且这时杂光干扰太大。中继透镜组 5 能将图像以 1 倍的放大率沿轴向移动适当的距离，成像于探测器 6 上，避免了结构安排上的麻烦。

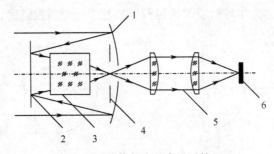

图 9.24　热像仪中的中继透镜组

9.4.5　前置望远系统

在采用平行光束扫描的热成像系统中，为减小光学扫描部件的尺寸，在成像物镜前增加一套前置望远组。前置望远镜组由物镜组和准直镜组构成，物镜组像方焦点与准直镜组物方焦点重合。加上前置望远镜后，对于成像物镜来说，入射光束口径变小，视场变大。这样，可以缩小反射镜或反射镜鼓等扫描部件的尺寸，有利于仪器小型化及提高扫描速度；另外，也可降低因衍射而带来的像点弥散斑尺寸，有利于提高像质。扩大视场则可以提高行扫描效率，从而增大总扫描效率。加入前置望远镜后，可以极大地改善系统的性能、结构，图 9.25 为一个应用实例。

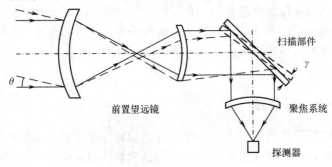

图 9.25　前置望远系统及其应用实例

9.5 光机扫描系统

单个红外探测器所对应的红外光学系统的瞬时视场角通常是很小的，一般只有零点几个毫弧度或几个毫弧度，不能满足诸如成像、搜索、测绘等实际应用的要求。为了扩大视场，除使用列阵器件外，目前较成功的是使用光学机械扫描的方法。这种扫描是用机械传动光学扫描部件来完成的，所以称为光学机械扫描，简称光机扫描。它利用扫描部件使小视场的光学系统按照一定的规律对较大的视场进行扫描。

9.5.1 两种基本扫描方式

扫描方式一般分为平行光束扫描和会聚光束扫描两种。

1. 平行光束扫描

平行光束扫描是在平行光路中插入扫描器。这里，扫描器通常是置于会聚光学系统前面，或者置于无焦望远镜形成的压缩平行光束中，用以改变光线角度来对被测量物进行扫描，又称物方扫描。图 9.26 给出了平行光束扫描的例子。

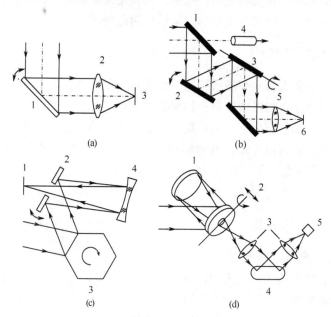

图 9.26　物扫描

（a）1—摆镜；2—聚光灯；3—探测器；

（b）1—分色镜；2—帧扫描镜；3—行扫描镜；4—可见光瞄准器；5—透镜；6—探测器；

（c）1—探测器；2—帧扫描摆镜；3—行扫描镜旋转反光镜；4—聚光镜；

（d）1—聚光镜；2—扫描镜；3—透镜；4—反光镜；5—探测器。

2. 会聚光束扫描

会聚光束扫描是在会聚光学系统所形成的会聚光束中插入扫描器，扫描器被置于会聚光学系统和探测器之间的光路中，对像方光束进行扫描，又称像方扫描，如图 9.27所示。会聚光束扫描器可以做得较小，易于实现高速扫描。但这种扫描方式需要使用后截距长的聚光光学系统，而且由于在像方扫描，将导致像面的扫描散焦，所以对聚光光学系统有较高的要求。扫描视场不宜太大，像差修正比较困难，扫描角度易受到限制。在前视红外系统中，一般都采用会聚光束扫描。这是因为会聚光束扫描能适应高速扫描的要求，能缩小光学系统的尺寸，适应军事装备的体积要求。

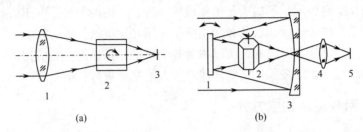

图 9.27　像扫描

(a) 1—透镜；2—旋转折射棱镜；3—探测器；

(b) 1—次镜；2—旋转折射棱镜；3—主反射镜；4—场镜；5—探测器。

两种扫描方式各有利弊。物方扫描的光学系统视场小，容易设计制造高质量的物镜，但实现扫描的机械装置比较复杂、笨重，尤其是二维扫描。像方扫描虽有扫描部分简单、轻巧的优点，但大视场高质量的物镜设计制造较困难。

9.5.2　光机扫描机构

对扫描器的基本要求是：扫描器转角与光束转角呈线性关系；扫描器扫描时对聚光系统像差的影响尽量小；扫描效率高；扫描器尺寸尽可能小，结构紧凑。

常用的光机扫描部件有以下几种：摆动的平面反射镜，旋转的多面体反射镜鼓，旋转的折射棱镜，旋转的折射光楔，其他扫描部件（如旋转的 V 型反射镜、摆动的探测器列阵等），它们单独或组合成为常用的几种扫描机构，如图 9.28 所示，其中最常用的是图 9.28 中的 (a)、(b)、(c) 三种。

9.5.3　光机扫描方案

1）旋转反射镜鼓做二维扫描

能兼作行扫、帧扫的反射镜鼓如图 9.29 所示。它是一个多面体，其每一侧面与旋转轴构成不同的倾角 θ_i。例如：第 1 面倾角 $\theta_1 = 0$，第 2 面倾角 $\theta_2 = \alpha$，第 3 面 $\theta_3 = 2\alpha$，第 i 面 $\theta_i = (n-1)\alpha$，…。这样，当第一面扫完一行转到第二面时，光轴在列的方向上也偏转了 α 角。若使 α 角正好对应于探测器面阵（或并扫线阵）在列方向的张角，则这个单一的旋转反射镜鼓就可兼有二维扫描的功能。这种方案结构紧凑，帧扫描效率很高，适于中低档水平的热像仪和手持式热像仪采用。反射镜鼓的反射面系绕镜鼓的中心轴线旋转，致使反射面位置有相对于光线的位移。这种位移若出现在会聚光路中，则会产生"散焦"现象，影响像质。故反射镜鼓多用在平行光路中。

2）平行光路中旋转反射镜鼓与摆镜组合

图 9.30 所示的机构是由旋转反射镜鼓做行扫、摆镜做帧扫的实例。镜鼓、摆镜均在平行光路中，其外形尺寸必须保证有效光束宽度 D_0 和所要求的视场角 2ω，故比

较庞大，加之摆镜运动的周期性往复以及其在高速摆动情况下使视场边缘不稳定，不宜高速扫描。这种二维扫描机构无附加像差，实施容易。

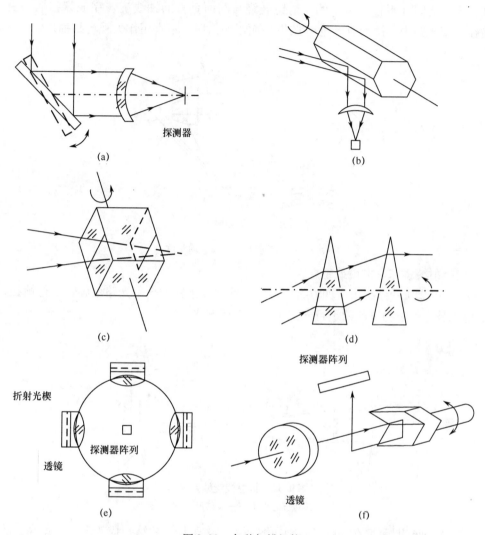

图 9.28　各种扫描机构

（a）摆动平面反射镜；（b）旋转反射镜鼓；
（c）旋转折射棱镜；（d）旋转光楔；（e）旋转透镜；（f）旋转 V 型透镜。

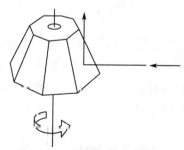

图 9.29　产生带扫描的多面镜鼓

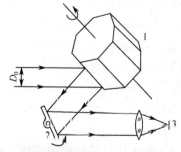

图 9.30　旋转反射镜鼓作行扫描，摆镜作帧扫描

1—反射镜转鼓；2—摆镜；3—探测器。

3）平行光路中反射镜鼓加会聚光路中摆镜

图9.31所示的机构是由会聚光路中的摆镜绕图平面内的轴线 *OO* 摆动完成帧扫描，由准直镜组之间（平行光路）的反射镜鼓绕与图面垂直的轴线旋转完成行扫描。由于摆镜在会聚光路中，摆动时产生"散焦"而影响像质，不宜用作大视场扫描。

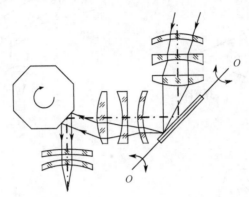

图9.31 会聚光束摆镜扫描系统

4）折射棱镜与反射镜鼓组合

在图9.32所示系统中，四方折射棱镜在前置望远镜的会聚光路里旋转执行帧扫描，而反射镜鼓2位于物镜前的平行光路里旋转做行扫描。

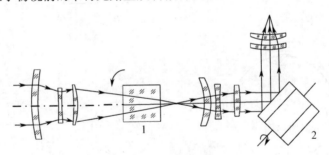

图9.32 折射棱镜帧扫描
1—旋转折射棱镜；2—旋转反射镜鼓。

前者转轴与图面垂直，后者转轴在图面内。由于折射棱镜扫描效率比摆镜高，故这种组合的总扫描效率比前面方案高。加之反射镜鼓处在经望远镜压缩的平行光路中，故尺寸可以相对减小。但折射棱镜在会聚光路中产生像差，且折射棱镜要旋转，系统像差设计较难。如果设计得当，可用于大视场及多元探测器串并扫的场合。

5）会聚光路中两旋转折射棱镜组合

图9.33所示结构是由会聚光路中两旋转的折射棱镜组合完成二维扫描。其中：帧扫描棱镜在前，转轴与图面垂直；行扫描棱镜在后，转轴在图面内且与光轴正交。二者棱面数量一样，以使水平视场与垂直视场的像质相当（图示为八棱柱体）。由于行扫描棱镜入射面靠近物镜焦平面，这里光束宽度变窄，故其厚度尺寸可以小些，使之易于实现高速旋转，达到高速扫描。

这种系统的最大优点是扫描速度快，扫描效率高（帧频可达25Hz；若用多元探测器，帧频可达50Hz）；缺点是像差设计困难。由于它的高帧频特点，使之能与普通电视兼容，因而成为高速热像仪采用的扫描方案，如现在最具代表性的高速热像仪 AGA 系列（瑞典）。

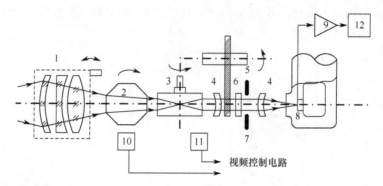

图 9.33　某型热像仪中会聚光路中两旋转的折射棱镜组合二维扫描
1—物镜；2—帧扫棱镜；3—行扫镜；4—聚光透镜；5—调制器；6—滤光片；7—光阑；8—探测器；
9—前置放大器；10—帧扫同步脉冲磁传感器；11—行扫同步脉冲磁传感器；12—阴极射线管。

6）两个摆动平面镜组合

用两个摆轴互相垂直的平面镜可构成二维扫描机构，其中：一个完成行扫描，另一个完成帧扫描。单元探测器光机扫描热像仪即为一例。由于摆动平面镜可安置在平行光路或会聚光路中，给系统方案设计留有较多的选择余地。但由于摆镜稳定性差，不宜做高速扫描。

实际应用的扫描机构还有旋转 V 型镜、旋转多面体内镜鼓、旋转物镜序列、摆动探测器列阵等。

9.6　典型军用红外光学系统

下面介绍几种典型军用红外光学系统，通过对这些典型系统的分析，使我们对红外光学系统的组成、功能等各个方面有一个概貌的了解。

9.6.1　红外测温光学系统

我们知道，温度高于绝对零度的物体都会产生红外辐射，红外辐射特性与物体表面温度有着密切的联系。所以，测定物体的红外辐射特性就可以准确地确定物体表面温度，在工农业生产如炼钢生产、机械加工等领域内应用很广。红外测温是温度检测的一种新技术。红外辐射测温具有下列 4 个特点。

（1）不必接触被测物体，也不会影响被测目标的温度分布。这样，对于远距离目标、带电的目标以及其他不可接触的物体都可用红外非接触测温。

（2）反应速度快。它不必像一般热电偶、点温度计那样需要与被测物体达到热平衡，它只要接收到目标的辐射就可以了。测温的速度取决于测温仪表自身的响应时间，这个时间一般在千分之几秒以内。

（3）灵敏度高。只要目标有微小的温度差异就能分辨出来，目前测温仪的温度分辨率可达 0.05℃ ~ 0.1℃。

（4）温度范围宽。可以测量负几十度到两千度以上的温度。

红外测温依据不同的测量原理分成不同类型，如全辐射测温、亮度法测温、双波段测温等，但各类测温方法所采用的光学系统有许多共同之处。图 9.34 给出的就是一个红外测温仪光学系统的实例。

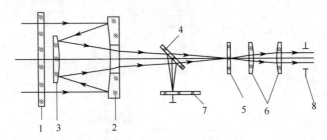

图 9.34　红外测温光学系统

1—窗口；2—主镜；3—次镜；4—分光片；5—分划板；6—目镜；7—调制盘；8—出瞳。

如图 9.34 所示，目标光线通过双反射系统主镜、次镜的反射后，经分光片 4 分成两路，反射红外光通过调制盘 7 成像在红外探测器件上，透射的可见光成像在分划板 5 上，人眼通过目镜 6 进行观察、瞄准。主镜与次镜的间隔可在 $-55 \sim -74.71\text{mm}$ 的范围内调节，以保证距离在 $50 \sim 500\text{mm}$ 内的目标能被准确地瞄准与测温。

由于系统成像质量要求不高，所以可采用如下设计：主光学系统采用双反射球面系统，有利于降低成本；观察系统采用简单的冉斯登目镜，两凸面半径相同，具有良好的工艺性。

9.6.2　红外跟踪光学系统

红外跟踪系统是接收远距离目标的红外辐射并跟踪其位置的系统。它采用调制盘或多元探测器进行扫描，产生目标位置的误差信号，由此误差信号驱动伺服系统使仪器不断修正方向对准目标。它主要用于导弹和飞行器的制导等军事方面。

下面给出一个双反射主系统和光锥、浸没透镜组合的红外跟踪系统的实例。

如图 9.35 所示，主系统采用卡塞格林系统，主镜为抛物面，次镜为双曲面，主系统焦平面位于主镜之后。光线先经主镜反射，再经次镜反射，再由主镜中间的洞中穿出到达焦平面。焦平面上安置可绕 AA' 轴旋转的调制盘。该系统采用 $\phi 4\text{mm}$ 的硫化铅器件，工作波长为 $1 \sim 3\mu\text{m}$，中心波长为 $1.8\mu\text{m}$，相对孔径为 $1:1.45$，视场角 $2\omega = \pm 1.5°$，主系统焦距为 $f' = 334\text{mm}$。由于相对孔径很大，焦平面尺寸也较大。为了使光线聚焦到尺寸较小的探测器表面上，该系统采用了空心光锥和浸没透镜，硫化铅元件用高折射胶直接胶粘在浸没透镜后表面中心。浸没透镜采用锗材料，保护窗口采用 HWC21 红外玻璃材料。

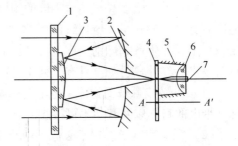

图 9.35　红外跟踪光学系统

1—保护窗口；2—主镜；3—次镜；4—调制盘；5—光锥；6—浸没透镜；7—探测器。

142

9.6.3 主动红外夜视系统

1. 概述

主动红外夜视系统是用红外变像管作为光电转换器件，并且在工作时必须有红外辐射源照明场景的直视夜视系统。它用近红外光束照射目标，将目标反射的近红外辐射转换为可见光图像，实现有效的"夜视"，故它工作在近红外区。这种系统最早应用于第二次世界大战期间，具有背景反差好、成像清晰以及不受外界照明的影响等优点，因此，迄今为止主动红外夜视系统在军事、公安和其他许多部门都仍有大量应用。但是，由于它自带光源而易于暴露，近年来各国又发展了被动成像夜视系统。

主动红外夜视仪主动红外夜视仪一般由5部分组成，即红外探照灯、成像光学系统、红外变像管、高压转换器和电池（见图9.36）。

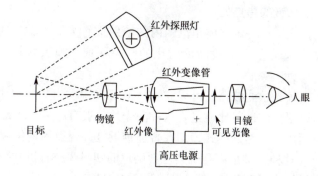

图9.36 主动红外夜视系统工作原理

红外探照灯发出一束近红外光照射目标，由成像光学系统的物镜组接收被目标反射回来的红外辐射，成像于红外变像管的光电阴极上。由于银氧铯（Ag-O-Cs）光电阴极的外光电效应，把红外光学图像变成相应的光电子图像，再通过红外变像管中的电子光学系统，使光电子加速、聚焦和成像，以密集、高速的电子束流轰击变像管的荧光屏，在荧光屏上形成可见光图像。于是，人眼即可通过目镜观察到放大后的目标图像。

由于系统自身携带灯源而"主动照明"目标，而使这类系统在工作时不受环境照明的影响，可以在"全黑"条件下工作，如照相暗室等。同时，若使探照灯以小口径光束照射目标，就可在视场中充分突出目标的形貌特征，以更高的对比度获得清晰的图像。另外，主动红外夜视仪技术难度较低，成本低廉，维护、使用简单，容易推广，图像质量较好，在军事上仍得到应用，如夜间观察、瞄准、车辆驾驶、舰船夜航等。但主动红外夜视仪的缺点也很突出，其中：最致命的是容易暴露自己；它体积较大，耗电较多；观察范围只局限于被照明的区域，视距还受探照灯尺寸和功率的限制等。在军事应用的某些场合下，目前大多采用主被动结合的方式工作，即：用被动系统捕获目标后，再用窄视场探照灯光束照射目标，用主动系统进行更清晰的观察。

2. 红外探照灯

红外探照灯为主动红外夜视仪提供观察场景照明，是主动红外成像系统的重要组成部分之一。目前使用的探照灯大都由红外光源、抛物面反射镜、红外滤光片、灯座和调焦机构几个部分组成，如图9.37所示。在座架上固定物面反射镜，在反射镜的焦点处安装光源，红外滤光片遮住整个光输出面，只允许近红外辐射通过，同时也起到保护玻璃、防尘、防潮作用等。调焦部分可使焦点处的光源沿探照灯轴向做小距离移动，以调节探照灯的光束发散角，如更换反射镜或光源时也可用它做适当调节，以确保使用要求。座架由轻金属合金制成，内壁涂黑以吸收杂散辐射。

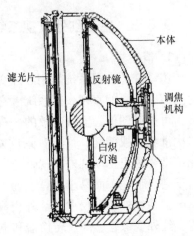

图 9.37　红外探照灯

在主动红外夜视仪器中，常用的红外光源有电热光源（如卤钨灯）、气体放电光源（如高压氙灯）、半导体光源（如砷化镓发光二极管）、激光光源（如 YAG 激光器、GaAs 激光二极管）等。光源一般安置在抛物面反射镜的焦点处。

抛物面反射镜把光源在一定立体角范围内的辐射准直为沿光轴方向传播的平面波。它一般是在玻璃或金属镜基上蒸镀高反射比的膜层而成。膜层材料可用银、铝、金、铜等。

红外滤光片是一种光学滤波器，可以滤除探照灯光源发出的辐射中的可见光部分，而只让近红外辐射以很高的透射比通过。这种滤光片一般有两类：一是玻璃类，是透近红外的玻璃经着色而成；二是贴膜式，即在普通透近红外辐射的钢化玻璃上贴以吸收可见光的膜层而制成（这种膜层是用有机染色剂染色的塑料膜或有机胶膜）。

灯座后的调焦机构可以调节探照灯照明光束的发散角，在更换光源或反射镜后亦可调节。

3. 红外夜视成像光学系统

主动红外夜视系统为直视观察系统。它的光学系统由物镜组和目镜组构成，物镜是强光力的透射式物镜或折反式物镜；目镜具有一定的放大倍率，且一般出瞳直径很大。由于在物镜与目镜之间设置有变像管，故物镜与目镜的光束限制要分别考虑。在考虑物镜系统的光束结构时，物镜框被视为孔径光阑，光阴极面的有效范围成为视场光阑的通孔。而考虑目镜系统时，变像管荧光屏的有效面积决定了目镜的视场角，人眼瞳孔是它的出瞳。可见，由于红外变像管的存在，使射向物镜的光线与自目镜出射的光线不再一一对应，成像光束的结构失去了连续性，因而整个光学系统不能连成一体来考虑入瞳与出瞳的共轭关系。系统的光学性能如放大率、分辨力、视场等在概念上与普通光学系统相同，只是在光学设计时消像差范围要与光电成像器件光阴极灵敏度范围相吻合。

物镜的功能是把目标成像于像管的光阴极面上；目镜的功能是把像管荧光屏上的像放大，使人眼观察舒适。下面分别介绍成像系统对物镜和目镜的基本要求。

对物镜的要求包括：①有大相对孔径和大通光口径，以获得大的像面照度，提高微光下的信噪比；②有最小渐晕，以使光阴极上产生均匀照度；③宽光谱范围，以校正色差；④低频下有好的调制传递特性。

对目镜的要求包括：①合适的焦距；②足够的视场；③合适的出瞳距离和出瞳直径；④适当的工作距离（目镜前表面和前焦点之间的距离），以保证工作时视度调整。

此外，因为目镜视场大，轴外像差是影响像质的重要因素；又由于口径大，球差和彗差也要校正。校正像差的波长由荧光屏的光谱特性和人眼在低光度下的光谱光视效率决定。

图9.38为某红外夜视光学系统原理图，L_1为望远物镜，L_2为观察目镜。在望远物镜的像面和观察目镜的物面之间加入一红外变像管，其作用是把红外光所成的图像变成可视光图像。为了使红外变像管的接收灵敏面能获得均匀的像面光照度，望远物镜应尽量设计成像方远心系统，以减小物镜轴外像点的像方视场角。物镜 L_1 所成的不可见图像 y 应和变像管的接收靶面重合，y' 经红外变像管后成倒像为 y''，y'' 应与变像管的显示屏重合，经目镜放大后供人眼观察。因为 y'' 可看成是自发光图像，目镜的光阑位置可单独考虑直视型或 L 型。这样，才能保证在目镜观察处观察到清晰的红外图像。

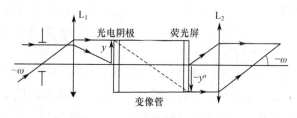

图9.38 红外夜视光学系统

9.6.4 红外热像仪

1. 概述

热像仪收集目标上各点的红外辐射，经过光谱滤波和光学扫描聚焦到探测器列阵上，探测器将强弱不等的辐射信号转换成相应的电信号，然后经过放大和视频处理，形成视频信号，最终在监视器上显示出目标的空间图形。虽然它反映的是目标各点温度的差异，但与可见光景物十分相似。它反映了目标各部分的热分布和各部分发射本领的差异，所以可根据所成的热像分析目标各部分的状况。

热像仪在军事上得到了广泛应用。陆军已将其用于夜间侦察、瞄准、火炮及导弹火控系统、靶场跟踪测量系统；空军已将其用于夜航、空中侦察及机载火控系统；海军已将其用于夜间导航、舰载火控及防空报警系统。星载热像仪可用于侦察地面和海上目标，也可用于对战略导弹的预警等领域。

热像仪的温度分辨力很高（0.01~0.1℃），使观察者容易发现目标的蛛丝马迹。它工作于中、远红外波段，使之具有更好的穿透雨、雪、雾、霾和常规烟幕的能力（相对于在可见光和近红外区工作的装备而言）；它不怕强光干扰，且昼夜可用，使之更适用于复杂的战场环境；由于它在常规大气中受散射影响小，故通常有更远的工作距离。例如：步兵手持式热像仪作用距离为 2 ~ 3km；舰载光电火控系统中的热像仪，对海上目标跟踪距离约 10km，地—空监视目标距离为 20km。也正由于它以中远红外辐射为信息载体，故具有很好的洞察掩体和识破伪装的本领。热像仪输出的视频信号可以多种方式显示（黑白图像、伪彩色图像、数字矩阵等），可充分利用飞速发展的计算机图像处理技术方便地进行存储、记录和远距离传送，这是个宝贵的优势。

为达到高分辨率和广视场角，热成像系统大都采用扫描的方法。扫描成像方式有三类：

（1）光机扫描成像，它是用机械扫描机构和红外探测器对视场内景物一部分一部分地摄像，将景物红外辐射变成电信号，然后将此电信号进行放大、处理，再经过显示装置显示出景物的可见热图像；

（2）电子束扫描成像，它是将景物的整个观察区域一起成像在一摄像管的靶面上，然后由电子束沿靶面扫描，检出图像信号，再经显示装置显示出景物的可见热图像；

（3）固体自扫描成像，它是采用阵列探测器大面积摄像，通过采样使各探测器单元所感受到的景物信号依次送出，固体自扫描系统也称为凝视式系统。

2. 光机扫描型热像仪

热像仪的红外光学系统把来自目标景物的红外辐射聚焦于红外探测器上，探测器与"相应单元"共同作用，把二维分布的红外辐射转换为按时序排列的一维电信号（视频信号），经过后续处理，变成可见光图像显示出来。这就是热像仪的工作流程。其中，"相应单元"的作用就是"扫描"。

图9.39是采用单元探测器的光机扫描热像仪原理图。它以摆动轴正交的两块摆动平面反射镜分别完成水平和铅垂方向的扫描，扫描运动由各自的摆动电机带动，其中沿水平向的扫描称为行扫描。行扫描镜上装有同步信号发生器，其输出电压标示每一瞬时行扫描镜的角坐标，并以此信号来控制显示器的电子束做同步偏转。因而，当行扫描镜完成对景物平面一个水平条带的扫描时，显示器就相应地呈现热图像的一行。此时高低扫描镜被驱动，使光轴在铅垂方向下偏一行所对应的角度。同时，高低扫描镜上的同步信号发生器控制显示器的电子束相应偏转，行扫描镜也回到起始位置，准备做下一行扫描。这样循环往复，扫完一帧，显示器上就会呈现出景物的热图像。

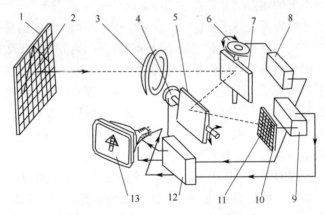

图9.39　单元光机扫描热像仪原理图

1—物平面；2—箭头形物；3—物镜；4—高低同步器；5—高低扫描平面镜；6—水平同步器；
7—水平扫描反射镜；8—水平同步信号放大器；9—前放及视频信号处理器；10—像平面；
11—单元探测器；12—高低同步信号放大器；13—显示器。

如果采用多元探测器构成线阵来进行光电变换，相当于在垂直方向上以多元线列探测器来分割景物的图像，就可以只在水平方向上靠光机扫描来实现图像的分割，如图9.40所示。它以多元线列探测器上下贯穿热像仪的像面跨度，而用水平方向的扫描镜来扫满系统在水平面内的视角。由于此类热像仪技术难度相对适中，工艺成熟，性能较好，故应用很多，是当前热像仪中占有份额最大的一种类型。它弥补了图9.39所示系统因采用单元探测器所带来的缺陷（响应速度、灵敏度等基本限制），同时又回避了制作大面阵器件所面临的技术困难。

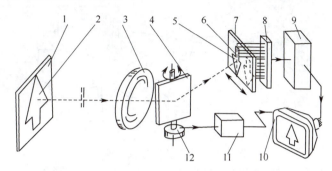

图 9.40　光机扫描和 CCD 混合型热像仪原理图

1—物平面；2—箭头形状物；3—物镜；4—摆动扫描镜；5—箭头像；6—线列探测器；

7—像平面；8—CCD；9—视频信号处理器；10—显示器；

11—高低同步信号产生器；12—方位同步信号产生器。

光机扫描成像是第一代热成像仪的基本特征。在光机扫描热成像系统中，探测器把接收的辐射信号转成电信号，可通过隔直流电路把背景辐射从目标信号中消除，从而获得对比度良好的热图像。但为了使热成像仪达到电视兼容所需的扫描速率，必须使用高质量的扫描电机（转速约 $2 \times 10^4 \sim 6 \times 10^4 \text{r/min}$）和耐磨轴承制造扫描机械，光机扫描装置体积大、寿命短，稳定性也不够好。更为不利的是，为了在有限的帧用期内"看完"全视场，探测器"注视"单个像元的时间（驻留时间）很短，使得信号被人为地减弱。所以，第二代红外热像仪——凝视型焦平面阵列红外热像仪应运而生。

3. 凝视型焦平面阵列红外热像仪

所谓"凝视"，就是把许多探测器排成阵列放在物镜的聚焦面上，在曝光期间使整个阵列不间断地凝视视场景物。由于物像在凝视阵列的探测元上的驻留时间相对于扫描型探测时加长了 100 倍，故凝视探测器的相对探测灵敏度比第一代热像仪增大 10 倍左右，作用距离增大 1.7 倍左右，对空识别距离也从 20km 延伸到 40km 左右。

凝视型焦平面阵列红外热成像系统的工作原理如图 9.41 所示。其特点是采用足够大的焦平面阵列（FPA）探测器（例如 256×256 像素），用电扫描方式（图示采用 CCD）将探测器的信号逐个依次读出（因而取消了光机扫描单元，实质上是以电扫描取代光机扫描），驱动电扫描的同时也发出行与帧的同步脉冲，送给显示器，以保证各像素信号在显示器上能被正确排列，成为所希望的可见光图像。

设需要观察的空间 $A \times B$ 通过热成像系统的光学系统后，成像在相应的像平面上。在该像平面上放置了多元面阵红外探测器，其单元尺寸为 $a \times b$，共有 256×256 个探测器，正好将目标图像分割成 256×256 个像素。乍看起来不需要扫描，就能呈现景物的可见热图像，但是，焦平面阵列探测技术使热成像仪摆脱了机械扫描的包袱，不过并未告别扫描成像原理。它虽然能将"全豹"尽收眼底，但必须给探测器留出"眨眼"的空隙，让电视或 CCD 扫描电路在"眨眼"的功夫内将面阵上各单元所感光的电信号以串行方式读出，再在荧光屏上采用逐像元、逐行（和逐帧）合成的方式显示出目标图像。

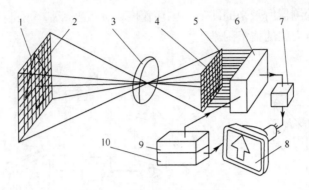

图 9.41　电扫描热像仪原理图

1—物空间平面；2—箭头形物；3—物镜；4—箭头热像；5—多元面阵探测器（256×256）；

6—CCD；7—视频处理器；8—显示器；9—CCD 的驱动器；10—同步信号发生器。

凝视型焦平面阵列红外热像仪不需要光机扫描，有着小型化、集成化的显著特点，通常把使用焦平面阵列探测器的热像仪称为第二代热像仪。这种类型热像仪的主要技术障碍在于多元探测器面阵特性的均匀性很难满足要求，由于硅化物肖特基势垒焦平面阵列技术有了长足进展，利用硅超大规模集成电路的工艺技术，可以获得高均匀响应度、高密度的探测器面阵。目前，凝视型焦平面阵列红外热成像仪发展迅速，已逐渐步入实用化。

4. 热像仪光学系统举例

下面列举三个不同形式的热像仪光学系统示列。

（1）由近距离目标成像物镜、八面外反射行扫描转鼓、平面摆动帧扫描镜、准直透镜组组成的某红外热像仪的光学系统，如图 9.42 所示。

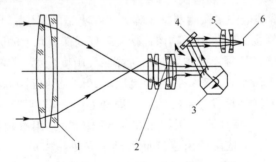

图 9.42　热像仪光学系统举例 - 1

1—成像系统前组；2—成像系统后组；3—外反射行扫描转鼓；

4—平面摆动帧扫描器；5—准直透镜组；6—探测器。

系统要求工作距离为 2m，孔径角 - 1.4°，物高 50mm，工作波长为 8 ~ 14μm，中心波长为 10μm，探测器采用 $\phi0.15$mm 的单元碲镉汞器件，且整个光学系统像点弥散斑直径小于 0.1mm。

根据上述要求，光学系统应对有限距离成像。由于采用单元探测器，为了使目标上各点都能在探测器上成像，所以用行扫描方式，即：利用八面外反射转鼓 3 进行行扫描，用平面摆镜 4 进行帧扫描，使整个物面各点先后在探测器上成像。由于像质要求高，这里采用透射式成像系统。实际上前组 1 和后组 2 构成了一个出射平行光的准望远系统，转鼓和平面摆镜均位于平行光路中，可以避免处于会聚光束中的散焦，有利于像质的保证。前组1与后组2相对孔径大体相同，但后组视场大，所以后组复杂一些，由4片锗透镜组成。准直物镜接收由平面摆镜反射的平行光，并将其成像在碲镉汞探测器上。

（2）由折反射望远系统、八面外反射行扫描转鼓、平面摆动帧扫描镜和准直透镜所组成的热成像仪光学系统，如图9.43所示。

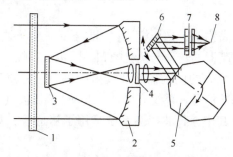

图9.43　热像仪光学系统举例－2

1—保护窗口；2—主镜；3—次镜；4—望远镜后组；5—八面外反射行扫描转鼓；

6—平面摆动帧扫描镜；7—准直透镜；8—探测镜。

根据系统的总体指标，求得对光学系统的要求为：F 数约为 1.636，$D = 110\text{mm}$，$2\omega = \pm 1.5°$，元件为 $\phi 0.20\text{mm}$ 单元碲镉汞器件，工作波段为 $8 \sim 14\mu\text{m}$，中心波长 $10\mu\text{m}$，像点弥散圆直径小于 0.15mm。

主镜2和次镜3组成了一个包沃斯—马克苏托夫—卡塞格林物镜系统，与后组4一起组成了无焦望远系统，将光束压缩、准直为平行光束，使其中分别进行帧扫描和行扫描的扫描转鼓和平面摆镜被置于平行光路之中，避免产生扫描像差。准直透镜7的作用是使扫描光束会聚到探测器光敏面上。

为了满足以上各项要求，系统采用折反式望远系统，物镜采用卡氏系统。因望远镜的角放大率为6倍，所以后组的视场为 $2W' = \pm 9°$。为满足像质要求，后组采用三片锗透镜。准直透镜要求为大孔径小视场，故采用二片锗透镜。经计算机光学自动平衡，解得优质结构，经光线追迹，各部分的像质弥散斑直径小于 0.15mm。

（3）由转动平面镜作物扫描，折射物镜与平面摆镜作像扫描所组成的热成像仪光学系统，如图9.44所示。

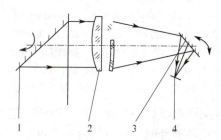

图9.44　热像仪光学系统举例－3

1—物扫描平面镜；2—物镜组；3—像扫描平面摆镜；4—探测器。

系统工作波段为 $3 \sim 5\mu\text{m}$，探测器为一单元锑化铟器件。其中，平面镜1的转动实现了行扫描，平面摆镜 3 实现帧扫描。为了减小摆镜的尺寸，摆镜与光轴成 60°夹角安置。摆镜 3 的扫描使系统对轴外点和轴上点成像的像质变得比较均匀，像点弥散圆直径小于 0. 15mm。

5. 热像仪实例

1）AGA780 型热像仪

瑞典 AGA 公司生产的 AGA 系列热像仪是应用很广的高速热像仪，它们采用旋转折射棱镜组合式扫描机构。

它的探测部分包括分离物镜、扫描棱镜、调制器、夹有可调滤光片的双透镜聚光器及带滤光片的圆盘等。调制器的转动与棱镜帧扫描同步。在帧扫回程，目标辐射被调制器遮挡，而探测器接收由抛光的调制器叶片反射的辐射，每帧都有一次这样的信号输出，作为前置放大器的基准信号。系统有中波（InSb）、长波（HgCdTe）和双波（中、长波）段探测三种方式。其中，长波探测系统只用了锗透镜，双波段探测有两个黑白显示器。

红外探测器接收的红外辐射包括场景辐射、系统内部的热背景辐射、标准源的热辐射等。图 9. 45 是其原理图。

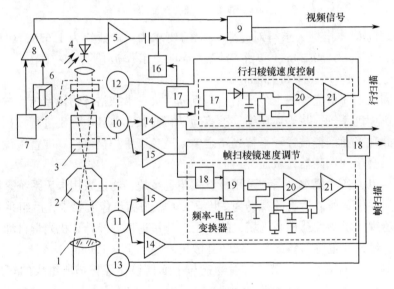

图 9. 45　AGA－780 型热像仪原理框图

1—物镜；2—帧扫棱镜；3—行扫棱镜；4—辐射探测器；5—前置放大器；6—温度补偿热敏电阻；

7—孔径及滤光片选择转换开关；8—温度补偿信号放大器；9—混频器；10—行同步磁传感器；

11—帧同步磁传感器；12—行扫棱镜电动机；13—帧扫棱镜电动机；14—主放大器；

15—触发放大器；16—电子开关；17—脉冲发生器；18—脉冲计数器；

19—数字式相位检波器；20—比较器；21—输出放大器。

系统使用了可变孔径光阑和吸收性中性滤光片，以调节进入探测器的能量。当孔径光阑变小或用吸收性强的中性滤光片时，可以观察温度更高的物体。

2）TICM Ⅱ型热像仪

英国 TIGM Ⅱ类通用组件热像仪可装在飞机、舰船、车辆上，供侦察、监视、目标搜索、跟踪及武器瞄准之用。图 9. 46 为它的原理图，其结构主要是扫描头、物镜、探测器、处理电路、显示器和电源等。

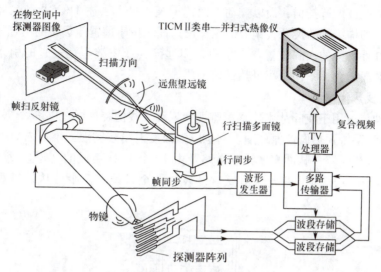

图 9.46 TICM Ⅱ 型热像仪原理图

扫描头包括前置望远镜、执行行扫描的旋转反射镜鼓、帧扫描反射镜。由于前置望远镜的作用，不仅使反射镜鼓和反射镜都处于平行光路中，而且还可压缩光束口径（从而减小扫描部件尺寸）或扩充系统的视场。来自探测器的信号，其交流成分在进行增益匹配前，先被耦合到高增益的前置放大器；直流成分则恢复到包含在红外视频信号中的箝位电平上。交流耦合和直流恢复技术克服了与景色有关的阴影问题。增益匹配和直流恢复后，对 8 路视频信号同时做多路传输（波段存储），以形成单一的电视视频信号输出。适当控制扫描机构和多路传输的延时，可符合欧洲电视制式（625 行，50Hz）或北美电视制式（525 行，60Hz）要求。TICM Ⅱ 型热像仪主要参数如表9.1所列。

表9.1 TICM Ⅱ型热像仪主要参数

视 场	60°×40°（625 行，50Hz）
	60°×32.5°（525 行，60Hz）
MRTD	优于 0.1℃（典型值）
探测器	8 条 SPRITE
分辨力	2.27mrad（60°视场）
工作波段	8 ~ 14μm
视频输出	CCIR/EIA – RS170 兼容，625/525 行，50/60Hz
帧频	25/30
功耗	56W
质量	扫描头 8.5kg，电子处理装置6.5kg

TICM Ⅱ 型热像仪的各组件模块可以组装成多种系统。英国 GEC DetectorLTD 利用 TICM Ⅱ 类组件，制成多用途热像仪，装在英陆军"奇伏坦"主战坦克、"挑战者"主战坦克、履带式"轻剑"导弹车、"不死鸟"遥控飞行器、海军直升机和皇家空军地面攻击机上，还生产了导航用前视红外（FLIR）吊舱等。

在采用 SPRITE 探测器的热像仪中，光机扫描要保证红外光束在探测器表面的扫描

151

线速度与载流子漂移速度一样，因而必须采用高速且扫描效率高的光机扫描结构。通常就以旋转反射镜鼓做行扫描，而以摆动平面镜做帧扫描。上述 TICM Ⅱ 型热像仪即为一例。为了减小扫描机构的尺寸，镜鼓的工作反射面应位于前置望远镜的出瞳处，平面反射镜亦应在红外物镜的入瞳位置。由于前置望远镜（或中继望远镜）的引入，光机扫描机构便复杂而庞大，不便于小型热像仪采用。

3）手持式热像仪

手持热像仪可用于夜间战术侦察、监视和识别某些伪装目标，供单兵或小分队用。

图 9.47 为手持式热像仪原理图。它也以多面反射镜鼓实现二维扫描。12 个探测器对应 12 个前置放大器、脉冲亮度控制电路及由 12 个 LED 组成的列阵。发光二极管下面的透镜将 LED 发出的可见光经由反射镜鼓反射至目镜，人眼可从目镜观察景物的图像。

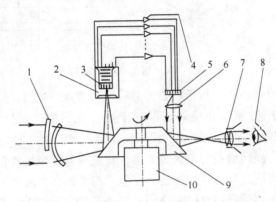

图 9.47　扫描原理图

1—物镜；2—杜瓦瓶；3—线阵探测；4—前放；5—对应的发光二极管列阵；
6—发光二极管透镜；7—目镜；8—眼睛；9—塔式多面反射镜鼓；10—电机。

有资料把类似的扫描方式称为"带扫描"。行扫一次只有 12 线（12 个瞬时视场的扫描轨迹）。系统光轴向下倾斜线阵总高度后，可再做第二次行扫描。

9.6.5　红外前视仪

红外前视仪（FLIS）是一种快速、实时显示的红外热成像系统，可快速、实时地显示景物热图。这种系统安装在飞机机头下方，用来摄取飞机前下方地面目标的热图像，供机上人员实时观察，"前视"红外系统因此而得名。它把地物的热图像转变为电视图像，显示在飞机驾驶人员的眼前，为他们提供实时的导航和目标情况。红外前视仪也可用于舰载、星载、车载及步兵携带。

如图 9.48 所示为美国 Kollsman 公司设计和制造的红外前视仪系统方框图，它采用多元探测器焦平面列阵和数字式扫描转换技术，电视兼容显示。

红外辐射进入望远镜并且被聚焦在装有热参考源的中间焦平面上，这些参考源是温度可控的靶标。探测器探测到热参考源后输出的信号，用来校正原始数据中的直流偏移和通道之间的增益。在到达扫描装置之前，入射辐射被重新准直。扫描控制是由一个闭路系统提供的，使用装在扫描机构上的位置反馈传感器，红外成像器把辐射能量聚焦在焦平面探测器上，探测器上的制冷器致冷到 77K；阵列输出的信号通过一块中间电路板得到传输，该电路板对探测器的读出级起缓冲作用。为了延长有效数据时间以供其后进行的多路传输，并减少来自探测器输出电子线路的噪声，在转换成数字信号之前，利用来自热参考源的信息，对通道与通道之间的偏移进行校正。总增益的调整也在这里进行。一旦转换成数字形式，就要校正通道与通道之间的增益变化，以及由探测器的配置而引起的偏差。数据被储存在有储器中，然后通过 D/A 转换器以视频速率读出。

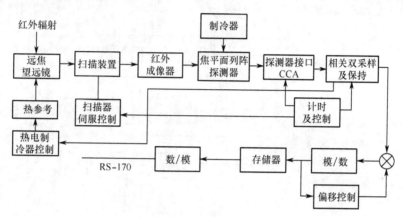

图 9.48　红外前视仪系统方框图

图 9.49 为光学系统简图。传递透镜组置于扫描反射镜和望远镜输出孔之间，包含着中间焦平面热参考源以校正探测器的偏移和行与行之间的增益。伽利略望远镜处在传递透镜组正面，为了减小系统的体积，使用了三个反射镜折叠光路：扫描器是一个带 1.2in×1.6in 反射镜的电流计型电机，扫描器驱动电机上装有一个扫描位置传感器，它为伺服控制提供反馈信息扫描器以单向扫描方式使用，并以 60Hz 速率快速回扫；系统采用 240×4 单元焦平面阵列，是一种背照射 HgTeCd 混成器件，光敏元做在一块从帝锌哥衬底上生长出来的 HgTeCd 外延层上，光电二极管通过铜丘焊接在硅 CCD 读出片土；硅读出片包含时间延迟积分、多路传输和放大等功能，多路传输在焦平面上进行；该系统采用直线感应电机驱动的分置式斯特林循环致冷器；电子线路系统包括为焦平面阵列提供偏压的接口电路、相关双取样电路、模拟校正电路、存储器及数/模转换电路，最后与普通 RS – 170 视频兼容。

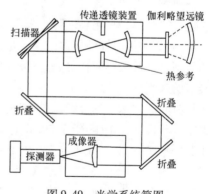

图 9.49　光学系统简图

图 9.50 为某种国内研制的红外前视仪的光学系统和整机工作原理图，它采用了并联光机扫描、多元探测器接收、光电多路传输、发光管与电视摄像机的光电转换，实现与普通电视兼容的可见热图像显示。

光学系统出变焦距透镜组件和会聚透镜两部分组成。变焦透镜组件为一前置望远系统，平行光输入时输出仍为平行光。它由两块透镜组成，一块为正透镜，另一块为负透镜，变换两块透镜的位置可改变视场。会聚透镜组件由三块透镜组成，将来自扫描镜的

153

平行光束会聚到探测器阵列上。扫描机构为一块双面反射的平面镜，由机械传动机构实行水平方向的行扫描；用电磁铁交替吸引反射镜架，使反射镜沿垂直方向做小角度摆动，实现在垂直方向上的隔行帧扫描。

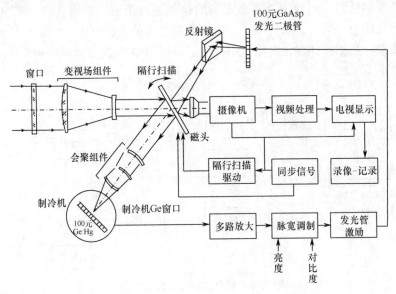

图 9.50　光学系统和整机工作原理方框图

9.6.6　红外点源制导系统

1. 红外制导技术的发展

1948 年，美国最先开展红外制导导弹研制。1956 年，美制"响尾蛇"（Sidewinder）空—空弹导弹投产。此后，红外制导系统广泛用于反坦克导弹、空—地导弹、地—空导弹、空—空导弹、末制导炮弹、末制导巡航导弹以及子母弹等。

截至 1999 年，红外导弹的生产量已逾 18 万枚。发达国家已完成了三代红外空空导弹的研制，又进入第四代更先进的红外空—空导弹的研制阶段。红外寻的制导是目前使用最多的末制导方式。

从时间和技术上划分，红外制导大致经历了三个发展阶段。

第一阶段：从 1948 年至 20 世纪 60 年代中期为第一阶段。其间，红外探测器基本是非制冷型硫化铅（PbS），工作于 $1\sim3\mu m$ 波段。典型武器包括美国"响尾蛇"系列、苏联"SAM-7"地—空导弹、美国"红眼"（Redeye）导弹等。由于 $1\sim3\mu m$ 波段受背景和气象条件影响较大，故此类系统多用于空—空导弹的末制导。其特点是只能以尾追方式攻击空中速度较低的飞机；尾随攻击角约为 90°；抗干扰（尤其是抗云层所散射的阳光干扰）能力很弱。这种系统现已基本被淘汰。

第二阶段：从 20 世纪 60 年代中期至 70 年代中期大致为第二阶段。其间，红外制导绝多采用制冷型锑化铟（InSb）探测器，工作于 $3\sim5\mu m$ 波段，提高了探测灵敏度。从设计上，也改进了调制方式和电路，使寻的器具有更大的视角和跟踪加速度；同时增强了抗干扰能力，使系统可用于近距离格斗；攻击角可达 270° 左右；作战性能明显提高。美国的"尾刺"（Stinger）、法国的"西北风"（Mistral）等地—空导弹等是这一时期红外导弹的典型代表。

以上两时期的红外制导系统都把被攻击的目标当作热辐射"点"源进行探测，导弹总是锁定和跟踪目标的最热部位。这种系统在较强的红外干扰条件下，或是面对处于复杂红外背景中的地面坦克、装甲战车等目标可能会"力不从心"。

第三阶段：20世纪70年代中期，红外制导技术进入第三阶段。其突出标志是改"点源跟踪"为"成像跟踪"。这一时期，$8\sim14\mu m$波段的碲镉汞（HgCdTe）线阵探测器走向实用，尤其是红外焦平面阵列（FPA）器件研制成功，使红外制导跃上基于热成像和相应处理技术的新台阶。因为目标图像提供了比以往采用的目标像"点"丰富得多的信息，加之飞速发展的计算机图像处理手段，成像制导导弹表现出了卓越的性能。它能真正实现全向攻击，且可用于空—空、空—地、地—空、地—地等各种场合和车载、机载、舰载等多种平台。第一代红外成像寻的导弹的代表是美国"幼畜"（也称为"小牛"）（Maverick）AGM-65D空—地导弹，它采用4×4元小面阵光导HgCdTe器件加光机扫描器。第二代红外成像寻的导弹则采用IRFYA探测器，其代表是美国"响尾蛇"AIM-9X空—空导弹和英、法、德联合研制的远程（车载发射射程为4000m，直升机载发射射程为5000m）"崔格特"（Trigat）反坦克导弹。因为人们追求全天候作战、自主识别目标、极好的抗干扰能力，实现真正的"发射后不管"（Fire & Forget），充分满足各种实战的需求，红外成像制导成为红外制导武器的发展方向。

2. 红外导引头光学系统的作用与要求

光学系统是红外导引头的重要组成部分，它的作用是把由目标发出的辐射能量聚集到红外探测器上。光学系统一般位于导引头的前部。

红外导引头光学系统一般由各种透镜、反射镜、场镜、聚光锥体、整流罩、调制盘、滤光片等组成。对成像导引头来说，还用到各种光学扫描元件，如多面透射或反射棱柱体、摆镜、楔形镜等。这些元件的面形有平面、球面、非球面等几种。根据不同的要求，可以选择合适的元件组成导引头需要的光学系统。

红外导引头为了正常工作，对光学系统有如下要求：一是在足够大的视场下，能满足成像的质量要求时，应尽量采用较大的相对孔径；二是在工作波段内能量传输损耗要小；三是要把像差限制在一定程度内；四是结构要紧凑；五是在各种气候条件下，光学性能要稳定。

在红外导引头光学系统设计方面应考虑三个方面的主要问题：一是光学系统与目标、大气窗口、探测器之间的光谱匹配问题；二是光学系统的成像特性和成像质量问题；三是背景和杂光的抑制问题。

3. 红外点源导引头光学系统

1）概述

红外点源导引头是一种被动寻的制导系统，它从20世纪40年代中期开始发展，已广泛应用于空—空、地—空、反舰和反坦克等多种导弹。所谓红外点源导引头是指导引头对目标红外特性的探测，把探测目标作为点光源处理。它利用目标与背景相比都有张角很小的特性，采用空间滤波等背景鉴别技术，把目标从背景中识别出来。

红外"点"源寻的跟踪制导系统是人类研制的最早的红外制导武器。它的出现有几个重要因素。除了军事目的需求这一基本点之外，还有诸如以下的原因：不需要发射平台装备专门的火控系统；能截获足够远的目标；不需要来自目标的特殊射频辐射；技术难度相对较低，而效费比又相对较高。这后面两点使之并未因成像寻的制导系统出现而迅速退役，人们仍在灵敏度、跟踪精度、抗干扰性能和封装技术等方面不断改进它们。目前服役的红外导弹，仍以"点"源寻的者居多。以最早出现的美国"响尾蛇"导弹为例，它从 AIM-9A 发展到 AIM-9P，至今仍是极为精确的空—空导弹，被誉为美国最好的武器之一。同类系统还有美国"小榭树"地—空导弹、"红眼睛"地—空导弹及其改进型"尾刺"，法国"西北风"，苏联"萨姆"系列（SA-7，SA-9，SA-13），以色列"怪蛇3"，"怪蛇4"等。

红外点源导引头有如下特点：①体积小，质量轻，造价便宜；②分辨率高，导引精度高；③无源探测，被动接收工作，工作隐蔽，不易受电子干扰；④红外探测无多路径效应影响，可以探测低空目标。

2）结构组成

飞航式导弹红外点源导引头的典型组成如图 9.51 所示。它由光学接收器、调制器、红外探测器及其制冷装置、信号处理和导引控制系统组成。

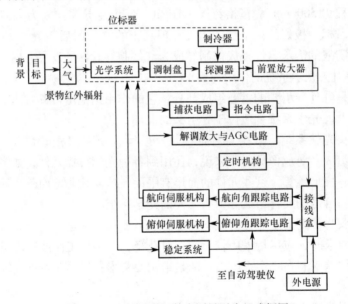

图 9.51　飞航导弹红外点源导引头组成框图

（1）光学接收器：它类似于雷达天线，会聚由目标产生的红外辐射，并经光学调制器或光学扫描器传送给红外探测器。

（2）光学调制器：光学调制器有空间滤波作用，它通过对入射红外辐射进行调制编码实现；另外，红外点源导引头还有光谱滤波作用，通过滤光片实现。

（3）红外探测器及其制冷装置：红外探测器将经会聚、调制或扫描的红外辐射转变为相应的电信号。一般红外光子探测器都需要制冷。因此，制冷装置也是导引头的组成部分之一。

（4）信号处理：红外点源导引头的信号处理主要采用模拟电路，一般包括捕获电路和解调放大电路等。它将来自探测器的电信号，进行放大、滤波、检波等处理，提取出经过编码的目标信息。

（5）导引控制系统：红外点源导引头对目标的搜捕与跟踪是靠搜捕与跟踪电路、伺服机构驱动红外光学接收器实现的。它包括航向伺服机构、航向跟踪电路和俯仰伺服机构、俯仰跟踪电路两部分。

3）工作过程

当红外点源导引头开机后，伺服随动机构驱动红外光学接收器在一定角度范围内进行搜索。此时稳定系统将光学视场稳定在水平线下某一固定角度，保证弹体在自控段飞行和俯仰姿态有起伏时，视场覆盖宽于某一距离范围。稳定系统由随动机构、稳定陀螺仪、俯仰稳定电路和脉冲调宽放大器组成。

光学接收器不断将目标和背景的红外辐射接收并会聚起来送给调制器。光学调制器将目标和背景的红外辐射信号进行调制，并在此过程中进行光谱滤波和空间滤波，然后将信号传给探测器。探测器把红外信号转换成电信号，经由前置放大器和捕获电路后，根据目标与背景噪声及内部噪声在频域和时域上的差别，鉴别出目标。捕获电路发出捕获指令，使光学接收器停止搜索，自动转入跟踪。

红外点源导引头在航向和俯仰两个方向上跟踪目标。其角跟踪系统由解调放大器、角跟踪电路和随动机构组成。

在红外导引头跟踪目标的同时，由航向、俯仰两路输出控制电压给自动驾驶仪，控制导弹向目标攻击。

4）红外导引头光学系统

红外导引头的光学系统主要是收集、聚焦红外辐射能量，即把对应于一定空间立体角内的目标辐射集聚在尺寸足够小的红外探测器上，且由探测器实现光电转换。同时，光学系统还要配合误差形成环节实现对目标的空间位置编码，依此来测量目标在空间相对于基准的方位，提供控制信息。

实际应用中典型红外光学系统的结构如图 9.52 所示，其中：图 9.52（a）为空/空导弹红外导引头的光学系统；图 9.52（b）为反舰导弹红外导引头的光学系统。

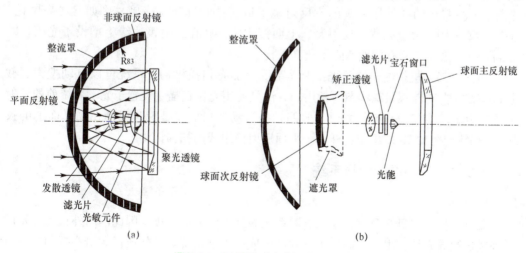

图 9.52　红外导引头典型光学系统
（a）玛特拉 R530 光学系统；（b）反舰导弹红外光学系统

整流罩通常是一个球冠形的同心透镜。作为导弹头部的外壳，要求既能通过红外

157

线，又具有良好的空气动力特性。整流罩是一块负透镜，它所产生的球差与球面反射镜符号相反，故可与球面反射镜配合来校正光学系统的球差。同时，整流罩在整个工作波长内吸收和反射要小，有高透过性能。

球面反射镜是光学系统的主镜，起聚焦作用，它给整个光学系统引入正的球差、负的彗差、正像散与负场曲。有时光学系统的主镜采用简单的反射物镜，结构简单且便宜，球差值也比口径与焦距相同的透镜小。

光学系统的次反射镜用来折叠光路，以缩短光学系统的轴长度。有些光学系统次反射镜安装是非同轴的，这是为了适应不同调制方式对扫描提出的要求。

光学系统为了完成对目标与背景的光谱滤波，要加设滤光片，从连续光谱中滤出所需波长范围的光线。应用较多的是干涉滤光片。干涉滤光片是利用光的干涉原理制成的滤光片，它能透过一定带宽的红外线。

在实际工程设计中，为了满足导引头对红外光学系统的不同要求，还要采取下述不同技术措施。

（1）增设场镜：在特定位置上放置透镜，用来改变成像束的位置。

（2）采用发散透镜：用于与聚光的场镜配合改善轴外像点的形状及控制系统的调整特性，并可调节望远系统的焦距。

（3）光敏电阻前加浸没透镜：在红外系统中，常常使用浸没型光敏电阻，即把光敏电阻层黏合到一个半球或超半球的球面透镜的底面，形成光学接触，会聚光束，借以提高光敏元件的接收立体角，减小光敏元件的面积，降低噪声。

（4）采用末反射镜与光锥等反射元件：光敏电阻前采用末反射镜，可以使通过调制盘后的辐射能在通过折射系数较高的浸没透镜时，不因在其表面的反射而散失过多，即可通过末反射镜再次反射回光敏电阻层。光锥是一种聚光元件，能起聚光作用，并防止经过调制以后的热能信号由于散射而散失。

（5）改进主反射镜：为了减轻位标器的质量，提高主反射镜的反射能力或简化工艺等，一些导弹的红外导引头的主反射镜采取一些特殊技术措施。例如，"响尾蛇"AJM-9E采用了薄金属球主反射镜、上面镀铝膜，并在反射镜边缘上增设了光阑，既提高了反射效率，又有效地消除了杂光干扰。

（6）有扫描机构的光学系统：光学系统上加有扫描机构，系统可以自动搜索、截获目标，并自动转入跟踪状态。常用的方法是使用光栅扫描。设置于光学系统前的反射镜，在力矩马达带动下产生方位与俯仰扫描运动。扫描元是瞬时视场在物平面上的投影。"玛特拉"R550就采用这样一个平面反射镜组成的扫描机构。

9.6.7　红外成像制导系统

1. 概述

在抗干扰、多目标分辨方面，点源系统遇到了较大的困难，因此国内外正大力发展红外成像制导系统，由此发展出了各种红外成像光学系统。红外成像导引头探测的是目标和背景间微小的温差或自辐射率差引起的热辐射分布图像。目标形状的大小、灰度分布和运动状况等物理特征是它识别的理论基础，信息量比"点"源跟踪系统只利用目标"灰度"要丰富得多，因此它有很强的抗干扰能力。此外，由于红外成像器与图像信息处理专用微处理机相结合，使用数字信号处理方法分析图像，所以这类导引头具有一定的"智能"，这是红外成像导引技术迅速发展的根本原因。

红外成像制导技术是一种高效费比的导引技术，在精确制导领域占有十分重要的地位。目前，红外成像制导技术或单独或复合方式已在许多型导弹上得到应用。红外成像导引头的突出特点是命中精度高，它能使导弹直接命中目标或命中目标的要害部位。因此，红外成像制导的导弹的直接命中率很高。

红外成像导引头采用中、远红外实时成像器，以 $8\sim14\mu m$ 波段红外成像器为主，可以提供二维红外图像信息。它利用计算机图像信息处理技术和模式识别技术，对目标的图像进行自动处理，模拟人的识别功能，实现寻的制导系统的智能化。其主要特点如下。

（1）灵敏度高。该类导引头具有很高的灵敏度，其噪声等效温差 NETD $\leqslant0.05℃\sim0.10℃$，很适合探测远程小目标的需求。

（2）系统的温度动态范围大，导引精度高。该类导引头的空间分辨率很高，$\omega\leqslant0.2\sim0.3mrad$，其温度动态范围也大（系统动态范围 $100\sim300K$），因此多目标鉴别能力强。

（3）抗干扰能力强。这类导引头由于有目标识别能力，可以在复杂干扰背景下探测、识别目标。它在对付地面目标（坦克群、机场跑道、港口、交通枢纽等）的导引技术中，红外成像制导已占优势。

（4）提供二维图像，具有"智能"，可实现"发射后不管"。红外成像导引头具有在各种复杂战术环境下自主搜索、捕获、识别和跟踪目标的能力，并且能按威胁程度自动选择目标和目标薄弱部位进行命中点选择，可以实现"发射后不管"。

（5）具有准全天候功能。红外成像导引头主要工作在 $8\sim14\mu m$ 远红外波段，该波段具有穿透烟雾能力，并可昼夜工作，是一种能在恶劣气候条件下工作的准全天候探测的导引系统。

（6）导引头可以通用组件化，具有很强的适应性。红外成像导引头可以装在各种型号的导弹上使用，只是识别、跟踪的软件不同。比较典型的产品有美国的"幼畜"（Maverick）导弹的导引头，它可用于空—地、空—舰、空—空三型导弹上。

目前，最适于热成像制导系统采用的 HgCdTe 焦平面阵列价格昂贵，影响了红外成像制导技术的广泛采用。

2. 红外成像导引技术的发展

自 20 世纪 80 年代以来，红外成像导引技术得到了突飞猛进的发展。

第一代红外成像导引头，采用光机扫描加线列多元红外探测器，目前已较成熟并开始批量生产装备部队。典型产品有：美国的 AGM-65D/F "幼畜" 红外成像导引导弹、SLAM 导弹、AIM-132、ASRAAM、AIM-9X 导弹，西德的 Bussard 反坦克导弹，挪威的 MK-2 系列企鹅（Penguin）反舰导弹等。

第二代红外成像导引头，采用扫描或凝视红外焦平面器件，目前尚处于研制阶段，即将投入正式使用。目前长波 64×64 单元、128×1.28 单元和中波 256×256 单元焦平面器件及 $4n$ 扫描焦平面器件已达到实用阶段。典型产品有：美国坦克破坏者（Tank Breaker）导弹采用的 2×58 单元锑化铟混合 CCD 和 64×64 单元碲镉汞单片红外 CID 方案；美国的 AGM – 114A "狱火"（Hellfire）导弹采用 32×32 单元、64×64 单元、128×128 单元 InAsSb/Si – CCD 混合焦平面器件方案。

凝视焦平面器件是重点发展的核心技术。90 年代使用的凝视焦平面器件单元数已达 10^4 量级，预计目前凝视焦平面器件的单元数可达到 $10^5 \sim 10^6$ 量级。

3. 成像跟踪与制导系统实例

1）多元面阵扫描成像制导导弹"幼畜" AGM – 65D

美国制"幼畜" AGM – 65D 是第一代红外成像制导的典型代表。它采用 20 面内转鼓反射镜做光机扫描、4×4 单元 HgCdTe 液氮制冷小面阵探测器（串并扫体制）。寻的器装在外框架陀螺仪上。陀螺转子与反射镜转鼓固成一体，达到稳定和扫描双重目的；三个转轴上各装有位置传感器；进动力矩由装于座架上的力矩马达通过推杆分别加至外环和与内环固接的吊环上。其光学系统性能参数如下：光学系统焦距 $f = 178mm$；通光孔径 $\varphi = 100mm$；视场 $2.5° \times 1.5°$；空间分辨力 $0.28mrad$。

同属于第一代的型号还有美制近程空—空导弹 ASRAAM、挪威"企鹅" MK – 2 系统反舰导弹、德国"布萨德"反坦克导弹等。

2）凝视成像制导导弹"海尔法"（Hellfire）

美制"海尔法"空—地反坦克导弹不用光机扫描机构，以 32×32、64×64 或 128×128 单元"铟砷锑/硅"红外焦平面器件实现凝视成像（见图 9.53）。

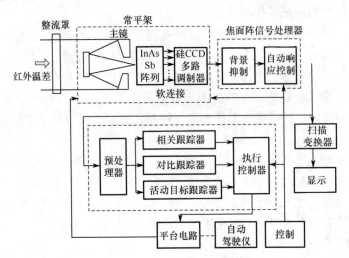

图 9.53　用于"海尔法"的红外成像寻的器

目标的中红外（$3 \sim 5\mu m$ 波段）辐射经由整流罩和卡塞格林光学系统，聚焦于混合焦面阵列上（焦面阵列包括多层 InAsSb 探测器和硅 CCD 多路调制器），焦面阵的输出送至信号处理器，做直流非均匀性（背景抑制）和交流非均匀性（自动响应控制）响应补偿；经校准的视频信号同时送给扫描转换器（做电视显示）和微处理机多模跟踪器（经过预处理和相应的跟踪处理变为控制信号）。

"海尔法"的装载直升机备有先进的前视红外装置，用以搜索目标并保证导弹发射时目标位于寻的器视场内。导弹发射后，运用多模跟踪功能连续跟踪目标；在末段，多模跟踪器以相关跟踪算法计算目标图像区域内的灰度梯度，以选择最佳攻击点（其现有型号为 AGM – 114A）。

采用中波红外焦平面阵列的还有美国 AIM-9X "响尾蛇" 后继型导弹（用 128×128 单元中波 HgCdTe 阵列），德国、法国、意大利研制的 "独眼巨人" 反坦克/反直升机两用导弹（用 640 单元/行的 PtSi 阵列），美国战区高空防空导弹（THAAD）（用 256×256 或 512×512 单元 PtSi 焦面阵列）等。

4. 采用长波 HgCdTe FPA 的成像寻的导弹

美国陆军自 1984 年实施的先进中程反坦克武器系统 AAWS-M 计划，于 1989 年选定了 IRFPA 方案。其寻的器采用 64×64 单元长波 HgCdTe，工作于 8~14μm 波段，能实现 "发射后不管"，有多目标选择和攻击点自主确定功能。

类似的还有美制 "标枪"（Javelin）便携式反坦克导弹（用 64×64 单元长波 HgCdTe FPA）、美国长波红外先进寻的器（LATS）（用 128×128 单元 HgCdTe FPA）、美国大气层外轻型导弹（LEAP）（用 128×128 单元 HgCdTe FPA）等。

另一实例就是 SLAM 巡航导弹，它采用 AGM-65D "幼畜" 成像导引头用于末制导，使命中误差小于 1m，并可自主选择攻击部位，实施 "外科手术" 式进攻。

9.7 本章小结

红外光学系统是红外系统的重要组成部分。现代军事应用中，要求红外系统不仅具有高灵敏度、大视场、高空间分辨率、高帧频、适装性好的特点，还要求具有很好的结构稳定性和温度特性等。本章首先介绍了红外光学系统的功能特点和性能指标，然后对红外物镜的结构形式进行了详细的讲述。传统的反射式、折反式和透射式物镜的结构虽然简单，但往往不能满足现代军用特殊条件下的高质量的成像要求，需要增加辅助光学系统，故对红外辅助光学系统也进行了简单的介绍。在军用红外系统中，往往使用光学机械扫描的方法来扩大视场，满足诸如成像、搜索、测绘等实际应用的要求。本章最后介绍了对典型的军用红外光学系统包括红外测温系统、红外跟踪系统、红外夜视系统、红外热像仪、红外前视仪、红外制导系统等的光学系统的结构、工作原理、性能和特点等。

习 题

1. 如何减少大气后向散射对主动红外夜视仪工作性能的影响？
2. 摄取景物图像时，为什么必须要扫描？有那几类扫描？
3. 光机扫描热成像系统包括那些基本组成部分？系统的工作原理如何？
4. 光机扫描热像仪中经常采用的扫描器有哪几种？试分析其各自优缺点。

第10章 微光夜视光学系统

10.1 微光夜视技术的军事应用

10.1.1 微光夜视技术概述

夜战已成为现代高技术条件下局部战争的主要形式。各种夜视器材是当前部队武器装备夜间观察、瞄准、测距、跟踪、制导和告警必不可少的技术手段，没有夜视器材，任何精锐的部队和武器装备都不可能在夜间充分发挥作用和赢得战争的胜利。

军用夜视装备的两大技术支柱是微光夜视技术和红外热成像技术。二者各有特点、互相补充、相互竞争、共同满足着用户的不同需要。微光，又称为夜天光，是存在于夜间的月光、星光和大气辉光（高层大气受太阳照射后发出的光）的统称。所谓微光夜视技术，是指专门研究对夜天光或微弱光照明的目标之反射图像或辐射图像成像的技术。它的成就集中表现为人眼视觉在时域、空域和频域的有效扩展。就时域而言，它克服"夜盲"障碍，使人们在夜晚行动自如；就空域而言，它使人眼在低光照空间（如地下室、山洞、隧道）仍能实现正常视觉；就频域而言，它把视觉频段向长波区延伸，使人眼视觉在近红外区仍然有效。

10.1.2 微光夜视技术的军事应用

微光夜视技术具有光谱转换、亮度增强、高速摄影和电视成像四大功能，其光谱响应范围可以覆盖 X 光、紫外（UV）光、可见光和近红外波段。它能够探测到人眼看不见或不易看见的 X 光、UV 光、极微弱星光、近红外辐射和几千亿分之一秒内瞬息万变的目标（景物）图像，使其变为亮度得到 $10^3 \sim 10^4$ 倍增强的人眼可见的光学图像，从而能弥补人眼在空间、时间、能量、光谱分辨能力等方面的局限性，扩展了人眼的视野和功能，加之它的体积小、质量轻、功耗低、操作方便、装备费用较低，所以在军事上得到了重要应用。表 10.1 为利用微光夜视技术制成的军用器材实例。

微光夜视仪可在夜间供部队在前沿阵地侦察敌方地形、火力配备及监视敌人的活动；安装在单兵武器、各种轻武器及火炮上可进行夜间瞄准射击；安装在各种车辆（坦克）上可供驾驶人员夜间操纵车辆隐蔽行驶；安装在小型舰艇或潜艇上可监视敌人水面舰艇的活动和实施攻击；在边防、海防阵地、哨所监视敌情，以防偷袭等。

表 10.1 微光夜视技术军用器材实例

陆军			
枪用瞄准镜 坦克炮长镜 小高炮瞄准镜	微光望远镜 微光观察仪 导弹操作手瞄准镜	头盔驾驶仪 二代步兵战车观瞄镜 单兵头盔综合系统	坦克车长镜 反坦克炮附镜 远距离微光电视
海军			
舰用微光观察仪 激光微光选通系统	防空微光电视系统 水下救援微光电视	陆战队夜瞄准镜 激光微光选通探潜	舰艇防撞电视
空军			
歼击机飞行员眼镜 空降兵两用头盔镜	直升机飞行员眼镜 导弹紫外预警系统	飞机防撞监控系统 地形地貌测绘系统	激光图像制导

微光夜视技术已实用于夜间侦察、瞄准、车辆驾驶、光电火控和其他战场作业，并可与红外、激光、雷达等技术结合，组成完整的光电侦察、测量和告警系统。微光夜视器材已成为部队武器装备中的重要组成部分。

10.2　微光光学系统

微光光学系统包括物镜和目镜两部分（复杂的光学系统还包括转像棱镜和其他辅助光学元件）。把微光光学系统和主动红外夜视仪中的光学系统加以比较，可以看到：它们的工作方式大体相同，都有成像器件位于物镜焦平面上；所不同的是，主动红外光学系统物镜接收的是目标反射的近红外辐射，而微光光学系统接收的是目标反射的自然微光辐射，因此系统对它们的要求大同小异。但由于是在微光条件下使用，并与像增强器组合使用，因此对一些光学参数要求在设计时要加以考虑。在设计微光夜视仪器光学系统时必须设法校正或减少像差，以提高系统成像的清晰度，有时为了减小像差，不得不使光学系统的结构变得相当复杂。

10.2.1　微光光学系统对物镜的要求

微光夜视光学系统主要是位于像增强器前的成像物镜。微光成像物镜应满足如下要求。

（1）大的通光口径和大的相对口径，以获得大的像面照度，提高分辨率和信噪比。对于利用微弱光线成像的系统，限制系统作用距离的主要因素之一是来自场景信号中的噪声，纯光子噪声的均值为接收到的光子数的平方根，因此信噪比与物镜所捕获的光子数的均方根成正比，大通光口径有利于提高微光系统的信噪比。此外，当目标亮度一定时，像面的照度与物镜相对口径的平方成正比，而像增强器的分辨率与像面照度有关，即：像面照度高时，像增强器有较高的分辨率。微光夜视系统物镜的相对口径一般都在1∶1.5 以上，有的甚至达 1∶0.95。

（2）减小渐晕，使阴极面上的照度均匀。当轴外视场的光线存在渐晕时，像面边缘照度下降，进而造成图像亮度及分辨率自中心到边缘下降，这在微光成像系统中表现得尤为明显，极大限制了微光系统的视场。当需要较大视场时，可以采用多个像增强器拼接。

（3）尽量提高低频下的调制传递函数（MTF）。由于一般像增强器的极限鉴别率大多在50lp/mm以内，因此提高光学物镜的低频MTF有助于提高系统的作用距离。

（4）宽光谱范围内校正色差。超二代像增强器的光谱响应波段为$0.4 \sim 0.9 \mu m$，相比目视仪器的波段$0.48 \sim 0.7 \mu m$宽得多。为提高系统分辨率，需要在宽光谱范围内校正色差。

（5）要最大限度地减少杂散光。杂散辐射可降低图像衬度，影响探测和识别距离，在物镜设计时可采取在镜片侧面涂黑色消光漆、镜筒内部发黑处理、合理选择透射材料及加遮光罩的方法，减少杂散光。

10.2.2　微光光学系统中的物镜结构

夜视仪器所用物镜系统有两类，即透射系统和折反系统。两种系统各有特点，主要表现在：透射系统较易校正像差，并能获得较大视场，在相对孔径相同的情况下口径较小而长度较长，因此多用于要求视场较大、相对孔径大而口径小的仪器中；折反系统长度短、质量轻，大孔径性能比折射系统好，但由于中央暗区而使视场受到限制，折反系统多用于要求焦距长和大孔径的夜视系统中。下面分别介绍夜视仪器中常用物镜系统的类型。

1）透射系统

夜视仪器常用的透射式物镜有两种类型，分别为双高斯型和匹兹伐型。

双高斯物镜比较容易在宽光谱范围内修正球差，其结构属于基本对称型，有利于消除轴外像差，适用于中等视场的光学系统。图10.1为双高斯物镜的基本结构，其相对孔径为1:4，视场$2\omega = 50°$。

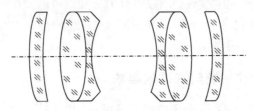

图10.1　双高斯物镜的基本结构

为了进一步增大相对口径，可以采用复杂化的双高斯形式，一般是将前组或后组的单透镜用两个单透镜替代，或前组和后组的单透镜都用两个单透镜替代，这种系统的相对口径可达1:0.95；也可以将胶合镜中的一个或全部分离，如图10.2所示。还可以在前后两组之间加入一个近似平板的厚透镜，利用其产生的光阑球差减小系统的高级像散和视场高级球差，如图10.3所示。

图10.4是头盔镜的光学系统物镜，相对孔径1:1，$f' = 20.58mm$，为一种改进型的双高斯物镜。图10.5和图10.6为两种实用微光物镜。图10.5为微光航空侦察仪用物镜，与$\phi 80mm$光阴极配合，在$500 \sim 900nm$波长修正色差，口径152mm，相对孔径1:1.5，轴上调制传递函数在25lp/mm时约为6000。图10.6为微光驾驶仪用双高斯物镜，视场50°，直径50mm，相对孔径1:1，与$\phi 25mm$光阴极配合。

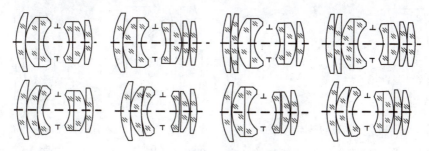

图 10.2　双高斯式物镜及其复杂化形式

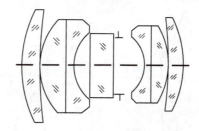

图 10.3　加入玻璃平板的双高斯物镜

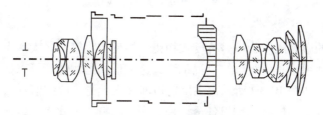

图 10.4　改进型的双高斯物镜

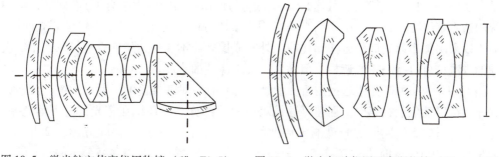

图 10.5　微光航空侦察仪用物镜（6″，F1.5）　　图 10.6　微光驾驶仪用双高斯物镜（50mm，F1）

　　目前复杂的折射物镜均用自动光学设计方法完成。

　　高斯物镜不适合小视场、大相对孔径的情况，特别是在仪器的视场要求不大的情况下，可用匹茨伐型物镜。这种物镜由光阑位于中间的两个双胶合透镜组成，由于其近似对称结构，有效消除了轴外像差，如图 10.7 所示。这种物镜结构简单，球差和彗差校正较好，但视场加大时场曲严重，故只能用于小视场情况。

　　微光成像用匹茨伐物镜一般采用其复杂化形式，即前胶合镜用一个单透镜和一小胶合镜代替以提高相对口径，同时靠近像面处加入负场镜（场镜也可以采用胶合镜），以校正系统场曲，如图 10.8 所示。

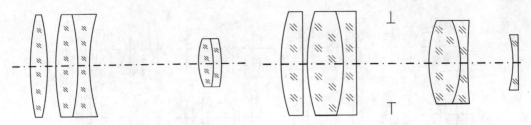

| 图 10.7 匹茨伐物镜的基本结构 | 图 10.8 匹茨伐式微光成像物镜 |

图 10.9 为一种改进的匹茨伐物镜，$f' = 100\text{mm}$，相对孔径 1:1，视场 $2\omega = 10°$，最后一块负透镜的作用是校正场曲。

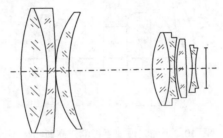

图 10.9 一种改进的匹茨伐物镜

2）折反系统

另一种常用的微光成像物镜是折反式物镜。折反式物镜的最大优点是无色差和二级光谱色差，特别适用于长焦距微光夜视系统，这种形式的物镜还可以折叠光路，减小系统的体积和质量。如图 10.10 所示，主反射镜前加入无光焦度的前补偿镜组，以提高相对口径。一般情况下，前补偿镜组各透镜采用同一材料，因此无二级光谱色差。为进一步改善轴外成像质量，可加入后补偿镜组，以补偿轴外像差。折反式微光成像物镜的缺点是存在中心遮拦，一般系统可达 50% 左右（与像增强器阴极大小有关）。此外，这种系统的杂光难于处理，有时由于杂光的影响，系统可能无法正常工作。解决杂光问题，一般可以采用加入遮光筒的方法，使视场外非成像光线不能到达像面；也可以采用二次成像的方法，可以减小中心遮拦，但增大了校正像差的难度。

图 10.11 为一种微光望远镜用折反物镜。它是有一对薄透镜的反射镜系统，薄透镜位置靠近反射镜焦点，第二反射镜是透镜表面的一部分。该系统在宽光谱范围消色差，性能良好。对 S25 光阴极的光谱响应特性的轴上调制传递函数在空间分辨率 20lp/mm 时为 95%，30lp/mm 时为 91%。

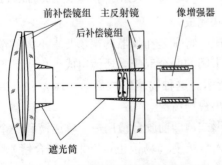

图 10.10 折反射式微光物镜示意图

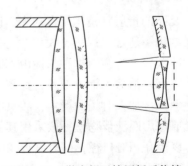

图 10.11 微光望远镜用折反物镜

166

10.2.3 微光光学系统对目镜的要求

目镜的功能是放大像增强器在荧光屏上的输出像，其特点是只对荧光屏输出的窄频谱消色差，并以人眼的分辨能力为主要设计指标。微光仪器对目镜的要求基本与主动红外仪器基本相同，要求目镜具有合适的焦距、足够的视场、合适的出瞳和出瞳距离以及合适的工作距离。此外，目镜要有与荧光屏的光谱范围相匹配的色差校正，出瞳直径大于7mm，与暗适应眼瞳相适应，对微光驾驶仪器应更大；由于像增强器有枕形畸变而要求目镜枕形畸变降到最低限度。图10.12给出了夜视仪器中常用的几种目镜系统。

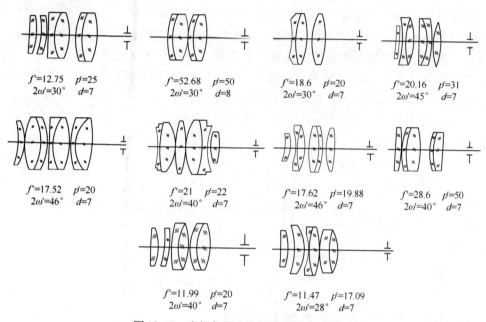

图 10.12　夜视仪器中常用的几种目镜系统

图 10.13 为我国国产某微光瞄准镜光学系统示意图。它采用折反物镜系统，从而缩短了物镜长度，减轻了仪器质量。物镜组的第一和第二反射镜上镀有金属外反射膜。对于第二反射镜，反射膜底层消光，减少杂散光干扰，确保在物方看仪器无亮斑。

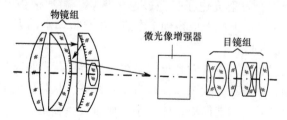

图 10.13　某微光瞄准镜光学系统示意图

10.3　直视微光夜视系统

微光夜视系统是一种被动式的夜视器材，它工作在 $0.8 \sim 1.3 \mu m$ 大气传输的第一红外窗口上，可以将物体所反射的微弱夜天光转换为可见光图像。由于其光增强的功能，使人类能在极低照度（10^{-5}lx）条件下有效地获取景物图像信息。

微光夜视系统主要包括直视微光夜视系统和微光摄像夜视系统，近期还发展了水下成像微光观察系统。直视微光夜视系统就是人眼通过目镜观察夜视器件荧光屏上目标图像的夜视系统，如主动红外夜视系统、直视微光夜视系统、直视型热成像系统等；微光摄像夜视系统实际上是将像增强器荧光屏的输出图像耦合到CCD上，以电视图像的形式输出，如微光电视系统、热成像系统等。

图10.14所示为某型微光夜视仪的光学系统，其物镜为折反物镜系统，由主反射镜3、正弯月透镜1和负弯月透镜2及场镜4组成，负弯月透镜后表面中间部分镀反射层作为次反射镜（部分反射镜）。来自目标的光线入射到主反射镜后，被反射到负弯月透镜的后表面靠近中央通孔部分的反射层上，把主反射镜反射的光线反射进中央光路，经场镜进一步校正像差后聚焦到像增强器的光阴极面上；A是遮光筒，起防杂散光的作用，使系统杂光系数<4%；发光二极管5、分划板6和投影透镜7,8,9构成分划板照明投影系统；10为像增强器；透镜11,12,13构成目镜系统。

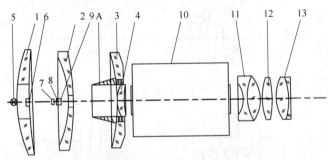

图10.14　微光瞄准光学系统原理图

10.3.1　直视微光夜视系统工作原理

直视微光夜视系统通常由微光成像物镜、微光核心器件（像增强器）、目镜或中继透镜、高压电源几个部分组成，如图10.15所示。其基本工作原理是：被观察目标反射的夜天光被微光物镜所接收，并聚焦在像增强器的阴极面上，即在阴极面上形成被观察目标的倒像。在阴极面上发射光电子，经过电子聚焦、微通道板（MCP）电子倍增和荧光屏电光转换，在荧光屏上又形成得到10^{4}倍以上亮度增强的人眼可见光图像，再经过目镜放大，被人眼所接收。

与主动红外夜视仪相比，直视微光夜视系统最主要的优点是不用人工照明，而是靠夜天自然光照明景物，以被动方式工作，自身隐蔽性好。从目前发展看，直视微光夜视系统工艺成熟，造价较低，构造简单，体积小，质量轻，耗电省，所获图像清晰，有利于识别目标。但微光夜视仪是靠目标反射的夜天光工作的，所以它的作用距离与观察效果受天气条件影响很大，景物之间反差小，图像平淡而层次不够分明，特别是在浓云相地面烟雾情况下，景物照度和对比度明显下降而影响观察效果。雨、雾天均不能正常工作，全黑时则完全失效。在无月的星光条件下，微光夜视仪的识别距离大多在1000m以下。

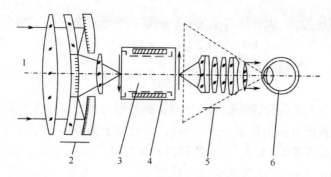

图 10.15　直视微光夜视系统示意图

1—目标；2—物镜；3—像增强器；4—高压电源；5—目镜；6—人眼。

10.3.2　微光夜视仪的光学性能

从使用性能而言，可把微光夜视仪当作是带有像增强器的望远镜，故它具有与普通望远镜相应的主要光学性能。

1）视放大率 γ

γ 表示系统的视角放大性能，其定义为

$$\gamma = \tan \omega' / \tan \omega \tag{10.1}$$

式中：ω 为目标高度对物镜的视角；ω' 为与 ω 相对应的由目镜观察时的视角。

若物镜焦距为 f_0'，像增强器线放大率为 β，目镜焦距为 f'_e，则有

$$(f_0' \tan \omega)\beta = f'_e \tan \omega'$$

所以，有

$$\gamma = \tan \omega' / \tan \omega = \beta f_0' / f'_e \tag{10.2}$$

2）极限分辨角 α

若像增强器光阴极的极限分辨力为 R_c（lp/mm），则与之相应的系统极限分辨角 α 必满足

$$\alpha f_0' = 1/R_c$$

所以，有

$$\alpha = 1/(R_c f_0') \tag{10.3}$$

若以圆孔衍射考虑物镜的衍射极限，则要求物镜的通光口径 D_0 满足

$$D_0 > 1.22\lambda/\alpha \tag{10.4}$$

式中：λ 为工作波长。

通常，微光夜视仪物镜的相对孔径都很大，故式（10.4）都能满足。

3）视场角（$\pm\omega$）

若像增强器光阴极有效直径为 D_c，系统物镜焦距为 f_0'，则有

$$\omega = \arctan(0.5 D_c / f_0') \tag{10.5}$$

在做系统估算时，可近似取

$$2\omega \approx D_c / f_0' \tag{10.6}$$

4）物镜相对孔径 D_0/f_0'

D_0/f_0' 影响像增强器光阴极面上的照度 E_c。若目标为朗伯体，天空对它产生的照度

169

为 E_0，目标反射比为 ρ，大气透过率为 τ_a，物镜系统透过率为 τ_0，则有

$$E_c = 0.25\rho E_0 \tau_a \tau_0 (D_0/f_0')^2 \tag{10.7}$$

即光阴极面的照度与物镜相对孔径平方成正比。

5）目镜

目镜的选择首先要保证像增强器光阴极面的极限分辨力在目方与人眼极限分辨力相匹配。若阴极的极限分辨力是 R_c（lp/mm），则对应于荧光屏上分辨力为 $R_s = R_c/\beta$（β 是像增强器的线放大率），与 R_s 对应的每线对的宽度是 $\omega_s = \beta/R_c$。假定人眼的角分辨力是 α_e，则目镜的焦距 f_e' 必须满足

$$f_e' \leqslant \beta/(R_c\alpha_e) \tag{10.8}$$

即其倍率 γ_e 必须满足

$$\gamma_e \geqslant 250R_c\alpha_e/\beta \tag{10.9}$$

6）出瞳直径 D'

系统出瞳直径的确定原则就是确保其与眼睛瞳孔的耦合。为了尽量提高仪器的主观亮度，仪器出瞳直径 D' 应不小于眼瞳直径。因为黄昏时眼瞳直径为 $4 \sim 5.5\text{mm}$，故一般微光夜视仪的出瞳直径都不小于 5mm。考虑颠簸时，D' 还应更大些。

10.4　微　光　电　视

微光电视是 20 世纪 60 年代初在微光夜视技术和电视技术的基础上发展起来的一门新技术，是微光像增强技术、电视与图像技术相结合的产物，是夜视技术的一个新领域。

微光电视是工作在微弱照度条件下的电视摄像和显示设备，故也称为低光照度电视（LLTV）。与一般广播电视和工业电视不同，它能在黎明前的微明时分（地面照度约 1lx）照度水平以下正常工作，允许最低照度约 10^{-4}lx（无月黑夜）。而广播电视和一般工业电视通常要求被摄景物照度必须在 30lx 以上才能正常工作。

随着微光夜视技术的发展，微光电视显示出微光夜视仪所没有的独特优点而广泛装备部队，对提高部队夜间战斗能力以及部队的快速反应能力起着重要的作用。

10.4.1　基本组成

微光电视系统主要包括微光电视摄像机、传输通道、接收显示装置三部分。如图 10.16

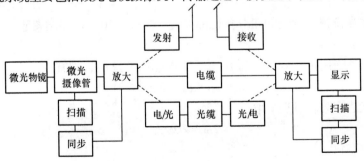

图 10.16　微光电视系统框图

所示，微光电视摄像机除具有普通电视摄像机的功能之外，还突出地表现出微光图像增强的作用。微光电视的传输通道可以是借助电缆或光缆的闭路传输方式，也可以是利用微波、超短波做空间传输的开路方式。它的接收显示装置与一般电视没有显著的区别。

10.4.2 微光电视摄像机

微光电视摄像机的基本组成如图 10.17 所示。

它包括以下主要部件。

（1）微光摄像物镜，把被摄景物成像。

（2）微光摄像管，在低光照度条件下把上述物镜所成的光学图像转变为可用的电视信号。

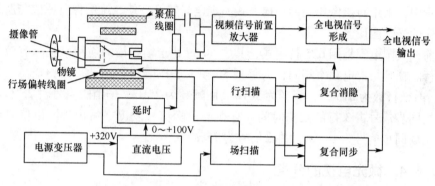

图 10.17　微光摄像机组成

（3）扫描电路，为水平和铅垂偏转线圈提供线性良好的锯齿波形电流，对摄像管靶面做行、场扫描。

（4）视频信号放大器，把摄像管输出的视频信号放大到适于传输。

（5）电源、控制电路和防护装置等。电源是通过延时电路再加到摄像管上，意在防止"过靶压"影响。因为在开机时，电子枪需要预热，此时扫描电子束尚未形成，靶电压最高。延时电路可保证在扫描电子束流建立后使摄像管正常工作，克服"过靶压"的危害。

10.4.3 微光摄像机的工作原理

图 10.18 所示为硅增强靶微光摄像机的结构示意图。可以看出，微光摄像机实际上是微光夜视仪与摄像机相结合的产物，其工作过程分为"移像"和"扫描"两个步骤。

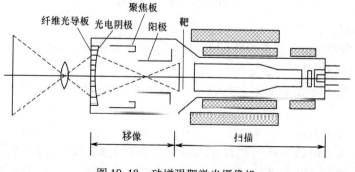

图 10.18　硅增强靶微光摄像机

摄像管"移像段"的输出端是硅靶。被观察物体发出的微光首先经物镜在"移像段"光阴极面成像,阴极将这一弱光图像转换成"电子潜像";电子透镜把电子潜像"移"到硅靶上,在电子移动过程中,电子潜像被聚焦和加速;硅靶受到光电子的轰击,产生电子—空穴对,每输入一个光电子,硅靶中约产生大约 2900 个电子—空穴对(其中约 70% 以上能转变为有用信号),这意味着硅靶大约能产生 2000 倍的放大作用。

"扫描"是指将二维分布的图像信号按行、列顺序转换为串行信号(视频信号)的变换过程在微光摄像机的"扫描段"。一束电子从位于摄像管尾部的电子枪飞往硅靶,硅靶面上的电荷分布(电子潜像)是与光阴极面上的景物亮度分布相对应的,于是通过扫描可以读出硅靶上与景物亮度分布相对应的视频信息;电子枪发出的电子束以逐行扫描的方式,把硅靶面上的电荷二维分布转换为一维时序电流信号,从阳极输出;在电视显像管中,采用与摄像相同的扫描方式实现电光转换,使二维图像复原成与所摄取景物相对应的光学图像。

目前,我国电视采用 625 行制式,其中 50 行处于帧扫描的逆程,实际有效扫描行为 575 行。帧频与市电频率相同,为每秒 50 帧。若以隔行扫描计,则扫描总行数仍为 625 行,有效行数为 575 行,场频为 50Hz,而帧频为 25Hz。场消隐信号占 25 行的扫描时间;场同步信号占 3 行的扫描时间,它在场消隐信号发出之后出现。以信号电平而言,行、场同步信号为 100%,消隐信号为 75%。

10.4.4 微光电视的分类

微光电视分为两种类型,即闭路微光电视和开路微光电视。

1)闭路微光电视

闭路微光电视是指从摄像机到显示器各部分之间均有电缆相连接,如图 10.19 所示。摄像机用于在微光条件下摄取目标的光学图像,并转换成电信号。控制器用于加工处理、放大电信号和控制摄像机的工作状态,以及保证摄像机和显示器同步工作。显示器用于把电信号转换成光学图像,在荧光屏上显示出来,以供观察。

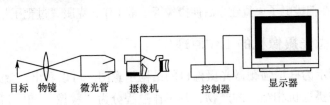

目标 物镜 微光管 摄像机 控制器 显示器

图 10.19 闭路微光电视

2)开路微光电视

开路微光电视是指在摄像机和显示器之间不用电缆连接,发射天线与接收天线之间是断开的,如图 10.20 所示。

开路微光电视的摄像机可以根据需要设在不同的地点。例如,设在阵地前沿,或用直升机携带飞临敌人上空,由侦察人员携带潜入敌境,并将摄取的图像及时发给设在指挥所中的显示器,使各有关部门能同时监视某一方向的敌情。一台摄像机可以同时通往设在不同的地点的几台显示器,使各有关部门能同时监视某一方向的敌情;一台显示器也可以分别接通设在不同地点的几台摄像机,以便用一台显示器监视几个不同方向的敌情。

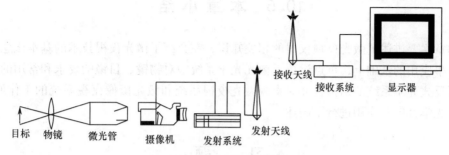

图 10.20　开路微光电视

微光电视还适用于定点观察，如在边防、海防线上分段安放摄像机，就可以在哨所中监视敌情，以代替巡逻。此外，在对敌固定目标的监视以及对我方重要目标的警戒和安全保卫工作中，微光电视都发挥了重要作用。

10.4.5　微光电视的应用与特点

在军事上，微光电视可用于以下场合。

（1）夜间侦察、监视敌方阵地，掌握敌人集结、转移和其他夜间行动情况。

（2）记录敌方地形、重要工事、大型装备，发现某些隐蔽的目标。

（3）借助其远距离传送功能，把敌纵深领地的信息实时传送给决策机关。

（4）与激光测距机、红外跟踪器（或热像仪）、计算机等组成新型光电火控系统。

（5）在电子干扰或雷达受压制的条件下为火控系统提供替代或补充的手段。

（6）对我方要害部门实行警戒。

目前，外军在各军兵种都配有微光电视装备，给歼击机、轰炸机、潜艇、坦克、侦察车、军舰等重要武器配上微光电视，使作战性能更加完备。在公安方面，可应用微光电视组成监视告警系统，对机场、银行、档案室、文物馆、重要机关、军用仓库等实施远距离夜间监视和告警。

微光电视在扩展空域、延长时域、拓宽频域方面对人类视觉的贡献与微光夜视仪相似。同时，微光电视又有一些新的特色。

（1）它使人类视觉突破了必须面对景物才能做有效观察的限制。

（2）突破了要求人与夜视装备同在一地的束缚，实现远离仪器现场的观察。

（3）可实施图像处理，提高可视性。

（4）可以实时传送和记录信息，对重要情节多次重放、慢放、"冻结"。

（5）实现多用户的"资源"共享，供多人多点观察。

（6）改善了观察条件。

（7）可以远距离遥控摄像，隐蔽性更好。

它的缺点是：

（1）价格较高，使大批量装备部队受到限制。

（2）耗电多，体积、质量较大。

（3）操作、维护较复杂，影响其普及应用。

10.5 本 章 小 结

本章主要讲述了微光夜视仪器的相关知识，在介绍了微光夜视技术的基本概念、发展及军事应用的基础上，重点讲授了微光光学系统中对物镜、目镜的要求和常用的透射式、折反式光学系统的结构，并对直视微光夜视系统和微光摄像夜视系统的工作原理、分类、光学性能和应用进行了阐述。

习　题

1. 试分析主动红外夜视仪和微光夜视仪光学系统的异同。
2. 夜视仪中的光谱匹配是指哪几种匹配？举例说明。
3. 为什么要对像增强器进行强光保护？如何实现？
4. 试举例说明微光夜视仪设计原则。

第11章

军用光纤光学系统

11.1 概　　述

光纤一般是指由透明介质构成的，直径与长度之比小于 1∶1000 的细丝。组成光学纤维的透明介质大部分是光学玻璃，也可以是晶体和光学塑料等。光学纤维的直径很小，一般几十微米，甚至可小于 $10\mu m$。光学纤维的外形绝大多数是圆柱形，也有少数做成圆锥形。单条光纤只能传光，不能成像。如果把许多光纤固定在一起，构成光纤束，就可以把具有一定面积的像面，通过每根光纤，逐点地把像由光纤束的一端传至另一端。

上述用来传递光能的单条光纤或光纤束，统称为光纤光学元件。它早在 20 世纪 50 年代就开始出现，目前已形成一系列实用化的光纤光学仪器。它们能够完成很多传统光学仪器无法完成的任务，因此在医学、工业、国防和通信系统等方面得到了广泛应用，其中应用最广的是医学和工业上广泛使用的各种内窥镜。近年来，一种新的梯度折射率光纤，在通信系统中得到了迅速的发展，正在使整个通信系统发生一次革命。由于光纤的应用日益扩大，因此对光纤的研究也不断深入。

11.1.1　光纤的结构

光纤一般由纤芯、包层和涂覆层构成，是一种多层介质结构的对称圆柱体，如图 11.1 所示。

纤芯　包层　涂覆层　挤塑层

图 11.1　光纤结构

1）纤芯

纤芯位于光纤的中心，其成分是高纯度的二氧化硅（SiO_2），有时还掺有极少量的掺杂物（如 GeO_2，P_2O_5 等），以提高纤芯的折射率。纤芯的功能是提供传输光信号的通道。纤芯直径约在 $5\sim75\mu m$，折射率一般是 $1.463\sim1.467$（根据光纤的种类而异）。

2）包层

包层位于纤芯的周围，其成分一般用纯二氧化硅，也有掺极微量的三氧化二硼或在纯二氧化硅里掺极少量的四氟化硅。掺杂的作用是降低材料的光折射率，使得光纤的纤芯折射率高于包层的折射率，以满足光传输的全反射条件。包层的作用是将光封闭在纤芯内，并保护纤芯，增加光纤的机械强度。包层的折射率为 1.45～1.46。

3）涂覆层

光纤的最外层是由丙烯酸醋、硅树脂和尼龙组成的涂覆层，其作用是增加光纤的机械强度与柔韧性以及便于识别等。绝大多数光纤的涂覆层外径控制在 $250\mu m$，但是也有一些光纤涂覆层直径高达 1mm。通常，双涂覆层结构是优选的，软内涂覆层能阻止光纤受外部压力而产生的微变，而硬外涂覆层则能防止磨损以及提高机械强度。

以上方式构成的光纤为裸光纤，有时为了各种不同的用途和目的，在这种裸光纤的外面再套上塑料套管、挤塑层或芳纶涤纶丝的被覆层等。

为了便于理论分析，一般用折射率沿光纤径向的分布函数来表征光纤的结构。普通光纤的折射率分布有两种：一种是光纤材料的折射率为均匀阶梯型的，即光纤的内芯和外包皮分别为折射率不同的均匀透明介质，称为全反射光纤或阶梯型折射率光纤，光线在阶梯型光纤内的传输以全反射和直线传播的方式进行，如图 11.2（b）所示；另一种是纤芯材料折射率沿光纤径向递减，即光纤的中心到边缘折射率呈梯度变化，称为梯度折射率光纤，光线在光纤内的传播轨迹呈曲线形式，如图 11.2（a）所示。

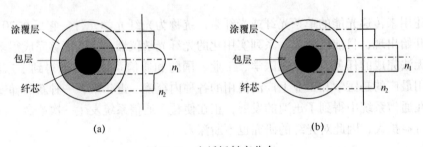

图 11.2　光纤折射率分布

（a）梯度折射率光纤结构；（b）阶梯型折射率光纤结构。

11.1.2　光纤的分类

随着光纤理论的完善和工艺水平的提高，光纤新产品不断涌现，种类也不断增加。其分类方法也很多，但大致可归结为以下几种分类法。

1）按光纤的材料分类

按光纤的材料分类，有高纯度石英光纤、多组分玻璃光纤和塑料光纤三种。

（1）高纯度石英光纤。这种材料的光纤损耗低，在 $1.55\mu m$ 波长时，损耗可达 0.15dB/km。工作波长在 $0.85\mu m$ 和 $1.3\mu m$ 时，其损耗分别为 3dB/km 和 0.4dB/km。石英光纤主要采用化学气相沉积法来制作。

（2）多组分玻璃光纤。这种光纤由普通光学玻璃拉制而成，主要采用双坩埚法和管棒法。这种光纤较石英光纤损耗大，故主要用于短距离传输，或制作各种光纤器件，如传像束、传光束、倒像器及光纤面板等。

176

（3）塑料光纤。这种光纤用高折射率高分子聚合物为芯材和低折射率聚合物为包层材料而制成，又称为聚合物光纤。与石英光纤相比，塑料光纤具有质量轻、成本低、柔软性好、加工方便、接续简单快捷等优点，但损耗大，只能用于短距离的信息传输，也可作为传光、传像用。

2）按光纤传输的模式分类

光是一种电磁波，它在光纤中传输时可能存在多模式（电磁场分布形式），只有传导模式可以在光纤中进行长距离传输。从光纤导光理论的角度出发，按照传输模式的多少，光纤可以分为单模光纤和多模光纤。

（1）单模光纤。按模式理论把光波作为电磁波，把光纤当作光波导，只允许基模通过的光纤称为单模光纤。单模光纤纤芯直径为 $4 \sim 10 \mu m$，接近光的波长，包层直径为 $125 \mu m$。单模光纤适用于大容量、远距离的光纤通信系统。

（2）多模光纤。可以同时传输几十个、上百个乃至几千个模式的光纤为多模光纤。其纤芯直径通常比较大，一般为 $50 \mu m$ 或 $62.5 \mu m$，包层直径为 $125 \mu m$。多模光纤常用于小容量、短距离的光纤通信系统。

对于普通石英光纤来说，标准的单模光纤和多模光纤外径均为 $125 \mu m$，多模光纤的芯径为 $50 \mu m$，单模光纤的芯径为 $8 \sim 10 \mu m$。

3）按工作波长分类

按光纤的工作波长分类，有短波长光纤和长波长光纤。

（1）短波长光纤。在光纤通信初期，人们使用的光波波长在 $600 \sim 900 nm$ 范围内（典型值为 $850 nm$），习惯上把在此波长范围内呈现低损耗的光纤称为短波长光纤。短波长光纤属早期产品，目前很少采用，因为其损耗与色散都比较大。

（2）长波长光纤。随着研究工作的不断深入，人们发现在波长 $1310 nm$ 和 $1550 nm$ 区域，石英光纤的损耗呈现更低数值；不仅如此，在此波长范围内石英光纤的材料色散也大大减小。因此，人们的研究工作又迅速转移，并研制出在此波长范围损耗更低、带宽更宽的光纤，习惯上把工作在 $1000 \sim 2000 nm$ 范围的光纤称为长波长光纤。长波长光纤因具有低损耗、宽带宽等优点，适用于长距离、大容量的光纤通信。目前长途干线使用的光纤全部是长波长光纤。

4）按套塑类型分类

按光纤的套塑类型分类，有紧套光纤和松套光纤。

（1）紧套光纤。所谓紧套光纤是指二次、三次涂覆层与预涂覆层及光纤的纤芯、包层等紧密地结合在一起的光纤。此类光纤属早期产品。

未经二次、三次涂覆的光纤，其损耗—温度特性本是十分优良的，但经过二次、三次涂覆之后其温度特性下降。这是因为涂覆材料的膨胀系数比石英高得多，在低温时收缩比较厉害，压迫光纤发生微弯曲，增加了光纤的损耗。但对光纤进行二次、三次涂覆，可以大大增加光纤的机械强度。

（2）松套光纤。所谓松套光纤是指经过预涂覆后的光纤松散地放置在一塑料管之内，不再进行二次、三次涂覆。松套光纤的制造工艺简单，其损耗—温度特性也比紧套光纤好，因此越来越受到人们的重视。

当然，还可以从其他不同的角度对光纤进行不同的分类。

按光纤剖面折射率分布，可将光纤分为阶梯型光纤和梯度折射率光纤。折射率分布结构除此两种基本类型外，单模光纤根据对其色散与损耗要求的不同，还有多种不同的折射率分布剖面结构（如 W 形光纤、三角光纤等）；单模光纤按照其零色散点、截止波长、工作波长范围和弯曲性能特点，可以进一步细分为非色散位移单模光纤、色散位移色散单模光纤、截止波长位移色散单模光纤、波长扩展的非色散位移色散单模光纤、非零色散位移色散单模光纤、宽带光传输用非色散位移色散单模光纤和弯曲不敏感的单模光纤，如表 11.1 所列。

表 11.1　各类通信用单模光纤名称及其相应的标准代号对照表

光 纤 名 称	工作波长/nm	ITU－T	IEC
非色散位移单模光纤	1310～1550	G652A、G652B	B1.1
截止波长位移单模光纤	1550	G654B、G654C	B1.2－b、B1.2－c
波长扩展的非色散位移色散单模光纤	1310、1360～1530、1550	G652C、G652D	B1.3
色散位移色散单模光纤	1550	G653A、G653B	B2
非零色散位移色散单模光纤	1530～1625	G655C	B4－c
		G655D	B4－d
		G655E	B4－e
宽带光传输用非色散位移色散单模光纤	1460～1625	G656	B5
弯曲不敏感的单模光纤	1310 和 1550	G657A、G657B	C1、C2、C3、C4

按应用领域和用途，可将光纤分为通信光纤和非通信光纤。其中，非通信光纤中包括传光照明光纤、传像光纤、大芯径石英光纤（强激光光纤）以及应用于其他特殊目的的特种光纤（如中红外光纤、紫外光纤、保偏光纤、液芯光纤等）。

此外，还可以按照制造方法、机械性能强度等对光纤加以分类。

11.1.3　光纤的特性

1. 光纤的传输特性

作为一种传输介质，光纤不可避免地要对其中光信号的传输产生作用与影响，这就是光纤的传输特性。它主要包括：光纤传输的模式及相关效应，光纤的损耗，光纤的色散与带宽特性，单模光纤的偏振特性，以及高功率条件下的非线性效应。一般而言，光纤介质将使在其中传输的光信号质量劣化，引起光信号质量劣化的几种重要效应是损耗、色散与带宽特性。深入了解这些特性，对各种应用尤其是光纤通信与传感的影响十分重要。

1）损耗

光波在光纤中传输时，由于光纤材料对光波的吸收、散射，光纤结构的缺陷、弯曲及光纤间的耦合不完善等原因，导致光纤中传输的光信号的强度随距离的增加而减弱，这种现象称为光纤的传输损耗，简称损耗。光纤的传输损耗是光纤最重要的传输特性之一。光纤损耗量度的是输出光相对于输入光的损耗量，可定义为

$$损耗 = -10\lg(P_{出}/P_{入})$$

式中：$P_{入}$ 为入射光功率；$P_{出}$ 为出射光功率。

光纤损耗通常用 dB/km 表示，标准多模光纤损耗约为 2dB/km，标准单模光纤损耗

约为 0.4dB/km。

造成光信号在光纤中传输损耗的主要因素有光纤材料的吸收损耗、散射损耗、弯曲或微弯损耗（导致光泄漏）以及光纤连接与耦合的损耗。整个光纤传输过程中的总损耗等于吸收、散射与光耦合损耗之和。

2）色散

色散是光纤作为传输介质的另一重要特性，是指光纤对在其中传输的光脉冲的展宽特性，分为材料色散和结构色散两类。它是由于光纤中传输信号的不同频率（波长）成分与不同模式成分的群速不同而引起传输信号发生畸变的一种物理现象。色散使光纤中传输的无论是脉冲信号还是模拟信号均要发生波形畸变，将导致传输的光脉冲在时域展宽而强度降低，从而使误码率增加，通信质量下降。

引起色散的原因与机理是多方面的，其主要机理与类型包括：多模光纤的模式色散（或称模间色散）；由于光纤材料固有的折射率对波长依赖性而产生的波导色散；单模光纤中两种不同偏振模式下传输速度不同而引起的偏振色散。光纤总的色散是由上述各种色散综合作用的结果。

3）带宽

色散使沿光纤传输的光脉冲展宽，最终可能使两个相邻脉冲发生重叠，重叠严重时会造成误码。定义相邻两脉冲虽重叠但仍能区别开时的最高脉冲速率为该光纤的最大可用带宽。

光纤传输带宽取决于光纤的结构，通常所说的传输带宽是对多模光纤而言。多模光纤是分别按不同模式来传光的，由于各模式的光到达光纤端部的时间不同，而使传输的光脉冲展宽，在高速传输中将无法分离前后脉冲。这种传输信号速率的界限称为带宽，通常用 1km 光纤能传输的最大调制频率（MHz·km）来表示。

2. 光纤的可靠性特性

1）机械强度与疲劳

光纤的机械强度主要是指光纤的拉伸强度和弯曲特性，而弯曲特性通常是等价换算为弯曲外缘的拉伸强度。一般来说，石英光纤的强度主要取决于构成光纤的原子（主要是 Si 和 O）之间化学键的强度。由原子结合能以及单位面积原子结合数目进行推算，石英玻璃的理论强度约为 23～24GPa，比金属的拉伸强度还要高。然而，实际上，由于表面的损伤、应力集中等原因，会使强度明显下降，变得极易断裂。表面积越大，这种断裂的概率就越大。对于光纤来说，由于表面积小，而且拉丝后直接涂覆保护材料，表面损伤少，大致降到 5～6GPa。

如果给光纤加上一定的载荷（小于 5～6GPa）放置，经过一段时间后，光纤会自然断裂。另外，改变光纤周围的环境条件进行测试，可发现放置水中的光纤强度下降。光纤的这种现象称为静态疲劳。因此，对于需要长期保存的光纤或光缆，都应使光纤应力小于 0.16GPa，而且光纤周围应保持干燥。

2）耐热性

光纤的主体是石英玻璃，就石英本身而言，在 1000℃ 左右也不会软化，仍可连续使用，但上面所说的光纤涂覆材料就不具备这样的耐热性。因此，光纤的最高使用温度受到涂覆材料的限制，通常只在 100℃～150℃ 左右。为了在高温下使用，应采用特种涂覆的耐高温光纤。通常采用氟化物树脂、聚酰胺、铝等作为涂覆材料，最高使用温度分别可达到200℃，300℃，600℃左右。

3）耐辐照特性

一旦光纤接受辐射线的照射，则玻璃将产生伴随光吸收的结构缺陷，这种原子结构的再结合将发出荧光。在系统设计中，问题在于这种结构缺陷的产生使光纤损耗增加。这种结构缺陷引起的光吸收峰主要表现在紫外区，并延伸到红外区。耐辐照性能最优良的材料是不含金属杂质的石英玻璃。

对于一般场合，由于自然界的辐照剂量极小，对光纤损耗、强度、寿命等的影响都可忽略不计，故普通光纤就可使用。但对于有特殊要求的场合，如核试验基地等，就必须采用专门研制的抗辐照光纤。

3. 光纤的物理特性

光纤是一种细径圆柱介质光波导，由于光纤自身以及与其他外场的相互作用，通过光纤传输的光将引起各种各样的物理现象。光纤的这些物理现象，对于作为传输使用的光纤是所不希望的，然而对于光纤传感来说则是光纤的一种重要特性，也正是由于光纤具有这些特性才使得光纤能构成各式各样的传感器。光纤的物理特性可归结为以下几个主要效应。

（1）光弹效应，是指光纤在外界应力（例如压力和温度）作用下产生应变而引起的光学性质，如折射率发生变化。

（2）磁光效应，是指光纤在外界磁场作用下磁化而表现出来的旋光性。当光纤入射偏振光时，由于磁场作用磁化旋光，使光纤传输光的偏振面发生旋转，即所谓的法拉第效应。

（3）电光效应，包括光纤在电场作用下产生的双折射性的克尔效应和引起折射率变化的普克尔效应。

（4）运动效应，主要包括并行运动光现象的多普勒效应和回转运动光现象的萨格纳克效应。

（5）散射，包括光纤内部的瑞利散射、布里渊散射和喇曼散射。

11.1.4 光缆

由于裸露的光纤抗弯强度低，容易折断，为使光纤在运输、安装与敷设中不受损坏，必须把光纤制成光缆。光缆的设计取决于应用场合，总的要求是保证光纤在使用寿命期内能正常完成信息传输任务，为此需要采取各种保护措施，包括机械强度保护、防潮、防化学腐蚀、防紫外光、防氢、防雷电、防鼠虫等功能，还应具有适当的强度和韧性，易于施工、敷设、连接和维护等。

光缆设计的任务是为光纤提供可靠的机械保护，使之适应外部使用环境，并确保在敷设与使用过程中，光缆中的光纤具有稳定可靠的传输性能。对光缆最基本的要求有：缆内光纤不断裂；传输特性不劣化；缆径细、质量小；制造工艺简单；施工简便、维护方便。

光缆的制造技术与电缆是不一样的。光纤虽有一定的强度和抗张能力，但经不起过大的侧压力与拉伸力；光纤在短期内接触水是没有问题的，但若长期处在多水的环境下会使光纤内的氢氧根离子增多，增加了光纤的损耗。因此，制造光缆不仅要保证光纤在长期使用过程中的机械物理性能，而且还要注意其防水、防潮性能。

1）光缆的基本结构

光缆是由光纤、导电线芯、加强芯和护套等部分组成。一根完整、实用的光缆，从一次涂覆到最后成缆，要经过很多道工序，结构上有很多层次，包括光纤缓冲层、结构件和加强芯、防潮层、光缆护套、油膏、吸氧剂和铠装等，以满足上述各项要求。

一根光缆中纤芯的数量根据实际的需要来决定，可以有1～144根不等（国外已经研制出4000芯的用户光缆），每根光纤放在不同的位置，具有不同的颜色，便于熔接时识别。

导电线芯是用来进行遥远供电、遥测、遥控和通信联络的，导电线芯的根数、横截面积等也应根据实际需要来确定。

加强芯是为了加大光缆抗拉、耐冲击的能力，以承受光缆在施工和使用过程中产生的拉伸负荷。一般采用钢丝作为加强材料，在雷击严重地区应采用芳纶纤维、纤维增强塑料（FRP棒）或高强度玻璃纤维等非导电材料。

光缆护套的基本作用与电缆相同，也是为了保护纤芯不受外界的伤害。光缆护套又分为内护套和外护套。外光缆护套的材料要能经受日晒雨淋，不致因紫外线的照射而龟裂；要具有一定的抗拉、抗弯能力，能经受施工时的磨损和使用过程中的化学腐蚀。室内光缆可以用聚氯乙烯护套，室外光缆可用聚乙烯护套。要求阻燃时，可用阻燃聚乙烯、阻燃聚醋酸乙烯腊、阻燃聚胶脂、阻燃聚氯乙烯等。在湿热地区、鼠害严重地区和海底，应采用铠装光缆。聚氯乙烯护套适合于架空或管道敷设，双钢带绕包铠装和纵包搭接皱纹复合钢带适用于直埋式敷设，钢丝铠装和铅包适用于水下敷设。

2）光缆的分类

光缆的分类方法很多。按应用场合，可分为室内光缆和室外光缆；按光纤的传输性能，可分为单模光缆和多模光缆；按加强筋和护套等是否含有金属材料，可分为金属光缆和非金属光缆；按护套形式，可分为塑料护套光缆、综合护套光缆和铠装光缆；按敷设方式不同，可分为架空光缆、直埋光缆、管道光缆和水下光缆；按成缆结构方式不同，可分为层绞式光缆、骨架式光缆、束管式光缆、叠带式光缆等。

下面仅以成缆方式的不同，介绍几种典型的光缆。

（1）层绞式光缆。

层绞式光缆的结构和成缆方法类似电缆，但中心多了一根加强芯，以便提高抗拉强度，其典型结构如图11.3所示。它在一根松套管内放置多根（如12根）光纤，多根松套管围绕加强芯绞合成一体，加上聚乙烯护层成为缆芯，松套管内充稀油膏，松套管材料为尼龙、聚丙烯或其他聚合物材料。层绞式光缆结构简单、性能稳定、制造容易、光纤密度较高（典型的可达144根）、价格便宜，是目前主流光缆结构。但由于光纤直接绞在光缆中的加强芯上，所以难以保证在其施工与使用过程中不受外部侧压力与内部应力的影响。

（2）骨架式光缆。

骨架式光缆的典型结构如图11.4所示，它由在多股钢丝绳外挤压开槽硬塑料而成，中心钢丝绳用于提高抗拉伸和低温收缩能力，各小槽中放置多根（可达10根）未套塑的裸纤或已套塑的纤纤，铜线用于公务联络。这类光缆抗侧压能力强，但制造工艺复杂。目前，已有8槽72芯骨架光缆投入使用。

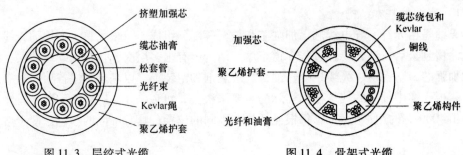

图 11.3　层绞式光缆　　　　　　　　　图 11.4　骨架式光缆

（3）带状光缆。

带状光缆的典型结构如图 11.5 所示，是一种高密度光缆结构。它是先把若干根光纤排成一排粘合在一起，制成带状芯线（光纤带），每根光纤带内可以放置 4～16 根光纤，多根光纤带叠合起来形成一矩形带状块再放入缆芯管内。缆芯典型配置为 12 芯 × 12 芯。目前所用的光纤带的基本结构有两种：一种为薄型带；另一种为密封式带。前者用于少芯数（如 4 根）；后者用于多芯数，价格低，性能好。它的优点是结构紧凑、光纤密度高，并可做到多根光纤一次接续。

（4）束管式光缆。

束管式光缆是最新开发的一种轻型光缆结构，其典型结构如图 11.6 所示，其缆芯的基本结构是一根根光纤束，每根光纤束由两条螺旋缠绕的扎纱将 2～12 根光纤松散地捆扎在一起，最大束数为 8，光纤数最多为 96 芯。光纤束置于一个 HDPE（高密度聚乙烯）内护套内，内护套外有皱纹钢带铠装层，该层外面有一条开索和挤塑 HDPE 外护套，使钢带和外护套紧密地粘接在一起。在外护套内有两根平行于缆芯的轴对称的加强芯紧靠铠装层外侧，加强芯旁也有开索，以便剥离外护套。在束管式光缆中，光纤位于缆芯，在束管内有很大的活动空间，改善了光纤在光缆内受压、受拉、弯曲时的受力状态；此外，束管式光缆还具有芯细、尺寸小、制造容易、成本低且寿命长等优点。

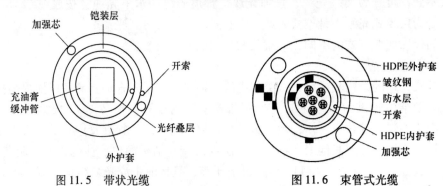

图 11.5　带状光缆　　　　　　　　　图 11.6　束管式光缆

总之，伴随光纤通信技术的不断发展，光缆的设计与制造技术也在日益取得进展。

11.2　阶梯型光纤

11.2.1　阶梯型光纤光学性质

最简单的光纤是由单一均匀透明介质构成的圆柱形细丝，称为单质光纤，如图 11.7

所示。

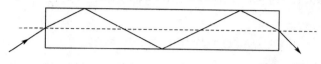

图11.7 单质光纤

光线在光纤内表面发生多次全反射，使光线由一端沿着光纤传播至另一端。这种光纤的缺点是当它暴露在空气中时，光纤外表面有可能会被空气中有害物质侵蚀而产生缺陷。这些光纤表面的微小缺陷以及附着在光纤表面的尘埃、污物等都将使光发生散射而射出光纤，引起光能损失。在一般光学系统中的全反射棱镜的反射面上，虽然也存在这些缺陷，但是在一个棱镜系统中只有若干次反射，因而影响不大。而在光纤中，光线可能要经过上千次上万次全反射，如果每次全反射都损失一部分光能，总的损失就十分可观了。另外，这种单质光纤特别不适用于传递图像的光纤束，因为在光纤束中光纤之间是紧密接触的，光线有可能从一根光纤串入另一根光纤，这将影响传像的清晰度。

为了克服光纤的上述缺点，在光纤的外面包上一层折射率比内芯极低的玻璃，如图11.8所示，这样的光纤称为外包光纤。在这种光纤中，光线在光纤内外两种玻璃的分界面上进行全反射。这样光纤表面的缺陷和污物，就不会影响全反射。目前使用的光纤大多属于外包光纤。

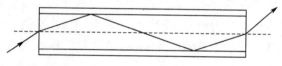

图11.8 外包光纤

外包光纤由内外两层折射率不同的玻璃拉制而成，内部玻璃的折射率 n_1 较高，是纤维的轴心，外层玻璃的折射率 n_2 较低。当入射角大于全反射临界角的光线射入内层玻璃时，光线在内外玻璃层的分界面上将不断地发生全反射，如图11.9所示。

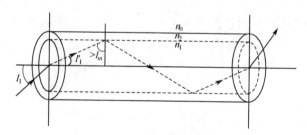

图11.9 光纤内光路图

设 I_m 为临界角，n_0 为光纤所在空间介质的折射率，则有

$$n_0 \sin I_1 = n_1 \sin I'_1$$

又由全反射临界角公式，得

$$\sin I_m = \frac{n_2}{n_1} = \cos I'_1$$

则保证发生全反射的条件为

183

$$\sin I_1 = \frac{n_1}{n_0}\sin I'_1 = \frac{n_1}{n_0}\sqrt{1 - \cos^2 I'_1} = \frac{n_1}{n_0}\sqrt{1 - \left(\frac{n_2}{n_1}\right)^2}$$

$$I_1 = \arcsin\left(\frac{1}{n_0}\sqrt{n_1^2 - n_2^2}\right) \tag{11.1}$$

由式 (11.1) 可知，当入射光线在纤维端面上的入射角小于 I_1 值时，即发生全反射，该光线在纤维内被传送到另一端；当入射角大于 I_1 时，入射光线将透过玻璃内壁进入外层，不能继续传送。

我们定义 $n_0\sin I_1$ 或 $n_1\sin I'_1$ 称为光纤的数值孔径（NA），表示为

$$NA = \sqrt{n_1^2 - n_2^2} \tag{11.2}$$

均匀光纤的数值孔径是指子午光线在光纤内全反射并形成导波时，在光纤端面上入射光线的入射角变化范围的大小。它是衡量一根光纤所能接收到的光能大小的一个重要参数，反映了光纤束集光能力，数值越大，集光能力就越强，进入光学纤维的光通量就越高。它由芯、皮层折射率决定。国内生产的大截面传像束数值孔径达 0.55。欲增大光纤的数值孔径，必须增加内外两种玻璃的折射率差。由于高折射率光学玻璃的发展，目前玻璃光纤的最大数值孔径可以达到 1.4。当然对 NA 大于 1 的情形，光纤的两端必须位在浸液中，就像显微物镜的数值孔径大于 1 时，必须采用浸液物镜一样。

根据全反射原理，光线在阶梯型光纤中的传输轨迹显然是锯齿形的。经光纤传输后出射光线的方向与全反射次数有关。偶次反射时，出射光线与入射光线同方向；奇次反射时，出射光线沿着入射光线的镜向方向传输。上面的讨论实际上仅限于位在过光纤对称轴线的截面内的光线，相当于共轴系统中的子午光线。这些光线在光纤中永远位在同一平面内。

通过光纤的光能损失可以分为三部分。

（1）入射和出射端面上的反射损失。它的计算和一般透镜表面的反射损失计算相似。设光纤端面反射系为 ρ_1，则考虑端面反射损失后的透过率为

$$K_1 = (1 - \rho_1)^2$$

（2）光纤界面的非全反射损失。由于界面处有杂质、缺陷等原因，会引起光的散射。在界面处不再满足全反射条件，其反射系数 $\rho_1 < 1$。若总的反射次数为 m，则考虑界面非全反射后的透过率为

$$K_2 = \rho_2^m$$

且反射次数 m 与光纤长度 L、纤芯直径 d 及光线在界面上的入射角 I 有关，即 $m = \dfrac{L}{d\tan I}$。

（3）纤芯材料的吸收损失。考虑纤芯介质吸收损失后的透过率为

$$K_3 = e^{-\alpha \cdot S}$$

式中：S 为通过纤芯的光纤光路长度，以厘米为单位；α 为纤芯的光吸收系数，用白光通过 1cm 厚玻璃时的透过率 k 的自然对数的负值表示，即 $\alpha = -\ln k$。S 和光纤的长度 L 以及界面入射角 I 有关，即 $S = \dfrac{L}{\sin I}$。

考虑上述三部分光能损失后，光线的总透过率可表示为

$$K = K_1 K_2 K_3 = (1 - \rho_1)^2 \rho_2^m e^{-\alpha \cdot S} \tag{11.3}$$

国内研制的单丝直径 15μm、长 1.20mm 的大截面传像束透过率为 42% 左右，而同样长度传光束可达 50% 以上。

当光纤发生弯曲时，一般弯曲半径比光纤直径大得多，对光纤的工作性质几乎没有影响。实验证明，当弯曲半径大于 20 倍光纤直径时，光纤的数值孔径、透过率等光学性质仍无显著变化。当弯曲半径较小时，将会使入射光线的最大孔径角减小，这时的数值孔径计算公式为

$$NA = \sqrt{n_1^2 - n_2^2\left(1 + \frac{d}{2R}\right)^2} \tag{11.4}$$

式中：d 为纤芯的直径；R 为光纤弯曲半径；n_1，n_2 为纤芯和包层的折射率。

除了圆柱光纤之外，有时也使用圆锥光纤，如图 11.10 所示。由光纤大端入射的光线，在光纤内部每经过一次反射，入射角 I 减小圆锥 θ 的 2 倍，直到 I 小于临界角而逸出光纤。因此，一般圆锥光纤的长度都比较短。相反，由光纤小端入射的光线，每经过一次反射，入射角 I 将增加 2θ，光线与光纤轴线的夹角逐次减小，直到光线从大端射出光纤为止。

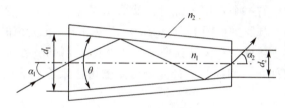

图 11.10　圆锥光纤

圆锥光纤主要用于压缩光束的截面积，增大孔径角，提高出射面的光照度。入射端的直径 d_1 和光锥角 α_1 与出射端的直径 d_2 和光锥角 α_2 之间满足以下关系，即

$$d_1\sin\alpha_1 = d_2\sin\alpha_2 \tag{11.5}$$

圆锥光纤的数值孔径为

$$NA = n_0\sin\alpha_1 = \frac{d_2}{d_1}\sqrt{n_2^2 - n_1^2} \tag{11.6}$$

在圆锥光纤的外面如果再包上一层高吸收率的介质，可以用来防止有效孔径之外的杂光。

11.2.2　阶梯型光纤的应用

阶梯型光纤既具有传递光能的特性，又具有可绕性，因此在医用和工业内窥镜及其他光纤仪器中，常利用光纤束作为传光和传像的光学元件。所谓光纤束就是把许多单根光纤的两端用胶紧密地粘贴在一起，做成不同长度和不同截面形状与大小的光纤元件。光纤束既可作为传光束，又可作为传像束。传光束是用来传递光能的，传像束是用来传递图像的。由于两者的作用不同，因此其结构型式和要求也不尽相同，下面分别加以介绍。

1. 传光束

传光束可由刚性或柔性的光纤束构成。光纤束中光纤在入射端和出射端的排列顺序可以是任意的，传光束一般用于目标的照明。按外形，可把传光束分为三种类型，下面

分别介绍三类传光束的特点和应用。

1）单根传光束

单根传光束的作用是在两点间传递光通量，将光传输到一远距离的点，或从一远距离点接收光。由于光学纤维很细，传光束具有柔曲性，所以光源可以随意安放，照明头也可任意改变位置，变换照明方向，增加了照明装置的使用灵活性，并能把光送到任何复杂通道或内腔中去。由于光纤数值孔径大，所以照明头发出的光束亮度大。这种传光束还可用作目视监视。例如，司机在驾驶位置上，通过传光束可以监视汽车上的每一个灯（侧灯、刹车灯和方向指示灯），还可用传光束来监控不可接近的光源和高温、危险区域等，既可靠又安全。这种传光束还能应用于扫描系统，把光纤一端与扫描头连结，另一端与光能接收器连结，便可以进行大面积扫描，比一般光学系统来完成同样任务要简单得多。

2）分支传光束

具有两个分支的传光束是分支传光束中最简单的一种型式，通常称为 Y 型传光束。这种传光束可用来合并两束光，或者把一束光分离成两束光。例如，在照明装置中，当主光源发生故障，需要有一个备用光源时，就采用 Y 型传光束。这种型式的传光束也常用在光纤传感器中，其原理如图 11.11 所示。可以看出，传光束的一个分支用来照明被测目标，另一个分支将反射光传导到光电探测器上。反射光量的任何变化，将导致探测器输出信号的强弱变化。因而，这种光纤传感器可用来检测表面粗糙度、位移、变形等。

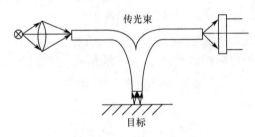

图 11.11　Y 型传光束

为了实现多路同时照明，需要采用多分支传光束，把一传光束分成多个分支，每一个分支照明一个目标。例如，飞机、汽车上表盘的照明就是采用这种多分支传光束，只需用一个灯泡就可同时照明不同位置上的许多表盘，这比一个灯泡照明一个表盘更可靠，而且仪器结构可以小型化。

3）形状变换传光束

由于在一个纤维束中每根光纤独立地发生作用，彼此之间没有空间位置上的联系，因此，每根纤维的输出端相对于输入端可以适当地改变，即传光束输出截面形状相对输入面可以变化。这种形状可变换传光束用在照明装置中时，可以提高光能利用率。例如，用一个点状光源照明一个长狭缝，可以把传光束的输入端排成圆形，通过透镜把光源发出的光聚焦在传光束的输入端面上，而把光纤束的输出端排列成线状，以照明整个狭缝。如果用一般光学系统，直接把光源成像在狭缝上，则像的直径必须大于狭缝长度，这样大部分光线都不能进入狭缝而被浪费。这种传光束所具有的改变光束分布状态和形状的能力，也为信息显示提供了方便，使输入面从聚光系统那里接收最大的光量，而输出面则显示所要求的符号和图表。形状变换传光束在显示系统中应用的实例很多，如可显示速度限制和方向指示的公路标志，以及在各种场合应用的数字显示器等。

2. 传像束

如果光学纤维束两端（中间部分除外）的排列是一一对应的，即每根光学纤维在入射端面和出射端面上的几何位置完全一样，这样的光学纤维束能用来传递图像，称为光纤传像束。传像束中的每一个光学纤维端面可以看作为一个取样孔，每根光纤能独立地传输一个像元，像元的大小和光学纤维的取样孔径相等，于是整个传像束便能传递一幅图像。光学纤维传像束传递图像质量的好坏，除了与前面已讨论的单根光纤的数值孔径、透过率有关外，还有一个评价传递图像质量的重要指标，这便是分辨率。光纤束的分辨率取决于它所包含的光纤纤芯的尺寸。因为每根光纤只能传输图像的一个点，分辨率定义为在单位长度内观察同样宽度的黑白线对时，所能鉴别出最多的线对数，通常用每毫米内能分辨的线距对数来表征，单位是线对/毫米（lp/mm）。这与组成传像束的光纤直径即与采样点大小有关，而且还与光纤的排列方式和排列紧密程度有关，即与采样点的多少有关。分辨率越高，光纤传像束传递图像的性能就越好，被传递的图像就越清晰。

用于传像束的光纤必须有很好的外包层，并且输入端和输出端的排列顺序应完全相同。用传像束传像有许多特殊的优点，如长度和空间无严格限制、具有很大的数值孔径、没有像差等。它的缺点是：光纤束中的少数光纤可能被折断，使输出像面上出现盲点；输入输出端的排列形状可能有变形，引起像的变形；只存在一对共轭面，而且景深很小；分辨率受光纤直径的限制。

传像光纤束的用处很多，下面分别介绍几种主要的应用。

1）内窥镜

内窥镜是光纤传像束应用的典型例子，主要结构是在光纤传像束输入端前面用一个物镜把观察目标成像在传像束的输入端面上，通过传像束把像传至输出端，然后通过目镜来观察输出端的像，或者通过透镜组把像成在感光底片或光电摄像器件靶面上。

由于光学纤维束能够任意弯曲，所以内窥镜可以用来观察人眼无法直接看到的目标。例如，利用内窥镜可以观察人体内部的组织和器官，如胃、肠等，也能用来检查机器内腔和深孔、盲孔等。内窥镜的照明可采用传光束，外部光源发出的光通过传光束引入到内部目标上。传像束和传光束安装在同一根软管内。对于医用内窥镜，为了减少内窥镜进入人体而引起的痛苦，内窥镜头部尺寸要尽量小，而且通过传光束传导的必须是冷光（不包含红外波段的光）。图 11. 12 所示为光纤内窥镜的工作原理示意图。

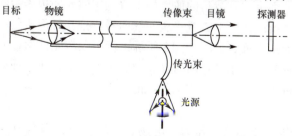

图 11. 12　光纤内窥镜工作原理示意图

光纤内窥镜具有前述的很多优点，但是，它也存在缺点，例如：光纤束中的少数光纤可能被折断，使输出像面上出现盲点；只存在一对物像共轭面，即物像面必须严格位在传像束输入输出端面上。

2）光纤面板

光纤面板是由大量光学纤维规则排列、熔压而成的厚度小于横截面尺寸的板状刚性纤维光学元件。光纤面板中每根纤维的导光相互不受影响，光纤直径一般为 $5 \sim 7\mu m$。适当选择光纤的芯料和外包层玻璃的折射率，数值孔径可达 $0.2 \sim 0.85$。如果把输入和输出端浸在液体中，好像显微镜的浸液物镜那样，数值孔径可达 1.4，因此集光能力较强。它的端面可以加工成球状，以校正光学系统或电子光学系统的场曲；可以使投射到端面上的图像直接传送到另一端面，实现光学上的零厚度，消除视差，同时整个视场内像质均匀。

光纤面板的最大用途是作为各种电子束成像器件的输出、输入面板使用。图 11.13 为一种使用光纤面板作为输出端的阴极射线管记录装置。光纤面板封接在管子的输出端，荧光层直接镀在光纤面板的内侧，电子束打在荧光层上产生的像，通过光纤面板直接传递到紧贴在光纤面板外侧的感光胶片上，被记录下来。

光纤面板代替微光像增强器中的普通玻璃窗或串联像增强器中的耦合云母片，不仅能提高像质，而且由于像管可单独制作，大大提高了像管的成品率。因此，光纤面板成了微光像增强器不可缺少的关键元件。图 11.14 是把光纤面板使用在像增强器的输入和输出端，通过光纤面板可以把若干个像增强器联结起来使用，使整个系统获得极大的增益。光纤面板的内侧做成球面，可以用来补偿电子光学系统的像面弯曲；外侧做成平面，以便多级耦合使用。

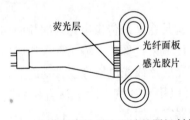

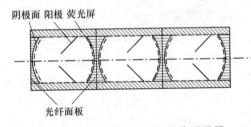

图 11.13　光纤面板作为输出端的阴极射线管　　　图 11.14　使用光纤面板的像增强器

光纤面板的另一个用途是在普通光学系统中，作为补偿像面弯曲的平场器。在设计大视场大孔径的光学系统时，经常遇到系统像面弯曲的校正和其他像差的校正发生矛盾。如果光学系统不校正像面弯曲，则往往可以使其他像差达到更好的校正，这样的光学系统可以在一个曲面上得到清晰的像。如果直接用感光底板来接收，仍然不能使整个像面清晰。假如在系统的像面上放置一块光纤面板，把光纤面板的一面磨成和弯曲的像面相一致，另一面磨成平面，如图 11.15 所示，就可以在光纤面板的平面上得到一个清晰的平面像。光纤面板起到了把弯曲像面变换成平像面的作用，或者说它补偿了像面弯曲。当然光纤面板的加入，会带来附加的光能损失和分辨率下降。

3. 光纤在光纤传感技术中的应用

如果将光学纤维置于温度、压力、电场、磁场等外界因素中，这些外界因素对光纤作用时，会引起通过光纤光波的振幅、相位、波长、偏振等参数发生变化。利用这种变化关系，就可以把光学纤维作为探测温度、压力、电流、磁场等物理量的元件。所以，光学纤维不仅可作为传输信息的元件，而且还能作为传感信息的元件，用来感知信息。

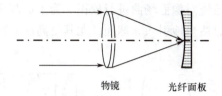

图 11.15　像面变换器

图 11.16 所示为光纤辐射计量仪示意图。它是利用放射线辐射使光纤变黑、吸收损耗增大的原理，通过探测器接收到的光强的变化，即可指示辐射剂量的大小。

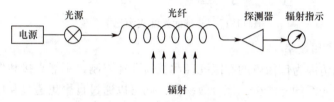

图 11.16　光纤辐射计量仪示意图

光纤传感技术与其他传感技术相比较，具有如下优点：电绝缘，不存在电磁干扰现象；安全可靠，不会产生火花而引起爆炸；既是信息探测元件，又是信息传输元件，光纤本身对被测介质状态影响很小；灵敏度高，便于远距离控制等。这些优点使光纤传感技术具有广阔的应用前景。

11.2.3　阶梯型光纤光学系统

由于光纤束具有传光和传像特性，因此作为传光和传像的光学元件，在许多光学系统中得到了广泛应用，如内窥镜光学系统、光纤微光高速摄影系统、空间光纤光电经纬仪、光纤光雷达、光纤全息内窥镜系统、光纤潜望系统等光电装备。下面来介绍传像光纤束光学系统的特性和设计要求。

1. 光纤成像系统的设计原则

1）数值孔径匹配

在传像束前置物镜设计时，一定要满足光纤的全反射条件，使入射光线的数值孔径小于光纤的数值孔径。在设计时，仅仅使前置物镜的像方数值孔径与传像束的物方数值孔径相匹配是不够的，因为轴上物点的成像光束对光轴对称，能全部进入传像束，而轴外物点成像光束对称于下光线，其一部分上光线或一部分下光线的入射角将会超过传像束的数值孔径角，导致部分光线被拦挡。为了保证轴上物点和轴外物点的全部成像光束都能进入传像束中传播，应将前置物镜设计成像方远心系统。如果传像束后有光学系统，则传像束的数值孔径应该小于后面光学系统的数值孔径。

2）分辨率匹配

传像光纤光学系统前置物镜，要充分利用传像束的分辨率，保证传像束光学系统最终的成像质量，要求前置物镜的极限空间分辨率应该大于传像束的极限分辨率。

3）前置光学系统像差校正

设计前置光学系统时，轴外像差校正比较困难。如果像差平衡得不好，特别是像面场曲校正得不好，就会出现轴外像面模糊，甚至因光纤的弥散性而使得轴外像面的轻度失真，所以要求前置光学系统对像面场曲进行校正。为了提高成像质量，同时使系统的体积和质量得到控制，可以适当地引入非球面，尤其是高次非球面。图 11.17 为运用非球面的光纤成像光学系统。

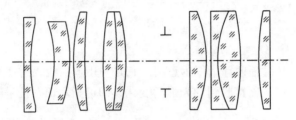

图 11.17　非球面光纤成像光学系统

4）耦合技术和效率

如果前置物镜因为传像束的有限孔径和数值孔径限制，不能直接和传像束相紧密连接，使得耦合进光纤的光能少，耦合效率低，则可以通过自聚焦透镜和传像紧密连接来提高耦合效率。图 11.18 为光纤传像束光学耦接系统，其中：图 11.18（a）利用双胶合透镜来提高耦合效率；图 11.18（b）利用衍射光学面来提高耦合效率。

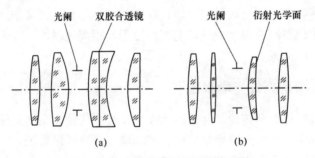

（a）　　　　　　　　　　　　　（b）

图 11.18　光纤传像束光学耦接系统

2. 光纤成像系统中的光学参数匹配

纤维光学成像系统都是由成像镜头和传像束组成，镜头分别位在传像束之前和之后，传像束本身是一个中间传像环节，所以就整个光纤成像系统而言，存在着镜头和传像束之间光学参数的匹配问题。

图 11.19 所示为光纤成像系统的基本组成，各组元孔径角之间有如下关系。

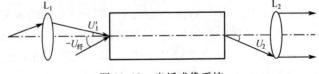

图 11.19　光纤成像系统

（1）镜头 L_1 的像方孔径角 U'_1 必须在传像束数值孔径所允许的孔径角 $U_纤$ 之内，即 $U'_1 < U_纤$。

190

（2）镜头 L_2 的物方孔径角 U_2 可以大于 L_1 的像方孔径角 U'_1，即 $U_2 > U'_1$。考虑到实际应用的光纤，由于工艺原因，介质界面不可能理想，会引起光的散射。另外，由于纤芯很细，光束通过光纤时伴随着衍射的产生，所以从光纤实际出射的光线角度会大于入射端面的光线入射角。

光学纤维成像系统的成像分辨率 $N_{总}$ 由镜头 L_1，L_2 的分辨率 N_1，N_2 和传像束的分辨率 $N_{纤}$ 决定，三者之间的关系可用下面的经验公式表示，即

$$\frac{1}{N_{总}} = \frac{1}{N_1} + \frac{1}{N_2} + \frac{1}{N_{纤}} \tag{11.7}$$

根据总的成像分辨率要求，由式（11.7）可以对镜头 L_1，L_2 提出分辨率指标。

光纤成像系统的总放大率 $\beta_{总}$ 也由镜头 L_1，L_2 的放大率 β_1、β_2 及传像束本身放大率 $\beta_{纤}$ 决定，即

$$\beta_{总} = \beta_1 \beta_{纤} \beta_2 \tag{11.8}$$

β 带有符号，所以放大率应包含像的正倒和大小两项内容。由于光纤传像束长度长并能弯曲，所以可以让传像束的出射端相对入射端扭转 $180°$，使像发生颠倒，因此传像束的放大率可正可负。当系统中含有反射棱镜和平面反射镜时，还需考虑平面零件的转像作用。如果采用的是圆柱光纤的传像束，其输出端面上的像始终与输入端面上的物一样大。对于目视观察用的光纤内窥镜，L_2 为目镜，目镜的视放大率 $\Gamma_{目}$ 须受传像束光纤直径 d 限制，要求传像束端面上相邻纤维间距对人眼张角经目镜放大后小于人眼的工作分辨角，即

$$\frac{d}{250} \cdot \Gamma_{目} \leqslant (2' \sim 3')$$

若不满足此要求，则在通过目镜观察到图像的同时，还会看到由纤维端面组成的网格状而影响图像清晰度。

3. 特性与设计要求

传像束的功能是传输图像，因此必须有一幅图像输入到传像束的输入端面。在一般的光纤系统中，担任这一任务的是成像物镜，它可把不同大小和距离的物体成像在传像束的输入端面，如图 11.20 所示。对物镜光轴上的像点 A' 来说，其成像光束的立体角相对光轴是对称的；而对轴外像点 B' 来说，其成像光束的立体角是相对主光线对称的。由图 11.20 可以看出，轴上像点 A' 的光束正入射在传像束的输入端面上，而轴外像点 B' 的光束是斜入射在传像束的输入端面上。当物镜 L 的像方孔径角 u' 和光纤的数值孔径角相等时，轴上像点 A' 的光束能全部进入传像束中传输，而轴外像点 B' 的光束，由于其主光线与传像束的输入端法线成一夹角 ω'（视场角），使得光束的一部分光线的入射角大于传像束的数值孔径角，而使其不能通过传像束，相当于几何光学中拦光作用。而且随着物镜视场角的增大，像点束的拦光增多，使得传像束输出图像的边缘变得较暗，这是光纤光学系统所不能允许的。为了克服上述缺陷，光纤光学系统的成像物镜应设计成像方远心系统，如图 11.21 所示。

由于像方远心系统的孔径光阑位于物镜 L 的前焦面处，使得物镜的像方主光线平行于物镜光轴，轴外像点 B' 的光束与轴上像点 A' 一样，正入射在传像束的输入端面，使得轴外像点不存在拦光现象，可获得与输入图像光强分布近乎一致的输出图像。

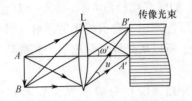

图 11.20 传像束的输入图像

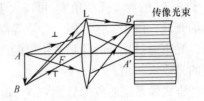

图 11.21 传像束前置光学系统

为了观察传像束的输出图像，在传像束的输出端面之后需连接目镜或光电图像转换器件，因此对传像束的后置光学系统也应有一定的要求。这是因为传像束输出端的光束发散角受光纤束的传光特性所限，不同于自发光物体，而是以光纤数值孔径角的大小发散光线，因此后置光学系统应设计成物方远心光学系统，其后置光学系统的孔径光阑位于物镜的后焦面上，使其物方主光线平行于物镜光轴，才能获得相匹配的光束衔接。若把传像束的输入端和输出端的光学系统连接起来，如图 11.22 所示，传像束的输入、输出端面相当于前后两个光学系统的中间像面，其光瞳位置是衔接的，犹如不存在传像束的两个光学系统组合一样。但我们不能完全将其看成是两个光学系统的组合，这是因为两个光学系统的组合，只要考虑光元件位置的衔接就可以了，而在光纤光学系统中，除考虑光瞳位置的衔接外，前后光学系统的光瞳大小还必须单独考虑。例如，当前方成像系统的像方孔径角小于传像束的数值孔径角时，则后方成像系统的相对孔径不应以前方成像系统的像方孔径角为准，原则上应以传像束的数值孔径角为准，这是因为光纤束的传光特性决定其出射光束以充满光纤的数值孔径角出射。若不满足上述要求，则后方成像系统就会限制传像束的光能传输。

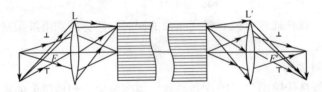

图 11.22 光纤光学系统

11.3 梯度折射率光纤

在全反射光纤中，不同入射角的光线，在光纤内部所走的路程和全反射的次数都不相同，因此每条光线的光程都不相等。由同一点进入光纤的光线，在输出端将产生位相差。如果输入的是瞬时的光脉冲，则同一个脉冲中以不同入射角入射的光线，到达输出端的时间不同，瞬时脉冲将被展宽，即同一脉冲的延续时间增加。如果把光纤用来作为传递信息的导体，能够传递的信息量就会受到限制。因为信息都是以脉冲的形式来传递的，脉冲的时间宽度越大，单位时间内能够传递的信息越少。为了克服上述缺点，就产生了梯度折射率光纤。梯度折射率光纤的折射率在光纤截面内是不均匀分布的，中心折射率最高，并随着半径增加而逐步下降。折射率分布近似符合以下关系，即

$$n = n_1\left(1 - \frac{1}{2}Ar^2\right) \tag{11.9}$$

式中：n_1 为光纤中心的折射率；A 为折射率分布系数；r 为光纤横截面内离中心的径向距离，如图 11.23（a）所示。梯度折射率光纤也称为变折射率光纤，图 11.23（b）就表示折射率随半径 r 变化的曲线。

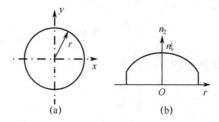

图 11.23　梯度折射率光纤折射率分布

下面讨论光线在变折射率光纤中的传播路径。这是一个非均匀介质中光线的传播问题。我们先来找出非均匀介质中光线传播的微分方程式，再把它应用于光纤，根据光纤的特点做某些近似，得出简化的在梯度折射率光纤中近轴光线的轨迹方程。

11.3.1　非均匀介质中的光线微分方程式

梯度折射率光纤的介质折射率是连续变化的。因此，为讨论光线在梯度折射率光纤中的轨迹，必须首先导出均匀介质中的光线传播方程式。

光波是一种电磁波，光波在空间的传播应严格遵循电磁场在空间传播的麦克斯韦波动方程。如果把光波波长看作无限小，便可得到不均匀介质中波动方程式的几何光学近似式，即程函方程

$$(\nabla L)^2 = n^2 \tag{11.10}$$

式中：L 为光程；∇L 为光程的梯度；n 为光传输空间介质折射率。

若用笛卡儿坐标表示，程函方程又可以写成

$$\left(\frac{\partial L}{\partial x}\right)^2 + \left(\frac{\partial L}{\partial y}\right)^2 + \left(\frac{\partial L}{\partial z}\right)^2 = n^2 \tag{11.11}$$

程函方程是几何光学中描述光程传播的基本方程式。它指出，光程梯度的绝对值与介质的折射率相等。

下面再将程函方程适当变换，让它表示成折射率的不均匀性和光线的弯曲路径之间的关系式。

设光线在空间传播的方向单位矢量为 S，光的传播方向就是波面法线的方向，也就是光程的梯度方向，即 ∇L 的方向。所以，沿光线方向的单位矢量为

$$S = \frac{\nabla L}{|\nabla L|}$$

利用式（11.10），单位矢量 S 可以表示为

$$S = \frac{\nabla L}{n} \tag{11.12}$$

为了用坐标表示光线的路径，把 S 表示成位置矢量的变化更为方便，所以，需要求出 S 相位置矢量的关系。在图 9.4 中，曲线表示在非均匀介质中传播的任意一条光线路径。曲线上任意点 P（$x,\ y,\ z$）的位置矢量为 r，当沿曲线移动 $\mathrm{d}s$ 距离后，位置矢

量的变化量为 $\mathrm{d}\boldsymbol{r} = \boldsymbol{S}\mathrm{d}s$，所以有

$$\boldsymbol{S} = \frac{\mathrm{d}\boldsymbol{r}}{\mathrm{d}s} \tag{11.13}$$

将式（11.13）代入式（11.14），得

$$n\frac{\mathrm{d}\boldsymbol{r}}{\mathrm{d}s} = \nabla L \tag{11.14}$$

将式（11.14）写成其分量的形式，得

$$\begin{cases} n\dfrac{\mathrm{d}x}{\mathrm{d}s} = L_x \\[2mm] n\dfrac{\mathrm{d}y}{\mathrm{d}s} = L_y \\[2mm] n\dfrac{\mathrm{d}z}{\mathrm{d}s} = L_z \end{cases} \tag{11.15}$$

式中：$L_x = \dfrac{\partial L}{\partial x}$；$L_y = \dfrac{\partial L}{\partial y}$；$L_z = \dfrac{\partial L}{\partial z}$。

将式（11.15）的第一式进行 s 全微分，因为 x，y，z 是 s 的函数，所以有

$$\begin{aligned} \frac{\mathrm{d}}{\mathrm{d}s}n\frac{\mathrm{d}x}{\mathrm{d}s} = \frac{\mathrm{d}L_x}{\mathrm{d}s} &= \left(\frac{\mathrm{d}x}{\mathrm{d}s}\frac{\partial}{\partial x} + \frac{\mathrm{d}y}{\mathrm{d}s}\frac{\partial}{\partial y} + \frac{\mathrm{d}z}{\mathrm{d}s}\frac{\partial}{\partial z}\right)L_x \\[2mm] &= \frac{\mathrm{d}x}{\mathrm{d}s}L_{xx} + \frac{\mathrm{d}y}{\mathrm{d}s}L_{xy} + \frac{\mathrm{d}z}{\mathrm{d}s}L_{xz} \end{aligned} \tag{11.16}$$

将式（11.15）代入式（11.16），得

$$\begin{aligned} \frac{\mathrm{d}}{\mathrm{d}s}n\frac{\mathrm{d}x}{\mathrm{d}s} &= \frac{1}{n}(L_x L_{xx} + L_y L_{xy} + L_z L_{xz}) \\[2mm] &= \frac{1}{2n}\frac{\partial}{\partial x}(L_x^2 + L_y^2 + L_z^2) \end{aligned} \tag{11.17}$$

利用式（11.10），则式（11.11）又可以写成

$$\frac{\mathrm{d}}{\mathrm{d}s}n\frac{\mathrm{d}x}{\mathrm{d}s} = \frac{1}{2n}\frac{\partial}{\partial x}n^2 = \frac{\partial n}{\partial x}$$

对于 y，z 分量，也可用同样的方法，归纳其结果可得

$$\frac{\mathrm{d}}{\mathrm{d}s}\left(n\frac{\mathrm{d}\boldsymbol{r}}{\mathrm{d}s}\right) = \nabla n \tag{11.18}$$

式（11.18）的右边表示折射率的变化量，因为 $\mathrm{d}\boldsymbol{r}/\mathrm{d}s$ 是沿路径的单位矢量 $\boldsymbol{S}$，所以，左边表示沿路径的单位矢量的变化，即路径的弯曲量。式（11.18）直接表示了光线传播路径与折射率变化量之间的关系，称为在非均匀介质中的光线微分方程式。

11.3.2　梯度折射率光纤中的光线轨迹

利用非均匀介质的光线微分方程式，就可以求得光线在梯度折射率光纤中的传播路径，但上述微分方程在大多数情况下很难求解。如果光线和光纤对称轴之间的夹角很小，这样的光线称为近轴光线，和共轴系统的近轴光线相类似。对这类光线可以用 $\mathrm{d}x$ 代替 $\mathrm{d}s$，将 $\mathrm{d}s = \mathrm{d}x$ 代入式（11.18）就得到近轴光线的微分方程式为

$$\frac{d}{dx}\left(n\frac{dr}{dx}\right) = \nabla n \tag{11.19}$$

在梯度折射率光纤中，折射率 n 和 x 无关，式（11.19）可以写为

$$n\frac{d^2r}{dx^2} = \nabla n \tag{11.20}$$

设 $r = xi + yj + zk$，得到 $\frac{d^2r}{dx^2} = \frac{d^2y}{dx^2}j + \frac{d^2z}{dx^2}k$。

由于 n 与 x 无关，因此 ∇n 可简化为 $\nabla n = \frac{\partial n}{\partial y}j + \frac{\partial n}{\partial z}k$，将此两式代入式（11.20），对 y 轴方向的分量有

$$n\frac{d^2y}{dx^2} = \frac{\partial n}{\partial y} \tag{11.21}$$

把式（11.9）中 r^2 用 $(y^2 + z^2)$ 代替，有

$$n^2 = n_0^2[1 - \alpha^2(y^2 + z^2)]$$

上式两边对 y 求偏导数，得

$$2n\frac{\partial n}{\partial y} = -2n_0^2\alpha^2 y \Rightarrow \frac{\partial n}{\partial y} = \frac{-n_0^2\alpha^2 y}{n}$$

代入式（11.21），并将公式左边的 n 移至右边得

$$\frac{d^2y}{dx^2} = -\frac{n_0^2}{n^2}\alpha^2 y$$

对近轴光线可以近似地认为 $n^2 \approx n_0^2$，因此上式变为

$$\frac{d^2y}{dx^2} = -\alpha^2 y$$

上述微分方程的通解为

$$y(x) = A\cos(\alpha x) + B\sin(\alpha x) \tag{11.22}$$

对 z 坐标轴方向可以得到相似的关系，即

$$z(x) = C\cos(\alpha x) + D\sin(\alpha x) \tag{11.23}$$

式（11.22）和式（11.23）即为梯度折射率光纤中近轴光线的轨迹方程，公式中的常数 A、B、C、D 由入射光线的位置坐标和方向余弦确定。

下面讨论一种特例，假定光线位在过光纤对称轴线 x 轴的平面内。由于光纤对 x 轴对称，不失一般性可以假定光线位在 xy 坐标面内，并假定通过坐标原点 O 入射，如图 11.24 所示。

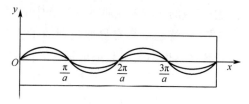

图 11.24　光纤中特殊光线的轨迹

将 $x = y = 0$ 代入式（11.22），得到 $A = 0$，因此，这样的近轴光线的轨迹方程为

$$y(x) = B\sin(\alpha x) \tag{11.24}$$

式（11.24）说明，光线的轨迹为一条过原点的正弦曲线，如图 11.24 所示。正弦曲线的周期为

$$p = \frac{2\pi}{a} \tag{11.25}$$

且 p 与振幅 B（光线离开光轴的最大距离）无关。由 O 点发出的近轴光线沿着周期相同、振幅不同的正弦曲线传播，它们都通过 x 轴上的以下各点，即

$$x = \frac{\pi}{a}, \frac{2\pi}{a}, \frac{3\pi}{a}, \cdots$$

由上面的讨论已经知道，光线在梯度折射率光纤中传输时形成的是一条平滑的正弦曲线轨迹，在正弦曲线轨迹和光纤中心轴线相交处，光线都会聚在一起。也就是说，同一点发出的一束光线在梯度折射率光纤中传输一段距离后会会聚到一点，再经同样一段距离又会聚到一点，这种现象称为自聚焦。换句话说，$x = \frac{\pi}{a}, \frac{2\pi}{a}, \frac{3\pi}{a}, \cdots$ 这些点都是近轴光线的聚焦点，所以这种光纤也称为自聚焦光纤。根据等光程条件，这些聚焦点之间所有光线的光程应该相等。当然与 x 轴成较大夹角的非近轴光线，不再聚焦于同一点，而且光程也不相等，好像一般光学系统中，轴上点边缘光线存在球差一样。

根据上面的讨论结果可知，在自聚焦光纤中，当光线限制在光纤对称轴周围较小范围之内时，光线不再与光纤表面接触，当然也没有全反射。在光纤内部的各聚焦点上，所有光线的光程相同，即传播时间相同。因此，瞬时光脉冲通过自聚焦光纤时，输出脉冲的展宽很小，这就大大提高了光纤在单位时间内可能传递的信息总量。所以，自聚焦光纤是通信光纤的发展方向。

11.3.3 梯度折射率光纤的特点和应用

由上面的讨论已经知道，光线在梯度折射率光纤中传输时形成的是一条平滑的正弦曲线轨迹，在正弦曲线轨迹和光纤中心轴线相交处，光线都会聚在一起。也就是说，同一点发出的一束光线在梯度折射率光纤中传输一段距离后会会聚到一点，再经同样一段距离又会聚到一点，这种现象称为自聚焦。故梯度折射率光纤又有自聚焦光纤之称。具有自聚焦性质，这是梯度折射率光纤的第一个特点。虽然与 x 轴成较大夹角的实际光线不可能准确地相交在同一点，就好像一般光学系统中存在球差一样，但由于球差值与光线正弦曲线轨迹的周期相比是小量，所以这丝毫不影响梯度折射率光纤的自聚焦特性。此外，因为梯度折射串光纤中光线的光程要比阶梯型光纤中的短，光能吸收少，又因为它的折射串渐变，没有阶跃层，也就是不会有界面反射时的损失（光线不到纤壁即弯向轴心），在界面处的疵病和杂质，也不会引起散射损失。因此，梯度折射率光纤的光能传输损耗要比阶梯型光纤小。光纤的传输损耗计算公式为

$$\alpha = \frac{10}{L_2 - L_1} \lg \frac{P_1}{P_2} \tag{11.26}$$

式中：α 为对不同波长的光纤传输损耗，单位为分贝（dB）；L_1，L_2 为光纤截面距起始点的长度，单位为千米（km）；P_1、P_2 为 L_1，L_2 截面上的光功率。

目前，这种梯度折射率光纤的传输损耗很容易达到 0.2dB/km（对于 $\lambda = 1.55\mu m$）。相当于 1km 长光纤，其光透过率达 95%；或者说，当光功率衰减一半时，0.2dB/km 光纤的长度可为 15km。

由于梯度折射率光纤具有自聚焦性质，所以所有光线在光纤内部具有共同的聚焦点。根据等光程条件，通过聚焦点的所有光线的光程相同，即传播时间相同。因此，瞬时光脉冲通过梯度折射率光纤时，在同一时刻到达光纤的输出端，输出脉冲的展宽很小，这就大大提高了光纤在单位时间内可能传递的信息容量。梯度折射率光纤在光通信方面显示出的优越性，再加上光能传输损耗小，故而这种梯度折射率光纤在长距离、大容量的光纤通信系统中得到重要应用。

光纤通信系统首先将光源发出的已调制光波导入光纤中，经光纤传递后，在接收端解调，光信号又变成电信号。光信息在光纤传输过程中存在着传输损耗，如果输出信号的光功率低于某一定值时，接收端就会接收不到，所以传输距离是备受限制的。当传输距离很长时，就需要通过中断器将输出光信号放大后再传输。光纤传输信息具有无电磁感应、保密性强、质量轻、截面积小、可以适当弯曲、使用灵活方便等优点，尤其是低损耗光学材料发展和梯度折射率光纤的出现，使光纤传输具有了损耗低、频带宽及传输信息量大的重要优点，因此受到各方面重视，得到迅速发展，在公用天线电视（光缆电视），用于飞机、船舰、汽车、火车、车间和电力同等的控制和测量系统的信息传输，电子计算机内部的布线，建筑物内部通信，公用通信，海底通信，国际通信等很多领域都得到应用。光学纤维作为光通信的传输线，除了上述的优点外，还由于光纤是由石英玻璃或多组分玻璃系列制作的，它的原料是砂子，因此具有永远不会枯竭的原料资源。光学纤维在光通信中的前途是无限量的。

11.4　典型军用光纤技术

11.4.1　光纤的军事应用

当光纤技术还处于研究初期阶段就受到世界各发达国家军方的高度重视。目前，光纤技术特别是军用光纤技术的发展已举世瞩目，应用领域十分广泛，从战术系统到战略系统、从野战通信到武器系统、从太空到深海都显示出光纤技术的巨大生命力。光纤技术已成为改造陆、海、空军武器系统的重要内容，也是新型武器系统必须优先考虑的先进技术。光纤技术对军事系统的变革和作战能力的提高将产生深远的影响。

光纤具有损耗小、传输距离远、频带宽、承载信息量大、抗电磁干扰、保密性好、强度高、尺寸小、质量轻等一系列优点，其军事应用主要表现以下三个方面。

（1）军用光纤通信。利用光纤通信可以减少布设许多复杂的线路，实现大容量互连系统，满足分散指挥部的需要，如构建国家国防网、基地或战区的 C^3I 系统等；越来越多地采用光纤技术改造原有的武器系统或研发新的武器系统，包括：光纤制导战术导弹；光纤制导鱼雷；机载、车载、舰载的光纤数据总线；采用光纤信号传输的各种侦察观瞄系统，如光纤拖拽式侦察车辆、深潜器、系留气球载预警雷达、桅杆式光电观测装置等。

（2）光纤传感器。这是光纤一项潜力很大的军事应用。目前，军事应用研究中居重要地位的军用光纤传感器有光纤陀螺（光纤回转传感器）、光纤水听器（光纤水声传感器）、光纤加速度计、光纤压力传感器和光纤智能材料等，已广泛应用于惯性导航、反潜战和智能蒙皮运载器等，军用光纤传感器的研究开发已日趋深入和实用化。另外，利用光纤的核辐射效应，可开发光纤阵列和闪烁体耦合传感器，用以检测爆炸的试验数据。

（3）光纤制导武器。这主要是有线制导导弹和鱼雷。将光纤用于武器制导系统，是有线制导武器发展的一项取代性技术。这种光纤拉线主要用于导弹和鱼雷，还有可能用于外层空间的有线制导卫星武器。光纤的宽带传输性能及高抗干扰能力，可提高武器效能，使导弹在恶劣天气、黑夜、烟雾时仍具有战斗力。表 11.2 列出了较为详细的应用领域。

表 11.2　军用光纤技术应用领域

应用领域			应用举例
信号传输	通信	陆军战术通信系统	本地局域网光纤通信系统
			C^3I 系统链路
			长距战术光纤通信系统
			本地分配系统
		机载光纤传输系统	机载光纤数据总线
			航空电子设备互联网络
			空军战术空中控制系统
			光控飞行控制系统
			空军 C^3I 系统
		舰载光纤传输	舰载光纤数据总线
			舰载自适应光纤通信系统
			航空母舰光纤通信系统
			航载高速光纤网络
	雷达		雷达天线远程化微波光纤传输系统
			多基地雷达网信号互连系统
			合成孔径天线频率基准分配系统
			光纤相控阵信号分配网络
			舰载雷达光纤传输系统
	制导		光纤制导（或炮弹）光纤系统
			光纤制导鱼雷系统
			潜艇拖曳浮标光纤系统
	卫星空间站		卫星天线微波光纤线路
			卫星通信脉冲转发系统
			空间站分布光纤网络系统
			空间站光纤传感信号传输系统
	火箭		火箭离地控制电路
			火箭壳体健康探测

应用领域		应用举例
信号传感	导航	汽车、坦克导向系统
		飞机惯性导航系统
		火箭导航系统
		战术导弹飞行姿态控制系统
		舰船惯性导航系统
	反潜	光纤海底声监视系统
		Ariadne 和 FODS
		潜艇光纤声呐系统
	智能飞行器	飞行器损伤控制系统
		飞行器火警告警系统
		X-30 飞行器系统分布传感系统
		疲劳监测和战术损伤评估
		光纤传感系统
	核试验	地下核试验核爆炸数据检测
		核废料处理控制与检测

11.4.2 光纤制导技术

光纤制导武器主要指光纤制导导弹和光纤制导鱼雷，它是当前光纤军事应用的一个重要组成部分。光纤制导武器是当前各种战术导弹制导的一种有力方式，集中了光纤、电视摄像、光传感器、计算机数据处理和控制等技术。由于它靠光纤来传输导弹的控制指令，因而体现出了抗干扰、保密性强等明显的优点。

光纤制导是一种近距离、战区式制导，能够实现发射点隐蔽、抗电磁、抗核辐射和化学反应等各种干扰，具有制导精度高、信息传输容量大、攻击目标的变换速度快、能昼夜工作及设备简单、体积小、质量轻、成本低和机动性灵活等独特优势，深受各国军方的高度重视，应用前景广阔。

光纤制导的缺点是作用距离近，在地面应用只有 $10 \sim 20$km，光纤的抗拉强度要达到 246km/mm^2，但目前大多数光纤的抗拉强度只有 200km/mm^2，光纤制导导弹的飞行速度最大可达 $300 \sim 320$km/h，而目前只能达到 $100 \sim 200$km/h。所以，目前这种制导主要应用在地面地形复杂、环境复杂、空中环境复杂等条件下，对付不可瞄准的慢速运动的（或飞行）目标非常有效，如武装直升机，地面坦克、装甲，海上舰艇等目标。国外有人计划将光纤制导用于空中或空间平台中发射制导武器，用于对付空中复杂环境的对抗。

1. 制导原理

光纤制导是利用光纤作为弹上和地面制导站之间传输制导信息的制导。弹上信息一般为图像信息，地面信息一般为指令信息。光纤采用特殊制作的高强度光纤，或经过特殊加强的光纤光缆，以承受导弹运动中作用于光纤上的力。弹上的图像信息可以是可见光，也可以是红外光。如果是可见光，则可称为光纤电视制导；若为红外成像，则称为光纤图像制导。

光纤制导是有人工参与的人工智能与计算机相结合的非瞄准线制导系统，目标一旦被锁定，导弹可执行自动跟踪。

光纤制导武器系统主要包括两大部分：一个是弹上部分；另一个是地面制导站。弹上部分主要包括电视或红外摄像机、光发射/接收机、波分复用器及光纤存储和释放机构；地面制导站主要包括视频监视器、地面光发射/接收机、波分复用器、视频信息处理、解算与指令形成装置、操纵手柄等。

光纤制导导弹一般应用于中、远距离作战，特别适用于攻击山地或建筑物后的目标，并可实现攻击目标的顶甲。

作战中，只要大体知道目标的方向，导弹就可采取垂直发射或选定的角度倾斜发射。弹道可以曲线弹道，也可以在某一高度上保持平飞，然后俯冲。在飞行过程中，弹上的摄像机不断地摄取地面的图像，并经飞行中不断放出的光纤把图像传输到地面站，在地面监视器上显示出来，以供地面操作手观察。一旦在监视器上发现要攻击的目标，操作手便可操纵手柄使预先设定的视频跟踪窗套住目标，并始终保持跟踪窗中心对准目标中心。地面解算装置依据操纵手柄的变化，解算并形成控制导弹运动的指令，经光纤传输到导弹，控制导弹的运动，直到击中目标。上述这种形式称为人工手控操纵模式。

采用自动跟踪模式时，弹上摄像机所摄取的目标图像一旦在监视器上显示并被操纵手捕获后，可立即给出锁定命令，经光纤传到弹上，导引头即进入锁定状态，实现自动寻的飞行。此时图像处理器和跟踪器依据光纤传来的图像信息处理出偏差信号并形成跟踪指令，再经光纤传到弹上，执行跟踪，并使导弹按一定制导规律飞行，直到击中目标。跟踪器可有多种跟踪模式，一般采用形心跟踪、相关跟踪、对比度跟踪和动目标跟踪等复合跟踪模式，以对付地面复杂背景下的目标，而对于单一背景可采用单一跟踪模式。

2. 技术特征

（1）由于光纤具有极高的传输带宽，可以实现实时图像制导。目标及其背景的图像实时地显示在监视然屏幕上，射手可以盯着目标的图像，手动发出跟踪指令，或由图像跟踪器（图像识别和处理装置）自动生成控制指令。这种人介入制导系统闭环的手动加自动的方式，极大地提高了导引的命中率，可以有选择地攻击某个目标甚至是目标的要害部位，即对目标实施"外科手术"式的"精确打击"。

（2）在下行线传输图像信号的同时，可以方便地利用复用技术把弹上遥测的数据信号传到武器站，参与武器站的数据融合。这样，飞行状态信息的处理和形成控制指令的装置就可以从导弹上移到武器站，减小了导弹的无效载荷，节约了弹上的质量和空间，提高了武器系统的效费比。

（3）由于实现了实时图像制导，光纤制导导弹可以非直瞄隐蔽发射，提高发射装置和射手的战场生存能力。

（4）由于光纤损耗小，质量轻，提高了导弹的飞行距离。光纤制导导弹的射程都可达 10km 以上，国外已研发了 $60 \sim 100$km 的光纤制导导弹。

（5）光纤传输信号不受外电磁场的干扰，在电子对抗的现代战场环境下，这是具有实际意义的特点。

（6）光纤制导导弹可以在固定平台上发射，也可以在高速机动的平台上发射，如导弹装甲车发射、直升机发射、舰载发射和潜射。

光纤制导导弹可以用来对付各种目标，如固定的高价值目标坦克、直升机（包括猎潜直升机）、水面舰艇等。

3. 在制导兵器中的应用

随着光纤技术的发展，光纤制导技术便开始发展了起来。从 20 世纪 70 年代末期起，世界上一些发达国家便开始了光纤制导导弹的研究，目前已形成了 4 种类型的光纤制导武器，即导弹、航空炸弹、迫击炮弹和鱼雷，许多国家开展了该领域的研究工作。

美国陆军导弹部从 20 世纪 70 年代起便开始了光纤制导反坦克导弹的研究，目前已将研究成果向三个发展计划过渡，即：①非瞄准线的战区前沿防空系统（FAADS）计划，射程 10km，以反直升机为主，兼顾反装甲车辆；②TOW 式导弹后继型计划，射程至少 5km，以 AAWS‐H 为备选方案，以反坦克为主，其次是反直升机；③近程反装甲武器计划，射程 3km 以内。上述计划统称为 FOG‐M 计划。

在欧洲，法国宇航公司和德国 MBB 公司联合研制了一种名为"独眼巨人"的光纤制导导弹，它是在德国 MBB 公司已进行了多年的光纤制导飞行器（LL‐LFX）研究计划的基础上进一步实施的一项计划。该导弹最大射程达 70km，计划发展成多射程 12 ~ 80km，飞行速度 150 ~ 300m/s，应用可见光或 3 ~ 5μm 红外探测器的多用途导弹。

（1）Polypheme 20 型：射程 15km，主要对付师级装甲车、直升机，可装在轻型或高机动车辆上，带弹 6 发，也可装在运载车或履带车上，带弹 36 发。

（2）Polypheme 60 型：射程 60km，用于杀伤纵深特定的固定或低机动性的目标。

（3）Polypheme SM 型：射程 l0km，用于潜艇从水下数百米深处发射，反直升机或飞机。

（4）侦察用 Polypheme：不带战斗部，可慢速飞越所要侦察的区域上空，敌方的部署及运动情况便可通过光纤传到信息指挥中心，实现无人侦察。

11.4.3 光纤传感技术

1. 光纤传感器

就光纤传感器而言，对光纤特性的要求与通信对光纤的要求有所不同，即：通信主要是利用光纤优良的传输特性；而传感器主要是利用光纤奇特的物理特性。几乎所有的物理量都可以用光纤传感器来检测。按传感器利用光纤的方式，通常将光纤传感器分成两大类：一类是将光纤单纯作为信号的传递通路的传感器，称为传递型光纤传感器；另一类是将光纤作为传感元件的传感器，称为传感型光纤传感器。

传递型传感器是在光的端面或发射与接收的光纤之间放置各种光学材料或加入某种机械动作来实现探测的光传感器，其中光纤只作为光强调制的传递通路。这类传感器通常采用多模光纤或传光束，其结构简单、可靠性高。接收探测型传感器，是通过合适的光学透镜系统和光纤构成光传感头，接收由被测对象发出的光信息或被测对象反射回来的光信息，再导入光探测器。这类传感器可采用单模光纤、多模光纤及传光束等，其特点是可实现非接触测量，且灵敏度高。

传感型光纤传感器是利用光纤的传感功能，故也称为功能型光纤传感器。利用光纤传输光的相位变化构成光纤干涉仪，可以高灵敏度地检测压力、声波、温度、回转速度、磁场、电流、电场、电压、流量等各种物理量；利用光纤微弯损耗构成压力传感器；通过光学时域反射计的巧妙应用来构成各种分布式光纤传感器。这类光纤传感器灵敏度极高，是世界各国研究最活跃的领域。构成此类光纤传感器时，必须采用各种输出稳定化措施，并还应在光纤上下功夫，开发传感专用光纤，如保偏光纤、对温度不敏感光纤、液芯光纤以及双芯光纤等。

2. 光纤陀螺

惯性导航是确定飞机、战术武器、航天飞行器飞行姿态和确定舰船定向的一项重要技术。最初的导航仪器是机械式转动陀螺仪，激光的问世、光电子技术的发展以及低损耗单模光纤的制作成功，促进了光纤陀螺仪的研制和应用。光纤陀螺仪（FOG）是一种利用光纤传感技术测量惯性转动率的新型纯光学、静止型陀螺仪，它是利用细径可绕的光纤构成 Sagnac 干涉仪，与传统的机械式陀螺仪相比有着本质的区别。它具有成本低、寿命长、尺寸小、损耗低、动态范围宽、测量精度高和无高速旋转部件等优点，其性能优于机械陀螺、激光陀螺和核磁谐振陀螺的性能，因而具有极强的竞争力。目前，中等精度的战术光纤陀螺已用于飞机和战术导弹的飞行姿态控制系统。军用光纤陀螺的广泛应用的最大障碍是成本和可靠性，因而低成本、小尺寸和高可靠性的 FOG 是当前急需解决的问题。

光纤陀螺在航空、航海、航天、陆地导航以及机器人等领域有着广泛的军事应用，主要包括：各种飞机及人造卫星等空中运载体的惯性导航系统；战术武器制导及战略巡航导弹等飞行载体的姿态和方位基准控制系统；各种陆地战车的惯性导航系统、大地测量系统、无人战车驾驶系统以及一切自控定向装置。

不同精度的光纤陀螺有着不同的应用领域，其中精度为 $1°/h \sim 10°/h$ 的低性能陀螺具有最大的应用领域，约占整个陀螺市场的 60%。光纤陀螺在军事上的应用仍以中、低精度陀螺为主，这种中、低精度陀螺主要用于小型短程导弹和陆地战车的导航。

另外，光纤陀螺能提高坐标变换计算处理能力，解决了惯导系统捷联方式的难点，为新一代的自主式捷联系统创造了有利条件。这种捷联式惯导系统还可以与以卫星为基准的全球定位系统相组合，构成 INS/GPS 组合导航系统。这种系统可不断地由 GPS 提供精确的定位信息修正 INS 所做的航位推测导航，以提高导航精度。

以美国为代表的国家一直致力于光纤陀螺在军事领域中的应用，早在 20 世纪 80 年代中期就研制出中等精度（$0.1°/h \sim 10°/h$）战术武器光纤陀螺，并已装备在军用飞机和战术导弹的飞行姿态控制系统中。进入 90 年代，美海军研究所已研制了一种全光纤陀螺，其漂移率为 $0.005°/h$，惯导装置水平角速度的短期分辨率已经达到 $5.3 \times 10^7 rad/s$，成为目前水平最高的光纤陀螺。继美国之后，其他发达国家主要致力于发展漂移率大于 $10°/h$ 的低性能光纤陀螺以装备海军和空军，例如：英国航空系统设备公司已推出漂移率为 $10°/h$ 的小型光纤陀螺，并已装备海、空军；日本和法国也于 80 年代末分别研制出精度为 $0.1°/h \sim 10°/h$ 以及小于 $0.1°/h$ 的小型光纤陀螺。日本于 1991 年发射的 TR-1A 型全重力实验火箭系统是世界上首次在火箭系统中采用光纤陀螺的实例。表 11.3 列出了光纤陀螺在军事领域中的应用和在各类系统中的性能。可见，FOG不仅可以应用于军用飞机和舰船的惯性导航及飞行姿态和航向参考系统，而且还可应用包括战术导弹、战略导弹的制导。此外，FOG 还可用于惯性导航系统和全球定位系统

202

（INS/GPS）组合的导航（导向）系统。

表 11.3　光纤陀螺在军事领域中的应用

项　目	应用领域	角速度误差/（°/h）
短期导航系统	飞行控制速度敏感、反潜武器	几至几百
	陆地车辆导航、飞机姿态和航向参考系统	零点几十
	战术导弹制导、船用罗盘	零点一至几
低性能	近程/中程导弹，一般飞机导航	1～10
中等性能	远程导弹、军用飞机	0.1～1
高性能	战略巡航导弹	0.01
	飞机和舰船惯性导航	0.005
	弹道导弹的制导	0.001
	精密方位基准、弹道导弹	0.0003
	核潜艇的惯性导航	0.0003

3. 光纤水听器

光纤水听器是利用声波信号调制光束，进行声/光转换，实现水下声信号检测的器件。光纤水听器的种类很多，主要有两大类型：一类是调制型光纤水听器，利用光纤作为感应元件，通过调制光纤中的光束实现水下信号的检测；另一类是混合型光纤水听器，感应元件采用反射镜光栅、光纤等器件。研究最多的还是调制型光纤水听器，这类水听器又分为两个类型：一是强度调制型光纤水听器，主要有微弯型、受抑全内反射型和网格型三种；另一类是相位调制型光纤水听器，是根据 Mach – Zehnder 干涉仪原理制成的，其灵敏度高，可达到的动态范围大。

反潜战中应用的光纤声呐系统主要是光纤声呐阵列。光纤声呐阵列由单个水听器阵列组成，光纤声呐系统由光纤水听器（包括单个水听器、水听器阵列和分布式水听器）、光缆计算机和检测仪等组成。光纤声呐系统主要用于光纤反潜战网络，此外还可用于鱼雷反潜武器系统、光纤传感拖曳系统和船体声呐等。

光纤反潜战网络采用光纤线路把水听器检测到的敌方潜艇信号传输到舰（或岸）上紧急处理中心，对数据进行分析处理后确定出目标的类别、位置和解向。

反潜武器系统主要指鱼雷反潜武器系统，美国国防部高级研究局已研制出一种轻型鱼雷光纤制导头样机，并准备将这种轻型鱼雷光纤制导头用于波音公司研制的远程（110～160km）反潜导弹上。

11.4.4　军用光纤通信技术

1. 光纤通信特点

与微波通信比较，光纤通信具有以下一些特点。

（1）频带宽，信息容量大。光纤本身具有极大的传输容量，商用光纤通信系统的一根光纤的传输速率就可以达到10Gb/s（未采用 WDM 技术），加上各种扩容技术（如TDM、SDM、WDM、FDM 等）的应用，更可大大增加系统的信息传递量。当工作在1310nm 的掺镨光纤放大器（PDFA）和量子阱结构的半导体激光器商用化后，采用密集波分复用技术，就可使单模光纤的低损耗潜在带宽达到27THz。

（2）损耗低，传输距离长。在光纤最低损耗窗口1550nm处，商品光纤的衰减已可做到0.25dB/km，这是以往的任何传输线都不能与之相比的。损耗低，无中继传输距离就长，现在光纤通信系统的无中继传输距离可达到一万多千米。

（3）抗干扰性好，保密性强，使用安全。光波频率高，光纤不带电、不导电，光缆密封性好，不存在同轴电缆通信中的接地和线路串音问题；不受电磁、射频及核电磁脉冲等的干扰，有很强的抗电磁干扰能力；光波集中在芯层中传输，在包层会外很快衰减，因而保密性好；光纤材料是石英，光缆可以不含金属，具有抗高温和耐腐蚀的性能，因而可在易爆、易炸环境等恶劣的工作环境中使用。

（4）体积小，质量轻，便于敷设。光导纤维细如发丝，其外径仅为125μm，光纤材料的比重又小，成缆后的质量也比电缆轻，一根18芯的光缆质量约为150kg/km。经过表面涂敷的光纤具有很好的可绕性，便于敷设，可架空、直埋或置入管道，可大大简化通信系统的后勤保障，提高部队的机动性。此外，光纤可用于陆地、海底以及飞机、轮船、人造卫星、航天飞船等任何环境及任意通信平台之上。

（5）成本较低。在相同传输容量下，使用光纤要比使用同轴电缆便宜30%～50%或更多，中短距离的光纤线路成本也比电缆低。

（6）材料资源丰富，无后顾之忧。通信电缆的主要材料为铜，其资源严重紧缺；而石英光纤的主体材料是SiO_2，材料资源极为丰富。

2. 光纤通信系统组成与原理

光通信的基本原理和过程与电子通信相似：首先将信源所要传输的信息信号送入电信发送设备进行编码，变成适于对光束进行调制的数字电信号；然后将这个电信号加到光调制器上，对光源所输出光波进行调制，变为携带信息的光信号；该光信号经过光发射机发射后，进入光纤；经过一定距离的传输后，光信号到达接收端，被光接收机里的检测器接收并转换成为电信号；该信号经电信设备处理解码后，还原为所传输的信息信号送至信宿。如果通信距离较远，光信号经过一定距离传输后会因衰减而变弱，故光通信系统中还常在传输距离的中途加入中继器，以保证光信号到达接收端时有足够的强度而不致造成误码。

典型的光纤通信系统方框图如图11.25所示。图中仅表示了一个方向的传输，反方向的传输结构是相同的。光纤通信系统由电端机、光发送机、光纤光缆、光中继器与光接收机5部分组成。

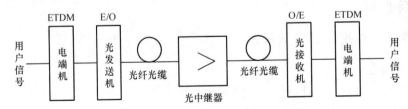

图11.25 典型的光纤通信系统方框图

1）电端机

电端机的作用是对来自信源的信号进行处理，如模/数（A/D）变换、多路复用处理。它是一般的电通信设备。信息源把用户信息转换为原始电信号，这种信号称为基带信号。电端机把基带信号转换为适合信道传输的信号，这个转换如果需要调制，则其输出信号称为已调信号。

2）光发送机

光发送机的功能是把输入电信号转换为光信号，并用耦合技术把光信号最大限度地注入光纤线路。光发送机由输入接口、光源、驱动电路、监控电路、控制电路等构成，其核心是光源及驱动电路。

3）光纤光缆

光纤光缆作为线路，其功能是把来自光发送机的光信号以尽可能小的畸变（失真）和衰减传输到光接收机。光纤线路由光纤、光纤接头和光纤连接器组成。光纤是光纤线路的主体，接头和连接器是不可缺少的器件。实际过程中使用的是容纳许多根光纤的光缆。

光纤线路的性能主要由缆内光纤的传输特性决定。对光纤的基本要求是损耗和色散这两个传输特性参数都尽可能小，而且有足够好的机械特性和环境特性。例如，在不可避免的应力作用下和环境温度改变时，保持传输特性稳定。

4）光中继器

在长距离光缆通信系统中，由于受发射光源的入射光功率、接收机灵敏度、光缆线路的衰减以及色散等原因，光端机之间的最大传输距离将受到限制。通常情况下，34Mb/s 系统光端机之间的距离约 50～80km；140Mb/s 系统的无中继间距约在 40～60km 之间。若要传输很长的距离就必须设置中继器。

中继器将经过长距离光纤衰减和畸变后的微弱光信号经放大、整形，再生成一定强度的光信号，继续送向前方以保证良好的通信质量。

光中继机的基本结构如图 11.26 所示。它包括光接收、光发送和区间电路分插三大模块。光接收和光发送模块与系统中的光接收机和光发送机基本一样。一般情况下，中继器可以看成是没有输入、输出接口及线路码型正反变换的光端机"背靠背"地互连。与光端机不同，中继器是要将公务信息、监控信息以及区间通信信息分离出来，同时将中继站所需要传送的辅助信息送入光路中与主信道一起传送下去。

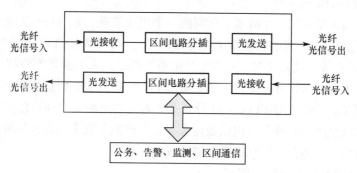

图 11.26　光中继机的基本结构

5）光接收机

光接收机的功能是把从光纤线路输出、产生畸变和衰减的微弱光信号转换为电信号，并经放大和处理后恢复成发射前的电信号。光接收电路由光电检测器、前置放大器、主放大器、均衡放大器、自功增益控制（AGC）、基线恢复、判决电路（包括时钟提取和定时判决电路）等组成，如图 11.27 所示。光电检测器是光接收机的核心。对光检测器的要求是响应度高、噪声低和响应速度快。目前广泛使用的光检测器有两种类型，即在半导体 PN 结中加入本征层的 PIN 光电二极管（PIN – PD）和雪崩光电二极管（APD）。

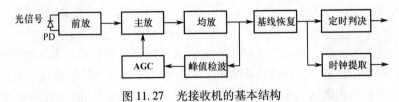

图 11.27　光接收机的基本结构

3. 主要军事应用

军事通信依其作用地位及服务对象的不同，大体上可分为战略通信和战术通信两大类。战略通信是指处于国家级用于战略控制的通信，即为国家最高统帅部、各军兵种和战区指挥系统提供的长途的固定通信系统。战术通信也称野战通信或战场通信，是指一种地处战场，用于战术指挥的通信，即为军、师以下指挥系统提供近程机动的通信。光纤通信在这两大通信类型中都将发挥特定的作用，是军事通信实现一体化、自动化、综合化、数字化必不可少的通信手段。

下面简单介绍光纤通信技术在美军中的一些典型应用。

1）光纤通信在陆军中的应用

（1）长距离光纤通信。

光纤通信在军事中的应用最早是从战术通信开始的，其中最先应用的有美军的长距离战术光纤系统。这个系统是美三军战术通信网的一个组成部分，是美军开发光纤通信在军事上应用的重要工程项目。该项目计划用 $1 \times 10^4 km$ 的光缆来替换早在 70 年代初就在美军师以上部队使用的 CX – 11230G 双同轴电缆系统，以改善 AN/TTC 型电路交换机之间的传输性能。

（2）本地分配系统。

本地分配系统是美国三军战术通信网的一个组成部分，它与长距离光纤通信系统相配套，对美军战术通信网的性能起着更新的作用。长距离光纤通信系统是用来替换 CX11230G 同轴电缆干线系统的，而本地分配系统则是用来替换美军野战通信车之间的 4 根 26 扭绞对 CX – 4566 型电缆的，该电缆用于 AN/TYC – 39 信息交换机与信息处理设备之间。AN/TTC – 39 与 AN/TYC – 39 分别是大容量的电路交换和信息交换机，是美国三军战术通信系统的核心部分，用以处理大容量的模拟和数字话音及数据信号，为话音信息提供自动转换，为数据信息提供存储转发。

2）光纤通信在空军中的应用

（1）机载光纤数据总线。

机载光纤数据总线的实用化，对于减轻和减小飞机内部通信系统的质量和体积无疑将起到很大的作用。美国空军最早是在 A – 7 飞机上进行试验，对机载光纤通信系统的技术性能进行了评价，对其寿命和造价进行了全面考虑，后来分别在 F – 15、F – 16、

F-18 战斗机上进行过多次试验。在试验时，突出了机载通信的特点，如机载通信系统所需处理的信号种类多、性能复杂。线路上的传输损耗主要来自连接器和分叉器，因此大都选用大芯径和大数值孔径的光纤。

（2）空军 C^3I 系统。

美国空军于 1979 年与 GTE 公司签订了一项价值 3.25 亿美元的合同，用以更新 MX 导弹发射场的 C^3I 系统，计划用光缆连接两个作战控制中心/4 个地区支援中心/导弹掩蔽体和维护设施，线路总长约 15000 千米，连接 4800 处有人和无人值守场所的 5000 多台计算机。光缆子系统形成 3 个独立的光纤通信网，即光纤数据网、光纤雷达网和维护及保密话音通信网。

（3）巡航导弹发射场光纤数据传输系统。

该系统属于巡航导弹武器控制系统中的信号传输系统的一个组成部分，它的主要作用是在巡航导弹的两个发射控制中心和 4 个可移动的发射架之间传输数据和话音信号。

3）光纤通信在海军中的应用

（1）舰船用抗毁自适应嵌入式网（SAFENET）。

SAFENET 是令牌环形网，目前已有两代问世。该网络适用于严酷的军事恶劣环境，可满足抗毁和重新组网的要求，称为双连接。

令牌环形网由光缆串联起来，信息可从一个站传到另一个站，每个站均能再生输入信号，然后发送出去。原来传输信息的站将信息清除后，可再发送新的自由令牌。第一代 SAFENET 的基本拓扑是一双向的逆环路，环路节点上设有彼此分隔开的双连站。第二代 SAFENET 是高速率的光纤网。

（2）舰载高速率光纤网络。

典型的舰载高速率光纤网是美国海军 Aegis 巡洋舰上的光纤网络系统。它采用 FDDI 网络中的双光纤环网，可把舰上的传感、武器、电子设备和计算机等数据综合到本网中进行传输和处理。

Aegis 巡洋舰上的作战指挥系统由雷达计算机、图像显示、武器（包括导弹）及其控制系统等组成。系统可同时跟踪 250 个机载、海面或水下目标，作战指挥范围超过 480km。舰上的通信控制系统由相控阵多功能雷达 AN/SPY-1、指令和判决系统、武器控制系统等三部分组成，其中：AN/SPY-1 用于检测目标；指令和判决系统用于实施、控制和通信；武器控制系统则用来对战斗情况做出评估并提供和执行火力控制。

Aegis 巡洋舰上的光纤通信网是一个符合实战要求的现代化通信网，可承担多达 100 个有源传输站相互间的业务传输。该网的显著特点是带宽按各业务站的实际需要来划分。例如，考虑到 AN/SPY-1 雷达、图像终端和话音终端等占用带宽较大，就将该站设计成占用带宽大、造价也昂贵的站，而其他大多数站可设计成比较简单、业务量小的站。

（3）高级水下战斗系统（SubACS）。

SubACS 是美国海军最大的舰载水下光纤通信计划项目。按照该计划，美国海军打算在所有的"洛杉矶"级攻击型楷艇和新型"三叉戟"弹道导弹潜艇中装备光纤数据总线，将传感器与火控系统接入分布式计算机网，从而大大提高潜艇的数据处理能力。

舰载光纤声呐系统是 SubACS 中的主要项目之一，该系统不仅可提高潜艇通信的传输质量，增加带宽，减轻质量，而且还能减少空间的占用。

（4）光纤反潜战系统。

该系统是美国国防部高级研究计划局主持并负责实施的一项重要研究项目，属导弹防御计划的一个组成部分。计划在海底组建一个海底光纤网，以采集潜艇进入公海及其防务区域的情报信息。反潜战的情报采集主要依靠水下声音传感器（水听器）网，这些水听器通过光缆与控制中心相连接。控制中心可设置在岸上，也可设在舰船上。水听器的检测距离可达 100km 以上，为电缆系统的 6 倍。

11.4.5　光纤技术在武器系统中的其他应用

光纤制导鱼雷与光纤制导导弹一样，能显著地改善鱼雷的攻击性能。美国海军海洋中心已进行了速度为 130km/h，射程为 100km 的光纤制导鱼雷试验。

光纤遥控战车是一种利用光纤系留的遥测/遥控机器人，这种小型的高机动性的多用途轮式车辆上装载着各种侦察装置和其他器材，在战场上进行爆破、侦察、照射、探雷、排雷、清除障碍等任务，车速可达 3.5km/h，可操作距离为 15~30km。

在光纤系留气球载雷达侦察系统中，气球升高 600~6000m，有效载荷可达 100~2000kg，可以持续滞空 15~20 天，部分起到高空预警机的作用。美国一种光纤遥控飞行器可在 4km 范围内做电视侦察。

光纤系留水下深潜器是光纤系留控制的水下机器人，或者称为光纤系留的微型潜艇，可以完成水下地形测绘、调查沉船、反潜监听、自主布雷等任务，也可以当作水下诱饵。

桅杆式光电观察装置，这种装置可以装备在潜艇上代替传统的潜望镜，也可以装备在装甲车辆或者直升机上作为周视观察平台。带有光电复合滑环的光纤传输系统传输观察测量到的信号。系统取代了数目较多的电滑环，消除了电滑环的摩擦噪声和电缆之间的串扰。英国已在 4 艘"前卫"级弹道导弹核潜艇上采用的自防护组合式光电潜望镜，就由光电"桅杆"和光学潜望镜组成。装甲车、直升机等装备也可使用这类"桅杆"。

11.5　本 章 小 结

光纤技术是 20 世纪 60 年代以来伴随着激光技术与微电子技术同步迅速发展起来的近代光信息高新技术领域的重要分支。近 50 年来，光纤应用技术在光纤传像、光纤照明与能量传输、光纤信号控制、光纤传感特别是光纤通信等民用与军用的重要领域获得了广泛而大量的应用，尤其在信息科学技术领域表现出越来越强大的生命力以及广阔的应用前景，因而必将是 21 世纪最有生命力和最有发展前景的信息技术与产业之一。本章所涉及的主要内容与知识点包括：光纤光学的基础理论；阶梯型光纤和梯度折射率光纤的光学性质、应用及光学系统；典型的军用光纤技术。

习　　题

1. 光纤由哪几部分组成？各起何作用？
2. 光纤的分类方式有哪些？

3. 什么是光纤的色散？色散的大小用什么来描述？

4. 光纤中的色散有几种？单模光纤中主要是什么色散？多模光纤中主要是什么色散？

5. 造成光纤传输损耗的主要因素有哪些？损耗对通信有什么影响？

6. 设阶跃光纤纤芯和包层的折射率分别为 $n_1 = 1.5$，$n_2 = 1.45$，试计算光纤的数值孔径 NA。

7. 在一个光纤通信系统中，光源波长为 1310nm，光波经过 10km 长的光纤线路传输后，其光功率下降了 25%，求该光纤的损耗系数 α。

8. 光纤通信系统由哪些部分组成？各部分的功能是什么？

9. 光纤通信的优点、缺点各是什么？

10. 请查阅最新资料论述光纤通信的发展趋势。

第12章 军用激光光学系统

12.1 概 述

激光，即受激辐射并且放大的光。1917年，爱因斯坦为了说明黑体辐射现象，在研究光与物质相互作用时提出了受激辐射光的概念，并且预言了受激辐射光的存在。1960年，美国Maiman制成了世界上第一台红宝石激光器，从而为人类提供了一种崭新的相干光源，也揭开了激光技术发展的序幕。我国紧跟世界发展，1961年第一台红宝石激光器在中国科学院长春光学精密机械研究所诞生。

激光由于其具有单色性好、相干性好、方向性好、亮度高等显著特点，一问世就迅速地被应用到军事技术领域中，主要用于侦测、导航、制导、通信、模拟、显示、信息处理和光电对抗等方面，并可直接作为杀伤武器，发挥了其独特的作用，日益受到各国军界的关注。目前已投入使用的军用激光装备很多，如激光测距仪、激光雷达、激光瞄准具、激光制导导弹、激光陀螺、激光通信、激光训练模拟器、激光大屏幕显示系统、激光扫描相机、激光引信和激光致盲武器等；正在研究中的有激光模拟核爆炸装置和强激光武器等。

作为最早的军用激光装备，激光测距机已批量装备部队，可迅速准确地测定目标距离；它被引入到火控系统中，可极大地提高武器的首发命中率。激光制导武器的高精度，使之在炮弹、航空炸弹、地空导弹、反坦克武器中表现出了极强的生命力。激光通信容量大、保密性好、抗干扰力强，已成为自动化指挥系统的重要组成部分；机载、星载的激光通信系统和对潜艇的激光通信正在快速发展。激光陀螺的大动态范围、高灵敏度和高可靠性，使之在飞机、舰艇和导弹导航中有广阔的应用前景。激光雷达可以准确测距、测速，具有普通雷达不可替代的优点。激光全息和激光存储技术为特定军事目标辨识和定位提供高实时性的新手段。激光大屏幕显示具有亮度高、分辨力好的优点，可用于战况展示。激光模拟训练器成本低廉、效果逼真，已广泛用于射击训练和作战演习。

激光还可用于非致命武器，使敌光电传感器失效或人眼致眩、致盲。高能激光武器甚至可以直接摧毁敌飞机、军舰、洲际导弹乃至卫星。为满足武器应用的要求，将重点发展近红外、可见光、紫外和X射线等波段的高功率激光器（含波长可调的器件）；同时将深入研究激光对各种材料和光电传感器的破坏机理、激光的大气传输特性及波面畸变的探测校正技术、精跟踪技术。激光技术与微电子技术将更紧密结合，以实现武器装备的灵巧化、智能化。为适应战场烟尘环境和大气条件，$10.6\mu m$ 和 $1.54\mu m$ 波长的激光器及其探测技术会有长足进步。为适应海水传输，$0.48 \sim 0.54\mu m$ 波段的蓝绿光激光器及可调谐窄带滤光技术会有新的突破。战术和战略激光武器将走向实用，成为一类重要的新型定向能武器。

由于激光的出现，产生了很多新的光学领域，激光束光学就是其中之一。激光束光学研究激光束在各种介质中的传播形式、传播规律以及利用这些规律解决工程应用问题的方法。本章研究激光束光学，主要是讨论激光束的传输和通过光学系统的变换规律。激光仪器中大都含有光学系统，激光器发射的激光要通过光学系统输出，这类光学系统的设计与一般光学仪器如望远镜、显微镜中光学系统的设计是有差别的。为解决激光光学系统设计和计算的问题，本章将介绍激光束光学的知识，研究激光束传输和变换的规律。

12.2 激光技术基础

12.2.1 光与物质的相互作用

由原子物理学可知，原子可以处于不同的运动状态，且具有不同的内部能量，这些能量在数值上是分立的。若原子处于内部能量最低的状态，则称此原子处于基态。其他比基态能量高的状态，都称为激发态。在热平衡情况下，绝大多数原子都处于基态。处于基态的原子，从外界吸收能量以后，将跃迁到能量较高的激发态。

爱因斯坦从光量子的概念出发，重新推导了黑体辐射的普朗克公式。他采用光和物质相互作用的模型，将辐射光子的过程分为自发辐射和受激辐射。

1）自发辐射

处于高能级 E_2 的原子会自发地通过辐射一个能量 $\varepsilon = h\upsilon = E_2 - E_1$ 的光子，返回低能级 E_1，如图 12.1 所示。原子系统中各个原子的自发辐射是各自独立进行的，彼此无关。它们发射的光子的传播方向和偏振方向可以各不相同，也就是属于不同的模，它们之间是不相关的。

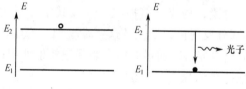

图 12.1 光的自发辐射

2）受激吸收

处于低能级 E_1 的原子，当受到光子能量 $\varepsilon = h\upsilon = E_2 - E_1$ 的光照射时，可以吸收光子而跃迁到 E_2 能级，如图 12.2 所示，这种过程称为受激吸收。

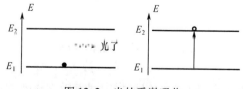

图 12.2 光的受激吸收

3）受激辐射

处于高能级 E_2 的原子，当受到光子能量 $\varepsilon = h\upsilon = E_2 - E_1$ 的光照射时，可以发射光子而跃迁到 E_1 能级，如图 12.3 所示，这种过程称为受激辐射。与自发辐射不同的是受激辐射光子与入射光有相同的模式，而不是互不相关的。

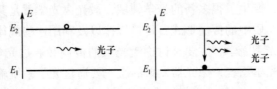

图 12.3　光的受激辐射

要使受激辐射起主要作用而产生激光，必须具备三个条件：①有提供放大作用的增益介质作为激光工作物质，其激活粒子（原子、分子或离子）有适合于产生受激辐射的能级结构；②有外界激励源，使激光上下能级之间产生粒子数反转；③有激光谐振腔，使受激辐射的光能够在谐振腔内维持振荡。

12.2.2　激光器的构成

激光器通常有工作物质、激励源和谐振腔三部分构成。

工作物质是激光器中借以发射激光的物质，是激光器的核心。对工作物质的要求是有一对有利于产生激光的能级。这对能级中的上能级有足够长的寿命，也就是粒子被激发到该能级后能在其中滞留较长的时间，因而能在该能级上积累比较多的粒子，便于与下能级之间形成粒子数反转。同时，还要求这一对能级间有一定强度的跃迁，以产生激光。

为了将工作物质中处于基态的粒子激发到激光上能级，以获得粒子数反转，就需要激励源供给能量。从直接完成粒子数反转的方式来区分，主要的激励方式有光激励、电激励、直接电子注入、化学反应等。此外还有其他一些方式，如热激励、冲击波、电子束和核能激励等。

激光器两端各有一反射镜，构成一谐振腔。一般其中一块为全反射镜，即反射率 $\gamma = 1$，另一块为 $\gamma < 1$ 的部分反射镜，激光从这一端输出。光学谐振腔的作用是提供反馈，使激活介质中产生的辐射能多次通过介质，当受激辐射所提供的增益超过损耗时在腔内得到放大，建立并维持自激振荡。它的另一个重要作用是控制腔内振荡光束的特性，使腔内建立的振荡被限制在腔所决定的少数本征模式中，从而提高单个模式内的光子数，获得单色性好、方向性好的强相干光。通过调节腔的几何参数，还可以直接控制光束的横向分布特性、光斑大小、振荡频率及光束发散角等。研究光学谐振腔的目的，就是通过了解谐振腔的特性，来正确设计和使用激光器的谐振腔，使激光器的输出光束特性达到应用的要求。

12.3　光学谐振腔

一般而言，光学谐振腔在激光的形成过程中起着极为重要的作用，它不仅仅是形成激光谐振的必要条件，而且也是一个直接影响激光模式、频率、输出功率和光束特性的部件。本节首先利用几何光学的方法分析谐振腔的配置问题，得到谐振腔的稳定条件。

12.3.1 稳定腔及几何光学作图表示法

光学谐振腔有稳定腔、不稳定腔和介稳腔之分。稳定腔是指在腔中任一束傍轴光线能够经过任意多次往返传播后而不逸出腔外。不稳定腔是指任何傍轴光束都不能在腔中往返传播任意多次而不逸出腔外。介稳腔是指只有某些光束在腔中往返多次而不逸出腔外。下面具体讨论稳定腔的概念。

1）平行平面腔

两块平面反射镜调整到互相严格平行，并且垂直于激活介质的轴线，这就组成了一个简单的光学谐振腔。在这种腔中，有一束截面为 AB 的平行光束能在反射镜之间往返传播而不逸出腔外，如图 12.4 所示。这样的光学谐振腔属于稳定腔。但严格来讲，它应属于介稳腔，因为它只有一束特殊的光束能在腔内往返多次而不横向逸出腔外，对任意的傍轴光线则不成立。

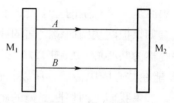

图 12.4　平行平面腔

2）平凹腔

一块平面镜和一块曲率半径为 R 的凹面镜也可以组成一个光学谐振腔。

图 12.5（a）为半共焦腔，凹面镜的焦点 F 正好落在平面镜上。由几何光学的作图知识可知，截面为 AB 的平行光束可以在反射镜之间来回传播，而不逸出腔体之外，这也是稳定腔的一个例子。

将图 12.5（a）中的平面镜和凹面镜之间的距离加大一些，使凹面镜的球心正好落在平面镜上，构成半共心腔，如图 12.5（b）所示。由几何光学作图可以得出，沿着 $-z$ 方向传播、会聚于 O 点的球面波 AB 可以在谐振腔内来回传播，而不逸出腔外，这是稳定的光学谐振腔的又一个例子。

如果让图 12.5（b）中平面镜和凹面镜之间的距离再增加，使凹面镜的球心落在腔内，腔长 $L > 2f'$，如图 12.5（c）所示。根据几何光学作图的知识可以证明，腔中除沿光轴的光线外，没有任何光束能够在腔内多次反射而不逸出腔外。下面我们在光束中任取一条傍轴光线，研究它在腔中的传播。

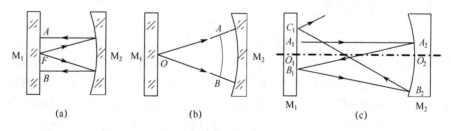

图 12.5　平凹腔

(a) 半共焦腔; (b) 半共心腔; (c) 不稳定腔

令图 12.5（c）中 A_1A_2 光线沿平行于光轴 z 的方向传播，它在两面反射镜上还次被反射，沿折线 A_1A_2、A_2B_1、B_1B_2、B_2C_1…的路径在腔中传播，并且每个镜面上的入射

点 A_1、B_1、C_1…或 A_2、B_2、C_2…距光轴的垂直距离越来越大，最后这条光线从侧向逸出腔外。

由此可知，用平面镜和凹面镜反射镜构成的稳定腔，其腔长 L 必须满足 $L \leqslant 2f'$。对 $L > 2f'$ 的谐振腔，都是不稳定腔。由不稳定的光学谐振腔构成的激光器，如果腔内介质的增益系数 G 不是非常大，则腔内很难形成激光，因为任何光束在增益介质中仅来回往返不多的次数，尚未得到足够的放大时就已逸出腔外了。

3）对称凹面镜腔

由两块凹面镜也能组成光学谐振腔，图 12.6（a）所示的光学谐振腔是由两面曲率半径 R 相同的反射镜组成的，两块反射镜的焦点在腔内的中心点 F 处重合，这种腔称为对称共焦腔。由几何光学可知，截面为 AB 的平行光束能在共焦腔中来回传播，所以共焦腔是一个稳定的光学谐振腔。

如果把两块凹面镜之间的距离加大一些，使它们的球心重合于腔的中点 O 处，这种腔称为共心腔，如图 12.6（b）所示。由几何光学可知，会聚于 O 点的球面波光束 AB 能在共心腔中传播，所以它也是一个稳定的光学谐振腔。

如果我们把两块凹面镜的距离再拉远一点，使腔长 $L > 2R$。这时，镜 M_1 的球心 O_1 和镜 M_2 的球心 O_2 分别位于腔的中心点 O 的两侧，如图 12.6（c）所示。在这种腔中，除光轴上的光线外，再也找不到一束光束能在腔中传播任意长时间而不逸出腔外。因此，当对称凹面镜腔的腔长 $L > 2R$ 时，它就是一个不稳定的腔。对于增益系数不是非常大的增益介质，光在这样的腔中是很难形成激光的。

4）凸面腔

由两块凸面镜组成的光学谐振腔也是不稳定的，由图 12.7 即可看出。

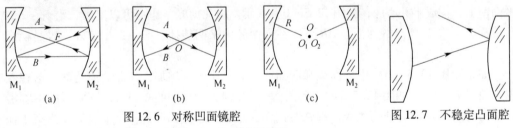

图 12.6　对称凹面镜腔 　　　　　　　　　图 12.7　不稳定凸面腔
（a）共焦腔；（b）共心腔；（c）不稳定凹面腔。

12.3.2　稳定腔的表达式

光学谐振腔稳定与否，是由谐振腔的几何形状决定的，即由反射镜的曲率半径 R 与腔长 L 之间的关系决定。下面我们用一个表达式来概括各种光学谐振腔的稳定条件。

稳定的光学谐振腔中的任一束傍轴光线，它在腔内经过 n 次来回往返传播后，光束离光轴的距离 h_n 不会无限增大，也即稳定腔应该满足的条件为 $h_n \leqslant h_0$。如果用 L 代表腔长，R_1、R_2 分别代表两面反射镜的曲率半径，则可以用几何光学的知识证明，满足 $h_n \leqslant h_0$ 的光学谐振腔必然满足

$$0 \leqslant \left(1 - \frac{L}{R_1}\right) \times \left(1 - \frac{L}{R_2}\right) \leqslant 1 \tag{12.1}$$

式（12.1）给出了光学谐振腔的腔长和反射镜的曲率半径 R_1、R_2 之间的关系。由

$(1-L/R_1) \times (1-L/R_2) \geq 0$ 知，只有当 $(1-L/R_1)$ 和 $(1-L/R_2)$ 同时为正或同时为负时，才能形成稳定腔，也就是当 R_1、R_2 同时大于或同时小于腔长时，才能形成稳定腔，但是曲率半径 R_1、R_2 比腔长小时，也不能小得太多，因为它们还受条件 $(1-L/R_1) \times (1-L/R_2) \leq 1$ 的限制。

12.4 激光束在均匀介质中的传播规律

12.4.1 高斯光束的特性

激光束和一般光束比较，除了单色性好、相干性强这些突出的优良物理性质而外，差别主要有两个方面：第一，激光束的光亮度大大高于一般光束；第二，光束截面内的强度分布是不均匀的。

在研究普通光学系统的成像时，我们都假定点光源发出的球面波在各个方向上的光强度是相同的，即光束波面上各点的振幅是相等的。而激光作为一种光源，其光束截面内的光强分布是不均匀的，即光束波面上各点的振幅是不相等的，其振幅 A 与光束截面半径 r 的函数关系为

$$A = A_0 e^{-r^2/\omega^2} \tag{12.2}$$

式中：A_0 为光束中心的振幅；ω 为一个与光束截面半径有关的常数。可以看出，光束波面的振幅 A 呈高斯型函数分布，所以激光光束又称为高斯光束。图 12.8 为激光束截面内的振幅分布曲线图。中心振幅最大，离开中心后迅速下降，到光束边缘后下降又变得十分缓慢，一直延伸到无限远。因此，整个光束不存在一个鲜明的光束边界，也就是没有一个确定的光束截面半径。

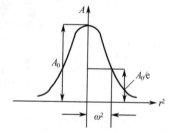

图 12.8　激光束截面内的
振幅分布曲线图

由式（12.2）可以得到，当 $r=\omega$ 时，振幅 A 为 $A = \dfrac{A_0}{e}$。由此可以看到，常数 ω 的物理意义为，当振幅下降到中心振幅的 $1/e$ 时，对应的光束截面半径等于 ω。一般把 ω 作为激光束的名义光束截面半径，简称为光束截面半径或光斑半径。激光束在均匀透明介质中传播时，光束截面半径 ω 和中心振幅 A_0 同时变化，但是在任意一个截面内振幅分布函数保持不变。

12.4.2 高斯光束的传播

高斯光束的传播问题不能用几何光学的方法进行研究，必须用物理光学中的衍射理论来研究，上述问题超出了本书的内容范围，因此不进行这方面的详细讨论。但是激光束的传播规律对于设计激光光学系统来说又是十分必要的。下面将直接给出用衍射理论研究激光束传播问题所得的某些主要结论，作为今后设计激光光学系统的基础。

在一般同心光束中光束截面半径 ω 与传播距离 x 之间符合线性关系，如图 12.9（a）所示。但高斯光束在传播过程中光束半径 ω 与 x 之间不符合线性关系，它们之间的关系如图 12.9（b）所示。可以看到，光束截面半径 ω 随传播距离 x 的变化是一条曲线，

而且不存在聚焦点。光束中截面最小的位置称为高斯光束的束腰，最小的光束截面半径称为束腰半径，用 ω_0 代表。距离束腰为 x 处的光束截面半径计算公式为

$$\omega^2 = \omega_0^2 \left[1 + \left(\frac{\lambda x}{\pi \omega_0^2} \right)^2 \right] \tag{12.3}$$

式中：λ 为激光波长；ω_0 为束腰半径。

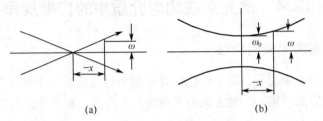

(a)   (b)

图 12.9　光束截面半径与传播距离关系

输出端为平面镜的谐振腔，输出激光的波面为平面，束腰位在谐振腔的输出端上，如图 12.10（a）所示。球面谐振腔输出的激光波面为球面，束腰位于激光器内部，如图 12.10（b）所示。无论是平面谐振腔还是球面谐振腔，在它们所产生的激光束的束腰位置上，波面均为平面。离开束腰，波面就不再是平面而变成了曲面，如图 12.10 中虚线所示。

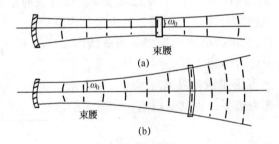

图 12.10　束腰位置

波面中心部分的曲率半径 R 及与波面顶点到束腰的距离 x 之间，符合以下关系，即

$$R = x \left[1 + \left(\frac{\pi \omega_0^2}{\lambda x} \right)^2 \right] \tag{12.4}$$

根据式（12.3）和式（12.4），如果已知激光束的束腰位置 x 和束腰半径 ω_0 就可以计算出任意指定位置的光束截面半径 ω 和波面曲率半径 R。

在实际工作中，有时已知某一位置的光束截面半径 ω 和波面半径 R，需要求此激光束的束腰位置 x 和束腰半径 ω_0。为此可由式（12.3）和式（12.4）解出 ω_0 和 x，得

$$\omega_0^2 = \frac{\omega^2}{1 + \left(\frac{\pi \omega^2}{\lambda R} \right)^2} \tag{12.5}$$

$$x = \frac{R}{1 + \left(\frac{\lambda R}{\pi \omega^2} \right)^2} \tag{12.6}$$

当已知高斯光束某个位置的光束截面半径 ω 和波面半径 R 时，代入式（12.5）和式（12.6）

即可求出束腰位置 x 和束腰半径 ω_0。

以上公式中，ω 和 ω_0 都是以平方形式出现的，因此它们的正负并不影响计算结果，可以把它作为绝对值看待。R 与 x 的符号原则和前面规定的球面半径符号原则相似。

R——从波面顶点到曲率中心，向右为正，向左为负。

x——从波面顶点到束腰，向右为正，向左为负。

应用上面得到的式（12.3）、式（12.4）、式（12.5）、式（12.6），就可以用来解决高斯光束在均匀透明介质中的各种传播问题。

在一般光束中，不同位置光束截面边界的连线可以看作为一条实际光线，在均匀透明介质中它是一条直线。在高斯光束中，如果也把由光束截面半径 ω 所确定的光束截面边界的连线设想为一条光线，那么，此假想光线并不是直线而是一条曲线，由式（12.3）可以知道，这是一条双曲线。此假想光线不符合均匀介质中的直线传播定律。

双曲线是以两条直线为渐近线的，所以当高斯光束离开束腰较远时，此假想光线近似成为一条直线。因此，在远离束腰的条件下，高斯光束的传播问题可以近似用几何光学方法进行研究。

渐近线和光束对称轴的夹角，可以用来代表高斯光束的孔径角，又称为束散角，如图 12.11 所示。下面求孔径角 U 的公式。由图 12.11，得

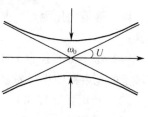

图 12.11　激光束散角

$$\lim_{x \to \infty} \frac{\mathrm{d}\omega}{\mathrm{d}x} = \tan U$$

把式（12.3）对 x 求导数，并经过适当简化，得

$$\tan U = \frac{\lambda}{\pi\omega_0} \qquad (12.7)$$

这是激光束孔径角与束腰半径之间的关系式。在远离束腰的情形，可以直接利用以上公式由孔径角求束腰半径，或者反之由束腰半径求孔径角。

12.4.3　高斯光束透镜变换

在实际应用中需要把高斯光束通过透镜进行变换，以改变光束的束腰位置、束腰半径，或改变光束的光束截面半径和孔径角等。下面讨论高斯光束通过透镜时的特性。

在近轴光学中，认为由同一物点 A 发出的同心光束，经过透镜以后仍为一同心光束，聚交于 A' 点。A 和 A' 分别为入射波面和出射波面的球心，如图 12.12（a）所示。对高斯光束来说，在近轴区域，它的波面可以看作是一个球面波，通过物方主点 H 的波面的曲率中心 C，可以看作透镜的物点，波面半径 R 等于物距 l，如图 12.12（b）所示。通过透镜以后，过像方主点 H' 的出射波面的曲率中心 C'，可以看作 C 点通过透镜以后所成的像，出射波面半径 R' 等于像距 l'。C 和 C' 对透镜来说是一对共轭点，应该符合共轭点方程式，将 $l = R$，$l' = R'$ 代入透镜成像公式 $\frac{1}{l'} - \frac{1}{l} = \frac{1}{f'}$，得

$$\frac{1}{R'} - \frac{1}{R} = \frac{1}{f'} \qquad (12.8)$$

由于光束在物方主面和像方主面上的口径相等，因此入射光束的光束截面半径 ω 和出射光束的光束截面半径 ω' 应该相等，即

$$\omega' = \omega \tag{12.9}$$

式（12.8）、式（12.9）就是高斯光束通过透镜变换的基本公式。利用以上公式即可由入射高斯光束的光束截面半径 ω 和入射波面半径 R，求得出射光束的截面半径 ω' 和出射波面半径 R'。有了 ω' 和 R'，则像空间高斯光束的全部性质就确定了。出射高斯光束在像空间的传播问题就可以用前面的式（12.3）~式（12.6）解决。总之，应用式（12.3）~式（12.9）就可以解决有关高斯光束通过透镜变换的各种问题。

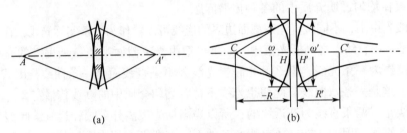

图 12.12　高斯光束透镜变换

在实际应用中经常遇到这样的问题：已知激光束的束腰到透镜的距离 x 和束腰半径 ω_0，以及透镜的焦距 f'，求射激光束的束腰位置和束腰半径。解决这个问题可以分三个步骤：

（1）根据束腰位置 x 和束腰半径 ω_0，应用式（12.3）和式（12.4）求出激光束在透镜上的光束截面半径 ω 和波面半径 R；

（2）利用式（12.8）、式（12.9）由入射波面的 R，ω 求得出射波面的 R'，ω'；

（3）利用式（12.5）、式（12.6）由 R'，ω' 计算出射光束的束腰位置 x' 和束腰半径 ω'_0。

12.4.4　激光谐振腔的计算

从激光器出射的激光束的束腰位置和束腰半径，取决于谐振腔的结构。在激光仪器的设计中往往会遇到由谐振腔结构参数计算激光束的束腰位置和束腰半径，或者反之根据要求的束腰位置和束腰半径，确定谐振腔的结构参数。本节就介绍解决上述问题的计算公式。

下面求谐振腔的结构参数与激光束的束腰位置和束腰半径之间的关系。图 12.13 为一个由半径分别为 R_1 和 R_2 的两球面反射镜所构成的谐振腔，第一个反射镜 O_1 要求反射率尽可能高，第二个反射镜 O_2 则要求大部分光反射，一小部分光透射，激光束正是透过反射镜 O_2 出射的。

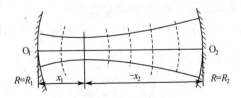

图 12.13　激光谐振腔计算

下面寻找该谐振腔产生的激光束的束腰半径和束腰位置。

设激光束在谐振腔两端 O_1 和 O_2 处的波面半径分别为 $R(x_1)$ 和 $R(x_2)$。x_1 和 x_2 为两波面到束腰的距离。要求激光束能在谐振腔内形成往复振荡的条件是球面反射镜面与波面一致，即要求 $R_1 = R(x_1)$，$R_2 = R(x_2)$。根据式（12.4）有

$$R_1 = R(x_1) = x_1 \left[1 + \left(\frac{\pi \omega_0^2}{\lambda x_1} \right)^2 \right]$$

$$R_2 = R(x_2) = x_2 \left[1 + \left(\frac{\pi \omega_0^2}{\lambda x_2} \right)^2 \right]$$

假定谐振腔的长度 $O_1 O_2 = d$，由图 12.13，得

$$x_1 - x_2 = d \tag{12.10}$$

把上面 3 个公式联立，求解 x_1、x_2、ω_0，并设

$$g_1 = 1 - \frac{d}{R_1} \quad g_2 = 1 + \frac{d}{R_2} \tag{12.11}$$

得

$$x_1 = \frac{d g_2 (1 - g_1)}{g_1 + g_2 - 2 g_1 g_2} \tag{12.12}$$

$$x_2 = \frac{- d g_1 (1 - g_2)}{g_1 + g_2 - 2 g_1 g_2} \tag{12.13}$$

$$\omega_0^4 = \frac{\lambda^2}{\pi^2} \frac{d^2 g_1 g_2 (1 - g_1 g_2)}{(g_1 + g_2 - 2 g_1 g_2)} \tag{12.14}$$

根据式（12.3），有

$$\omega^2 = \omega_0^2 \left[1 + \left(\frac{\lambda x}{\pi \omega_0^2} \right)^2 \right]$$

将 x_1、ω_0 代入式（12.3）并简化，得

$$\omega_1^2 = \frac{\lambda d}{\pi} \sqrt{\frac{g_2}{g_1 (1 - g_1 g_2)}} \tag{12.15}$$

将 x_2、ω_0 代入式（12.3）并简化，得

$$\omega_2^2 = \frac{\lambda d}{\pi} \sqrt{\frac{g_1}{g_2 (1 - g_1 g_2)}} \tag{12.16}$$

利用式（12.10）~式（12.16）就可以根据谐振腔的结构参数 R_1、R_2、d，求得出射的激光束的全部特性参数。

由式（12.14）可以看到，只有使 $\omega_0^4 > 0$ 的解才具有实际意义。也就是说，要求

$$g_1 g_2 (1 - g_1 g_2) > 0$$

满足上述不等式的解有两种可能的情况。

第一种：$g_1 g_2 > 0$；$(1 - g_1 g_2) > 0$

第二种：$g_1 g_2 < 0$；$(1 - g_1 g_2) < 0$

第二种情况显然不存在，因此只能有第一种情况。由它的两个不等式求解得到 $g_1 g_2$ 应满足的条件为 $0 < g_1 g_2 < 1$。

12.5 激光发射与接收光学系统

在激光测距、激光雷达、激光制导、激光武器、激光通信等军事应用中，都涉及要

将激光器发出的激光束最大限度地集中到目标上。在激光军事应用系统中除了激光器外，还需要有能把激光束扩束、校正、发射并经大气通道传输到远场并聚焦在目标上的光束发射与控制系统。此外，还需要有灵敏的激光信号接收系统，通过接收经目标反射回的激光信号，可以有效地探测目标的位置、速度、形状等信息。因此，在军用激光系统中，激光的发射、传输和接收是其首要考虑的关键问题。

12.5.1　激光发射光学系统

1. 发射光学系统的作用

1）压缩发射光束角

激光器发出的激光并不是绝对平行的，通常有几个毫弧度。如果不加任何光学系统直接向空间发射，到达远处目标时光斑直径就很大；如果加上一个光学系统，压缩发散角，就可以缩小目标处的光斑直径。而且，光学系统的放大倍率越大，光束的发散角越小，从而光斑直径越小，在反射面积一定的情况下，由于能量集中，单位面积上的能量密度就越大。

2）准直光束和指向瞄准目标

很多激光器发射的激光束需要光束整形和准直，达到优化激光束和标定指向的作用。可以发射多种形状实心的、空心的、尖顶的、平顶的等各种各样的高质量的激光束。图 12.14 给出了多种发射形状的激光束示意图样。

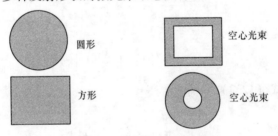

图 12.14　发射激光束的形状

利用望远镜将高斯光束准直的原理如图 12.15 所示。图中焦距为 f_1 的透镜 L_1 称为副镜，焦距为 f_2 的透镜 L_2 称为主镜。以 θ 表示入射高斯光束的发散角，θ_1 表示经过 L_1 后的高斯光束的发散角，而 θ_2 则为经过主镜 L_2 后出射高斯光束的发散角。于是，望远镜对高斯光束的准直倍率定义为

$$M = \theta/\theta_2 \tag{12.17}$$

很显然，这是一个大于 1 的数，而且 M 越大，准直效果越好。将有关量代入，根据激光技术有关知识，可将准直倍率写为

$$M = (\theta/\theta_1)(\theta_1/\theta_2) = \frac{f_2}{f_1}\left[1 + (\lambda l/\pi\omega_0^2)\right]^{1/2} \tag{12.18}$$

由此可以看出，f_2/f_1 越大，l 越大，ω_0 越小，准直效果就越好。

发射望远镜由负目镜和物镜组成，如图 12.16 所示。激光器输出发散角为 θ 的光束通过负目镜之后，光束发散，并成虚像于负目镜的焦点附近。设计的目镜要求与负目镜共焦，则发散激光束通过物镜后，就更接近于平行光束。由几何光学可求得通过发射望远镜后的光束发散角为

$$\theta' = \frac{f_1}{f_2}\theta \qquad (12.19)$$

式中：f_1 为负目镜的焦距；f_2 为物镜的焦距。可见，激光束通过发射望远镜后，可使得光束发散角减少，即达到激光束的进一步准直之目的。

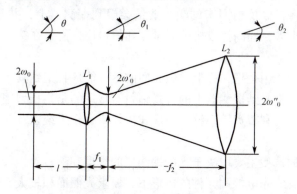

图 12.15　高斯光束准直望远镜

L_1—副镜；L_2—主镜；f_1—副镜焦距；f_2—主镜焦距；
ω_0—入射高斯光束腰斑半径；l—入射光束腰与副镜的距离。

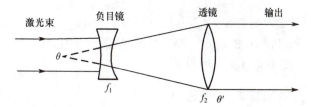

图 12.16　具有准直作用的激光发射望远镜结构

2. 发射光学系统的分类

发射光学系统常用的是望远镜系统，主要是折反式发射望远镜系统以及开普勒和伽利略望远镜系统，如图 12.17 所示。其中，脉冲激光最常用的发射系统是倒装伽利略望远镜系统。伽利略望远镜系统角放大率 $\gamma > 1$，由于是倒装其角放大率变为 $\gamma < 1$，因而可压缩从激光器输出的光束发散角。由于是倒置使用，其出射光瞳大于入射光瞳，可把

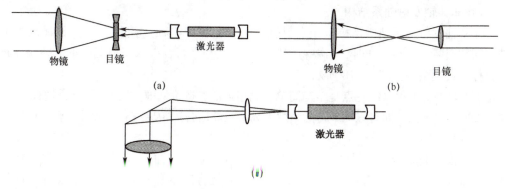

图 12.17　发射光学系统

（a）伽利略望远镜系统示意图；（b）开普勒望远镜系统示意图；（c）折反式发射望远镜系统示意图。

激光器输出的光束截面扩大，即有扩束作用。同时，由于伽利略望远系统里没有实焦点，不存在激光束使空气电离因而使能量损耗的问题。

12.5.2　激光接收光学系统

为了尽可能地将目标反射回来的激光能量会聚到探测器上，并且适当限制接收视场，减小杂散光的干涉，提高接收机的灵敏度和信噪比，需要在接收装置前也要加上一个光学系统。

接收光学系统的作用是把目标上的激光回波尽可能地收集到其焦平面上的光电探测器上，同时还要减小进入到探测器上的背景辐射。常用的是牛顿型望远镜系统、卡塞格伦望远镜系统、格里高利望远镜系统、折反式接收望远镜系统以及开普勒和伽利略望远镜系统。

接收光学系统的选型主要取决于光电探测器的类型和整机对接收光学系统体积的限制。在以光电倍增管为光电探测元件的情形下，要求光照面积较大，照度均匀，并能有效地限制接收视场角，遮拦杂散光。出瞳直径应选择和光敏面积大致相同。

接收视场角定义为

$$\theta_r = 2\arctan\frac{D_d}{2f}$$

式中：D_d 为探测器光敏面的直径；f 为接收光学系统焦距。

接收视场角 θ_r 和口径 D_d 的确定主要考虑的是接收到的信号光的强度是否可以达到接收器的要求，而不能为背景光所湮没。

12.5.3　激光发射接收系统设计

1. 激光发射接收轴系的结构

激光发射轴系是指自身发射的光束中心（称为光轴）。这个光束中心的指向是否与其他光轴（接收轴、瞄准轴、成像光学系统的视轴）的指向一致，或者说对于无穷远目标来说，其诸光轴是否平行，这影响到所发射的激光束是否能准确地作用到目标上。如果激光束中心轴偏了，激光束就不能准确击中目标，也直接影响到跟踪和探测效果。

1）非共轴发射轴系结构

非共轴发射轴系结构是指激光发射轴、瞄准轴和接收轴（简称三轴）机械结构上是非同轴安装的。在工作时，需要将三轴调整到互相平行，以保证准确瞄准、捕获和跟踪目标。典型结构如图 12.18 所示。

非共轴激光发射系统特点是结构简单、运用灵活、造价低廉，但使用调整繁琐、不方便，发射效率不高，同时三轴平行的精度不高，只能适合短距离或者一般性场合下使用。

2）共轴发射轴系结构

共轴发射是指激光发射轴、瞄准轴和接收轴（简称三轴）或者激光发射轴与接收轴是同轴的。这种发射轴系结构，首先在设计上就将三轴从机械和光路上设计成向轴的。这种结构的发射系统，具有三轴平行精度较高、发射效率高、体积小、免除复杂的三轴平行度的调整、容易检测、发射激光的稳定度高等优点。但由于增加分光镜等分光器件，又使其具有结构复杂、光能的损耗增加、造价高等缺点，在要求高的远距离主动探测和较大型的系统中广泛使用。

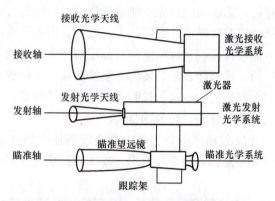

图 12.18　非共轴发射轴系结构

图 12.19 为观察瞄准系统与激光接收系统共轴的手持式激光测距机光学系统。图 12.20 为瞄准、激光发射和接收三轴合一的微型激光测距机光学系统。在共轴光学系统中，均有双向分色镜，以便把可见光路与激光发射或接收的激光光路分开。

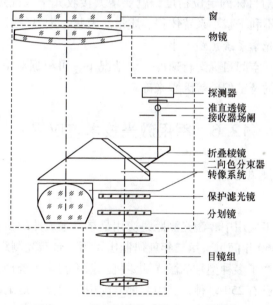

图 12.19　瞄准与接收二轴合一光学系统

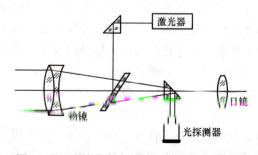

图 12.20　激光发射与接收三轴合一光学系统

2. 发射接收系统匹配

从作用到目标上的能量密度和系统作用距离来看，在激光器一定情况下，发射系统将束散角压缩得越小越好，远距离的激光束能量越集中，作用到目标上效果越好。但束散角控制得太小，必然使跟踪和瞄准的难度加大，或者说根本就不可靠。为了保证在远距离的激光主动探测时能够探测到足够的空间目标反射回来的光能量，发射系统应能实时地控制发射发激光束角，尽可能在最佳发射光束发散角下发射激光。根据具体的空间光学目标的反射特性、大气传输的衰减、接收系统的性能等因素，由传输方程计算出能够接收到的光功率的大小。具体的设计原则是：

（1）在能够提高激光发射功率的条件下，希望能够适当加宽激光发射发散角，减轻对最大瞄准误差和最大跟踪误差的苛刻要求，减少对扫描时间和高能激光重复频率的限制；

（2）在激光发射功率满足要求的条件下，希望能适当减小接收光学系统口径，以减小系统体积、质量，满足系统军事应用的机动性要求；

（3）在激光发射功率和系统信噪比满足要求的条件下，适当增加系统接收视场角，以提高对不确定区域的监视能力；

（4）要提高系统对目标的定位精度，就要增大接收光学系统焦距。大焦距将限制系统接收视场角，也不利于减小系统体积、质量。因此，希望在满足监视范围要求的情况下，适当减小接收光学系统焦距大小。

激光发射光束角在空间目标运行速度一定情况下，可根据对空间目标的跟踪偏差、发散光轴与瞄准光轴的调整偏差等因素来确定。

12.6 军用激光技术与应用

12.6.1 激光测距技术

1. 概述

在激光技术的军事应用中，激光测距是应用最早且最成熟的项目之一。世界上第一台红宝石激光器于1960年问世，第二年就研制出了第一台激光测距机。经过50多年的发展，已经研制、生产了多种型号的激光测距机。据不完全的统计，现在世界各国生产和装备的激光测距机已有250多种，其中大部分配用于坦克、地炮、舰炮、高炮、机载武器等重型武器或其火控系统，少数配用于迫击炮、枪榴弹发射器等步兵武器行列。

我国自20世纪60年代开始，就开展研究靶场激光跟踪测量设备和常规兵器火控系统激光测距仪。靶场激光跟踪测量设备的特点是激光脉冲重复频率高、作用距离远、测量精度高。将激光测距装置装于光电跟踪仪或电影经纬仪上，可以单站测量高速运动飞行目标轨迹，较之以往的主站光学交会测量法来说，不仅可以大量减少测量设备，而且测量精度高，是靶场光学测量技术的一次飞跃。

20世纪70年代，我国武器试验测量有关部门根据洲际导弹全程试验测量的需要，提出了采用激光测量再入段轨迹的研究任务。由于弹头在进入再入段后，高速飞行的弹头与空气摩擦产生浓密的等离子体，形成能吸收微波段电磁波的"黑障区"，这可能导致微波雷达测量失效，而激光测距可能是解决这一关键技术的有效途径。

1971 年，我国完成了在战略导弹加装角后向反射器技术研究，为实现激光测量远程导弹发射段轨迹提供了必要的测量条件。同年，采用高重复频率 YAG 脉冲激光测距机和人工半自动跟踪，首次对装有角反射器的战略导弹进行了成功试验，激光作用距离达 150km；后来又成功研究了在远程导弹弹头上安装角反射器技术，在 1980 年的洲际弹道导弹全程试验任务中，装在激光电影经纬仪上的激光测距仪成功地测量了弹头再入段轨迹。至今，我国的各个武器试验靶场有各种类型的激光测量装备，取得了激光作用距离达 600km、测距精度达 20cm、激光测角精度达角秒量级等成果。

20 世纪 80 年代初，我国开始了常规兵器领域激光测距仪的研制工作，研制出了成功用于地炮射击指挥系统的激光测距测向仪和配备于舰载防空、火炮指挥系统的高重复频率激光测距仪。研制的舰载火炮激光测距仪，安装在光电跟踪仪上，主要用于测量低空或超低空飞行目标，对掠海导弹的激光测量距离达 7km，对歼击机的最远测量距离超过 20km。

2. 脉冲式激光测距机的原理与组成

目前，激光测距仪器主要采用脉冲测距技术。脉冲激光是在激光的方向性好，能量在空间相对集中的基础上，使能量输出在时间上也相对集中。激光脉冲持续时间短，瞬时功率大，传播距离远。脉冲式激光测距机的测距精度一般为 ±5m。脉冲式激光测距机的发射功率高，测距能力较强（对非合作目标指敌方设施，有时是采取了对抗激光测距措施的目标测距，最大测程可达 30km）。脉冲式激光测距机体积小，多用在军事上对非合作目标（如各种战场目标）的测距，按其主要军事应用可分为地炮激光测距机、高炮激光测距机、坦克激光测距机、机载激光测距机、舰载激光测距机。此外，脉冲式激光测距机也可用于气象上测空气能见度和云层高度，以及用于人造地球卫星的精密距离跟踪上。

1）测距基本原理

脉冲式激光测距机是利用脉冲激光器对目标发射一个或一列很窄的光脉冲，测量光脉冲到达目标并由目标返回而接收的时间、由此计算出目标的距离。设目标距离为 R，光脉冲往返经过的时间为 T，光在空气中的传播速度为 c，则有

$$R = \frac{cT}{2} \tag{12.20}$$

在脉冲式激光测距机中，T 是通过计数器计数从光脉冲发射到目标以及目标返回到接收机所需的时间、进入计数器的时钟脉冲个数来测量的。设在这段时间里，有 n 个时钟脉冲进入计数器，时钟脉冲之间的时间间隔为 τ，时钟脉冲的振荡频率为 $f = 1/\tau$，则有

$$R = \frac{1}{2}cn\tau = n \cdot \frac{c\tau}{2} = nL \tag{12.21}$$

式中·$L = \frac{c\tau}{2}$ 为每一个钟频脉冲所代表的距离增量。例如，当计数脉冲重复频率为 100MHz 时，则脉冲周期为 10ns，若计数电路计到 1 万个脉冲，则往返时间就是 100μs，目标距离为 15km。

2）基本组成

脉冲式激光测距机的基本组成框图如图 12.21 所示,由三个基本部分组成,即激光发射装置、接收装置和信息处理装置。

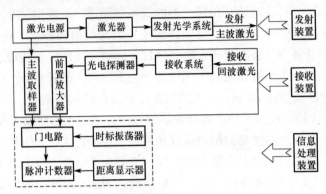

图 12.21　脉冲式激光雷达测距系统的基本组成方框图

（1）发射装置。

激光发射装置的任务是发射峰值功率高、光束发散角小的激光脉冲,使其经发射光学系统进一步准直后,射向被测目标。激光发射装置包括激光器、激光电源和发射光学系统等三个部分。

激光输出的激光束发散角虽然是比较小的,对于小型固体激光器输出光束的发散角一般约 4 ~ 8mrad 左右,如果不加任何光学系统直接向空间发射,到达远处目标时光斑直径就很大。例如,发散角为 4mrad,到达 2km 处的光斑直径约为 8m,这对实现远距离的测距是很不利的。若对一固定的距离来说,光束发散角越小,则光斑面积越小,那么光束功率一定时,照在目标上单位面积上的功率（功率密度）也就越强。这样目标漫反射时,目标每单位面积反射光强度也越强。如果接收系统光电探测器的探测灵敏度已定,则激光束的发散角越小,测距机最大测程则可增加。此外,发散角小些,也不会因为光束照射目标的同时还会照射地物和附近的障碍物而影响准确测距。因此,必须采用适当的光学系统,来压缩光束发散角。

在脉冲激光测距机中,常将望远镜系统倒置使用,即将激光束从望远系统的目镜方向入射,从物镜方向射出,那么激光束的发散角就能减小 Γ 倍,并将激光束扩束。一般激光工作物质的直径 d 已定,当结构上限定物镜孔径 D 后,Γ 也就确定了,所以 Γ 往往被结构所限制。望远系统的基本型式有两种:一种是开普勒式;另一种是伽利略式。但在实际应用中不能采用开普勒式望远系统,因为它的目镜有实焦点,在焦点上激光被会聚,强度很大,将使空气电离而造成能量损失,并会损坏目镜。实际采用的是带负目镜的伽利略式望远系统,因为伽利略式望远系统的总长比物镜焦距还要短,这有利于缩小外形尺寸。

发射光学系统倍率的选取,要根据不同的使用情况而定。如果仅从测距能力上考虑,倍率越大越好。但倍率大,外形尺寸也大,同时像差、衍射、加工精度和造价等都有一定限制。而且,发射角太小,激光光束很难瞄准。所以,对于一般的测距,发散角不小于 1mrad;而对于高精度、超远程测距,光束发散角为 0.1 ~ 1mrad。光学系统的目镜和物镜的选取，以让激光束全部通过为原则，即目镜通光口径略大于激光光束直径。

为实现所要求的放大倍率，光学系统要消像差，此外还应使外形尺寸（长度、直径）不能过长。光学镜片尽可能用得少，以减小镜片对光能的吸收。高炮激光测距机发射望远系统目镜一般都采用单片负目镜，负目镜平面正对激光器。而物镜形式较多，主要应考虑结构、像差、装调等因素，可以是双胶合、双不胶、三胶合等透镜形式。图 12.22 为常用的三种激光发射光学系统形式。

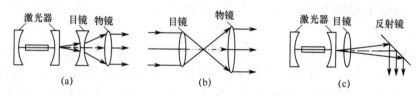

图 12.22　激光发射光学系统

（a）伽利略望远镜系统示意图；（b）开普勒望远镜系统示意图；（c）折反式反射望远镜系统示意图。

（2）接收装置。

接收装置的任务是接收发射系统发出的取样脉冲信号和经目标漫反射回的回波脉冲信号，把它转换成电脉冲信号并进行放大，去推动计数显示系统。对于接收系统来说，重要的是使回波信号与噪音幅度的比值高，即信噪比高，而不是它的绝对值。因为即使信号幅度很小，只要噪音比信号小，总可以用增加放大倍数方法把它提高到足够幅度。因此，对接收系统来说，要尽量利用所得到的回波信号，使其不被衰减掉，同时尽量抑制噪声。

激光接收装置通常由接收光学系统、特殊光学元件、光电探测器、前置放大器和主波取样头等部分组成，如图 12.23 所示。

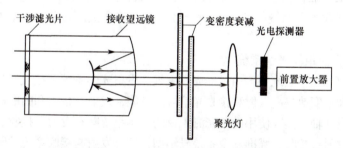

图 12.23　激光测距接收系统的组成图

为了尽可能地将目标反射回来的激光能量会聚到探测器上，而且适当限制接收视场，减小杂散光的干涉，提高接收机的灵敏度和信噪比，以提高测距系统的测距精度和作用距离，在接收装置前也要加上一个光学系统。

接收光学系统常用的是牛顿型望远镜系统、卡塞格伦望远镜系统、格里高利望远镜系统、折反射型望远镜系统以及开普勒和伽利略望远镜系统。接收光学系统的选型主要而由于光电探测器的类型和整机对接收光学系统体积的限制。在以光电倍增管为光电探测元件的情形下，要求光照面积较大，照度均匀，并能有效地限制接收视场用，遮挡杂散光出瞳直径应选择和光敏面积大致相同。由于开普勒望远镜系统出射光为平行光，可均匀地照射整个光敏面，同时又可在物镜与目镜的共焦平面上放置视场光栏，用于限制接收视场和遮拦杂散光，因此中小型激光测距仪都普遍采用这种形式。对远程和超远程激光测距仪来说，由于接收光学系统物镜的口径和焦距都相当大，为了使系统结构紧凑，常采用牛顿式光学系统。

（3）信息处理装置。

信息处理装置的主要作用是测量脉冲从测距仪到被测目标往返一次的时间 T，并显示出准确的距离。距离计数器包括门控电路、门电路、时标振荡然、脉冲计数器、距离显示器及延时复位电路等部分。

3）测距过程

首先用瞄准光学系统瞄准目标，然后接通激光电源，储能电容器充电，产生触发闪光灯的触发脉冲，闪光灯点亮，激光器受激辐射，从输出反射镜发射出一个前沿陡峭、峰值功率高的激光脉冲，通过发射光学系统压缩光束发散角后射向目标。同时，从激光全反射镜透射出来的极少量激光能量，作为起始脉冲，通过取样器输送给激光接收机，经光电探测器转变为电信号，并通过放大器放大和脉冲成形电路整形后，进入门控电路，作为门控电路的开门脉冲信号。门控电路在开门脉冲信号的控制下开门，石英振荡器产生的钟频脉冲进入计数器，计数器开始计数。由目标漫反射回来的激光回波脉冲经接收光学系统接收后，通过光电探测器转变为电信号和放大器放大后，输送到阈值电路。超过阈值电平的信号送至脉冲成形电路整形，使这些脉冲信号的形状（脉冲宽度和幅度）相同，然后输入门控电路，作为门控电路的关门脉冲信号。门控电路在关门脉冲信号的控制下关门，时钟脉冲停止时进入计数器。通过计数器计数出从激光发射至接收到目标回波期间所进入的时钟脉冲个数，进而得到目标距离，并通过显示器显示出距离数据。

为使激光束对准目标进行发射，接收机对准目标进行接收，要求瞄准光学系统、发射光学系统和接收光学系统的三条光轴严格平行。整个测距过程很短，快的 1s 内可进行几十次测距。

3. 典型激光测距仪光学系统

激光测距仪的光学系统一般由瞄准光学系统、发射光学系统、接收光学系统等三部分组成。为了最大限度地提高发射和接收光信号的效能，发射、接收和瞄准三光学系统的光轴应相互平行或共轴，实际使用的激光测距仪的光学系统既有发射、接收、瞄准三个系统共轴型，也有发射、接收、瞄准三个系统异轴型，还有发射与接收系统共轴、瞄准系统异轴型或发射与瞄准系统共轴或接收与瞄准系统共轴等。具体采用什么形式的光学系统，应根据测程、测距精度以及整机质量等技术指标的要求，合理地进行设计和加工。

如图 12.24 所示为 HQ – 102 型相位式激光测距仪的光学系统，它是发射、接收、瞄准三个系统异轴型的。其发射光学系统是单透镜准直扩束系统，为了使其结构紧凑，使用了复合反射棱镜使来光路发生转折，光路中还使用了调制器来对所发射激光进行相位调制。

接收光学系统是一个折反式包沃斯—马克苏托夫系统，在其光路上也使用了一对反射棱镜将聚焦光线折转到干涉滤光片上。

瞄准光学系统与普通军用望远镜光学系统类似，在瞄准物镜与目镜所组成的开普勒望远系统中加入了调焦镜和复合转像棱镜以及分划板。

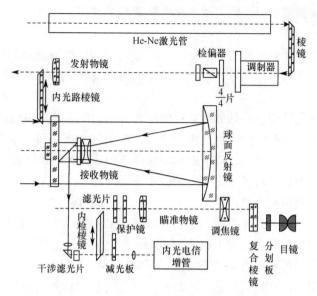

图 12.24　HQ－102 型相位式激光测距仪的光学系统

如图 12.25 所示为 HGJ－303G 型舰用激光测距仪的光学系统。除了发射、接收、瞄准等三个系统之外，它还有一个读数光学系统，其作用相当于一个放大镜，以便读出微型数码显示器上所显示的测距值。

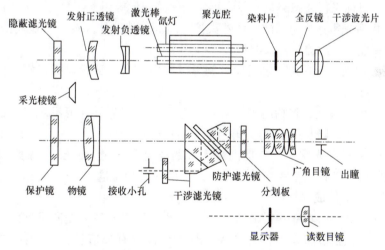

图 12.25　HGJ－303G 型舰用激光测距仪的光学系统

12.6.2　激光雷达

1. 概述

激光雷达是激光技术和雷达技术相结合的产物，它以激光波束为信息载体的雷达，不仅可精确测距，而且能精确测速、精确跟踪。继无线电雷达、超高频雷达、微波雷达之后，激光雷达把辐射源的频率提高到光频段，比毫米波高出 2～4 个数量级。这使之能探测迄今所碰到的任意微小的自然目标，包括极细的导线和发射的粒子。

探测辐射回波的多普勒频移，可感知目标的小量振动。由于这种频移正比于载波频率，故激光雷达探测微小振动的灵敏度比典型的毫米波雷达高 2~3 个量级，这对目标辨别识非常有利。

激光雷达的带宽比毫米波雷达小 2~3 个量级，加之它的高空间分辨力及上述高灵敏度，使我们可以获取目标尺寸、形状、速度、振动及旋转速度等多种信息，实现对其准确识别和跟踪。

激光优异的单色性和极小的脉冲宽度使激光雷达能排除背景和地面杂波干扰，减小噪声影响，因而能探测超低空目标，可用于跟踪发射初始段的导弹和巡航导弹。例如，洲际导弹释放大量电磁假目标，或借助小型核爆炸构成人为的反射微波电离层，就足以使微波雷达失效，但这些对激光雷达影响较小。

目前一般超远程雷达提供的预警时间（从发现目标到击中它所需时间）约 15min，即使是超视距雷达（能发现地平线以下、直线视距以外的目标）也不过 0.5h。而实战中对目标粗跟踪和精跟踪就超过 10min，留给引导拦击导弹的时间就不够多。而配备激光雷达的反导系统却可赢得更多预警时间，可对付分导式多弹头。

另外，激光雷达尺寸比微波雷达小得多。例如，从地球照射月球上 1km^2 区域，激光雷达天线直径约 30cm，而微波天线直径约需几千米（目前还造不出这么大的可转动天线）。这使激光雷达更适于车载、机载和用于空间载体。

按激光雷达的军事应用范围可分为以下类型：

（1）靶场测量激光雷达（武器试验测量），用于导弹发射初始段弹道和低空目标飞行轨迹测量、目标飞行姿态测量、导弹再入段轨迹测量等。

（2）火控激光雷达，包括防空武器火控、地面作战武器火控、空地攻击武器火控、航炮火控和高能激光武器精密瞄准等。

（3）跟踪识别激光雷达，包括导弹制导、空中侦察、敌我目标识别、机载远程预警和水下目标探测等。

（4）激光引导雷达，包括航天器对接、会合的精确制导，卫星对卫星的跟踪、测距和高分辨力测速，以及用于地形和障碍物的回避等。

（5）大气测量激光雷达，包括测量大气的能见度、测量云层的高度、测量风速，以及测量大气中各种化学生物物质（如毒剂）的成分和含量。

2. 激光雷达的组成

激光雷达的结构、功能与微波雷达相似，都是利用电磁波先向目标发射一探测信号，然后将其回波信号与发射信号比较，获得目标的有关信息，如目标位置（距离、方位和高度）、运动状态（速度、动态）和形状等，从而对飞机、导弹等目标进行探测、跟踪和识别。

一般普通的激光雷达通常由发射部分、接收部分和使此两部分协调工作的机构组成。发射部分主要有激光器、调制器、光束成形器和发射望远镜；接收部分主要有接收望远镜（配有收发开关时，收发共用一个望远镜）、滤光片、数据处理线路、自动跟踪和伺服系统等，如图 12.26（b）所示为激光雷达方框图。比较图 12.26 可知，激光雷达与微波雷达结构相似，如激光雷达中的望远镜、探测器等对应于微波雷达中的天线、振荡器等，而且激光雷达与微波雷达的数据处理线路基本相同。

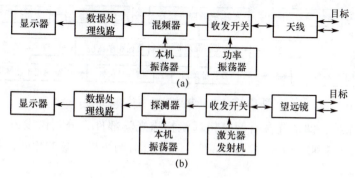

图 12.26　雷达系统结构光束比较

（a）微波雷达结构；（b）激光雷达结构。

激光雷达与普通雷达在工作原理上没有区别，即雷达发射系统发送一个信号，经目标反射后被雷达接收系统收，通过测量反射光的运行时间来确定目标的距离。至于目标径向速度，可以由反射光的多普勒频移来确定，也可以测量 2 个（或多个）距离，并计算其变化率而求得速度。由此可以看来，直接探测型激光雷达的基本结构与激光测距机十分相近，原理框图如图 12.27 所示。

图 12.27　直接探测型激光雷达框图

相干探测型激光雷达的原理框图如图 12.28 所示。激光信号由激光器发射，激光信号的发散度要通过光束整形，且与系统的其他部分相匹配。在所谓单稳态系统中（如图 12.29 所示），发送与接收信号共用一个光学孔径，并由发送—接收 T/R 开关隔离、T/R 开关将发射信号送往输出望远镜和发射扫描光学系统进行发射。信号经目标反射后进入光学扫描系统和望远镜，这时它们起光学接收作用的 T/R 开关接收到的辐射进入光学混频器，在那里与来自本机振荡器进行混频，所得拍频信号由成像光学系统聚焦到光敏探测器将光信号变为电信号，后者通过高通滤波器将来自背景的低频成分及本机振荡器诱导的直流信号统统滤除。最后，高频成分中所包含的测量信息由信号和数据系统检出。

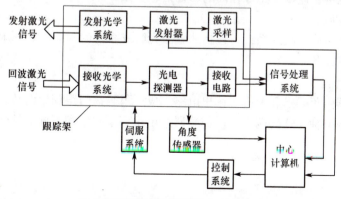

图 12.28　相干探测型激光雷达框图

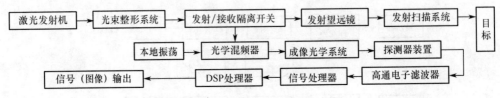

图 12.29　相干接收单稳雷达方框图

所谓双稳系统，即系统含有两套望远镜扫描光学部件，分别供发射与接收系统使用。这样，发射—接收开关自然不再需要。其余部分与单稳系统的相同，其原理方框图如图 12.30 所示。

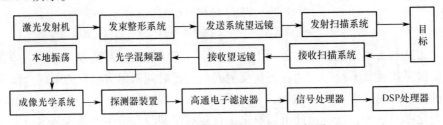

图 12.30　相干探测双稳激光雷达方框图

1）激光发射器

激光是激光雷达的信息载体，通过它探测目标的特征信息，包括目标位置、轨迹、速度、目标性质、外形等信息。激光器又是激光发射源，根据不同雷达的用途采用不同的激光源。

2）光学系统

激光雷达的光学系统又称光学天线，其作用与无线电雷达天线相同。发射光学系统又称为发射望远镜，其作用是将来自激光器的激光束发射角压缩，使远处的激光能量密度增大。接收光学系统又称接收望远镜，其作用是接收来自目标反射的激光信号，并将其会聚到光电探测器的光敏面上。

3）光电探测器

光电探测器的作用是将光信号转换成电信号。

4）信息处理系统

信息处理系统的主要功能是对光电探测器探测到的信号进行处理，并提取出包括目标距离、角脱靶量、速度和图像在内的目标信息参数。

5）跟踪瞄准系统

跟踪瞄准系统简称跟踪系统，包括放置激光收发系统的跟踪架、伺服系统和其他辅助的捕获、跟踪设备。

6）角度传感器

角度传感器由角码盘和解码、读出电路组成。角码盘与跟踪架的转轴刚性连接，分别与方位轴和俯仰轴相连的两个角度传感器给出跟踪架方位和俯仰的精确角位置。

12.6.3　激光目标指示器

1. 概述

在精确打击技术的发展中，激光目标指示器应运而生。现在，它已大批量装备部队，其数量可与激光测距机相比。激光目标指示器有以下功能：

（1）为激光半主动制导武器指示目标，并提供导引信息；

（2）为装有激光跟踪器的飞行器指引航向；

（3）为其他武器提供目标数据；

（4）为实现全天候作战而实施目标照明。

激光目标指示器可以由地面单兵携带（手持或三脚架支承），成为便携式装备，也可车载、机载、舰载，以提高其机动性、生存力和战场适应能力。

2. 基本结构

激光目标指示器的基本结构包括激光器、发射系统、激光接收系统与测距机、目标瞄准系统与跟踪机构、自检系统、固连结构、光轴稳定机构等。图 12.31 为一个典型结构。

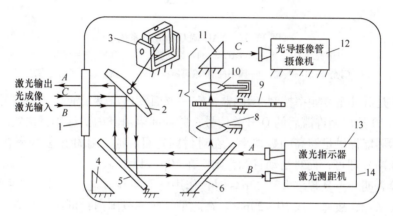

图 12.31　一种目标指示器

1—窗；2—可控稳定反射镜；3—陀螺；4—角隅棱镜；5—可调反射镜；6—分束镜；
7—光学系统；8—透镜；9—中性密度滤光片；10—透镜；11—棱镜；
12—光导摄像管摄像机；13—激光指示器；14—激光测距机。

目标的光学图像信号 C 由光学窗片 1 进入系统，经可控稳定反射镜 2、可调反射镜 5、分束器 6 和光学系统 7，在光导摄像管摄像机 12 上成像；操作者根据显示器上的图像选择目标，控制陀螺 3 携反射镜 2 转动，使显示器上跟踪窗套住目标并使之保持在自动跟踪状态。瞄准目标后向目标发射编码激光束 A。到达目标的激光将目标照"亮"；由目标返回的一部分激光反向进入激光测距系统，测量目标距离；还可提供导引信息。

系统内的角隅棱镜 4 是为系统自检而设置的。当陀螺稳定反射镜转向角隅棱镜时，发射激光按原路返回，在电视摄像机上应出现与瞄准点重合的像，这就表明激光发射、接收系统及瞄准系统三光轴一致。否则，要调整电视荧光屏上跟踪窗口的位置予以修正。电视瞄准系统有大、小两种视场，搜索目标时用大视场系统，而跟踪目标时宜用小视场系统（此时透镜 10 从光路中移出）。中性密度滤光片 9 可保证电视图像有良好的对比度。

在全系统的三个光轴被校正得彼此平行之后，目视瞄准系统对准目标就成为激光束正确指向的关键。为保证昼夜工作和气候条件较差时发挥作用，目视瞄准系统除了有普通可见光瞄准镜之外，还应配备微光夜视仪、热像仪之类的系统。

3. 激光器系统

目前装备的激光目标指示器多采用 Nd: YAG 固体激光器（调 Q 重频），图 12.32 为其中的一种结构。

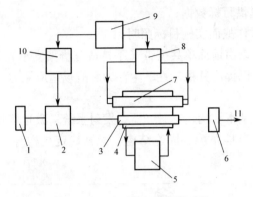

图 12.32　YAG 调 Q 激光器系统

1—全反射镜；2—Q 开关；3—YAG 棒；4—泵浦腔；5—冷却器；6—部分反射镜；

7—闪光灯；8—电源；9—频率控制/编码器；10—延时器；11—输出光束。

序号 9 是脉冲重复频率控制/编码器，它一方面发出点燃泵浦灯 7 的信号，另一方面经延时器 10 给出稍许滞后的 Q 开关信号；脉冲间隔由其内的编码器决定。为了使激光目标指示器能提供足够高的数据率，在对付固定目标时，脉冲重复频率在 5p/s（每秒发 5 个脉冲）即可；而对活动目标，则应在 10p/s 以上。

但试验表明，重复频率大于 20p/s 时，作用已无明显改进，而激光器系统的体积、质量却大大增加，故通常取 10~20p/s。在此重复频率范围内，可用的只有脉冲间隔编码（PIM）技术。其思想是以二个或多个脉冲为一组，而每组内各脉冲间的时间间隔各不相同。这种由集成电路实现的编码器设有拨盘指示。用户按拨盘设定编码，激光目标指示器即按要求向目标发送编码激光束。此光束经目标表面漫反射，成为具有同样编码特征的信息载体。在己方接收端设有译码器（由拨盘示数），作战时事先约定（或临时联络）装定同一组编码。

显然，"编码"的作用之一是防止外来干扰和拒绝假的激光信号。另外，也可适应于战场多目标的情况。在多目标出现时，各指示器按不同的编码指示各自的目标，寻的器便"对号入座"。

在激光目标指示器中通常采用电光调 Q 技术。电光晶体（一般用铌酸锂或磷酸二氘钾）工作于 2kV 或 4kV 左右（分别对应于 $\lambda/4$ 和 $\lambda/2$ 状态），与相应的偏振器（如格兰—富科棱镜）组合形成 Q 开关。

激光器的几个主要参数之经验数据如下：波长 $\lambda = 1.06\mu m$，脉冲能量 $E = 50 \sim 300mJ$（因指示器用途而异），脉冲宽度 $\tau = 10 \sim 30ns$，重复频率 10~20p/s（可编码），光束发散角 $\delta = 0.1 \sim 0.5mrad$。

4. 光学系统

从激光目标指示器的运作需要而论，它应包括三套光学系统：发射激光束的扩束准直系统，测距光束的接收会聚系统，瞄准目标的成像系统。为减小全系统的体积、质量，三者常有一定程度的"共光路"设计。同时，"共光路"还可减小三者的失调误差，有利于系统的稳定。

图 12.33 是一个机载目标指示器的光学系统。序号 4、6 组成伽利略望远镜式扩束准直系统，承担激光发射任务。同时，序号 4 又兼作激光接收物镜和电视摄像物镜。电视摄像机 12 可借助棱镜 10、11 的切换以改变视场角。角隅棱镜 13 和透镜 14 可完成三轴平行性的自检。

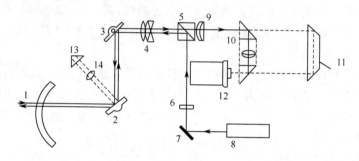

图 12.33　机载激光目标指示器

1—球罩；2—万向架反射镜；3—万向架/视线调节反射镜；4—物镜；5—分束镜；
6—负目镜；7—反射镜；8—激光器；9—透镜；10—宽视场光学元件；
11—窄视场棱镜；12—电视摄像机；13—角隅棱镜；14—透镜。

12.6.4　激光制导武器

1. 激光制导武器的特点

激光制导是一种典型的精确制导技术，在现代高技术条件下的战争中，激光制导武器频频使用，战绩辉煌。激光制导武器经过几十年的发展已较成熟，目前已成为精确制导武器的典型代表之一，是世界各军事强国竞相发展的重要作战武器装备。其主要特点如下：

（1）制导精度和命中概率高。

激光制导是继雷达、红外、电视制导之后发展起来的当前制导精度最高的一种制导技术。

美军对激光制导武器和普通武器的命中精度进行了对比，如表 12.1 所列。

表 12.1　美军关于激光制导武器命中精度的对比报道

武器种类	航 空 炸 弹		155mm 炮弹		127mm 火箭炮		反坦克导弹
	普通/m	激光制导/m	普通	激光制导/m	普通	激光制导/m	"陶式"、"海尔法"激光制导
圆概率误差	90～100	3～4	$\frac{1}{200}$射程	0.3～0.9	$\frac{1}{120}$射程	1	"海尔法" 比 "陶式"精度高 1 倍

（2）攻击力强。

激光制导武器体积小，抗硬冲击能力强，大多采用穿甲及爆破能力极强的战斗部，能够有效地摧毁钢筋混凝土构制的坚固工事和建筑。例如："海法尔"空地反坦克激光制导炸弹，穿甲厚度为 0.5m；AS30L 激光制导炸弹，其高效动能和钢制屏蔽弹头可在穿透 2m 厚度的钢筋混凝土目标后爆炸。

（3）抗干扰能力强，能够适应干扰复杂的战场环境。

现代战争中电磁环境非常复杂，电子对抗手段多样化。激光制导的抗背景干扰能力比红外和电视制导强，无线电干扰对其不会带来什么影响。人为的光电干扰对激光制导的影响也相对小些，因为它瞄准目标上的固定点进行攻击，大部分不是靠导弹自寻的。

（4）效费比高。

激光制导比红外成像、电视、雷达制导系统的结构简单，成本低，从总效能来看，可大大降低作战费用，一枚激光制导炸弹的毁伤效能相当于 1000 枚同质量的普通炸弹。

（5）人为选定攻击目标。

大多数激光制导武器采用人为选定攻击目标的工作方式，这就为攻击目标要害部位和实施"外科手术"式打击提供了方便，并增强了对目标的识别功能。但就系统而言，它不具备"发射后不管"的能力，而且不具备攻击的隐蔽性，这就给激光制导武器的对抗提供了机会。

2. 激光制导的基本原理

激光制导技术实际上就是激光雷达技术在导弹制导中的一种具体应用。激光制导从体制上可以分成三类：一是激光半主动式制导；二是激光驾束制导；三是主动式激光制导。

1）激光半主动式制导

对于激光半主动式制导，导弹本身不携带激光照射器，导弹上只装有激光接收装置，激光源是地（舰）面或空中平台上的激光照射器。弹上的激光接收装置探测由目标反射回来的激光能量并对反射源进行跟踪，将导弹引向目标。

激光半主动制导的武器主要有激光制导炸弹、空地导弹、空地反坦克（舰船）导弹和激光制导炮弹等。它多用于对付地面目标的激光制导系统中，舰船目标可以作为背景特殊的地面目标。在这种制导方式中，由于激光照射器和导弹发射点（或炸弹投掷点）分开，允许载机和载船有较大的机动性，因而增大了战术运用的灵活性。

激光半主动式制导的过程一般包括：

（1）捕获目标并对其进行跟踪锁定；

（2）打开激光照射器照射要攻击的目标；

（3）选择正确时机对目标进行攻击；

（4）激光导引头接收目标反射的激光信号，并形成控制信号，控制导弹或炸弹飞向目标。

图 12.34 为舰—舰激光半主动制导导弹的制导原理图。

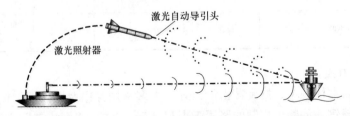

激光自动导引头

激光照射器

图 12.34　舰—舰激光半主动制导导弹原理示意图

半主动激光制导武器的导引头，其作用是搜索、捕获和跟踪目标，输出引导指令和导引头相对弹体的姿态信号。它一般由位标器、信息变换处理设备和伺服系统组成。位标器则由光学接收系统、探测器、前置放大器和陀螺仪器及其驱动机构组成。

根据光学系统或探测器与弹体耦合情况的不同，激光导引头分为捷联式、万向支架式、陀螺稳定式、陀螺光学耦合式和陀螺稳定探测器式 5 种。根据导引头接收的目标反射激光波的不同，半主动激光自导引又分为连续激光和脉冲激光半主动自导引，但目前一般采用脉冲激光半主动自导引。

图 12.35 是一种典型的激光导引头。最前端的光学整流罩，应具有良好的激光透过率、气动特性和消像差功能等。根据选择的单脉冲角跟踪体制，接收系统采用直接检波法时，利用激光回波信号中振幅特性提取方向信息。

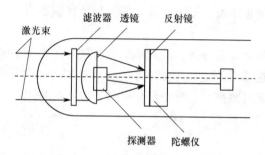

图 12.35　激光导引头结构示意图

大多采用振幅和差式单脉冲体制和角度振幅相减法单脉冲体制。振幅和差式单脉冲系统的原理是将雷达波导桥中的和差运算改由电路进行，其原理如图 12.36 所示。

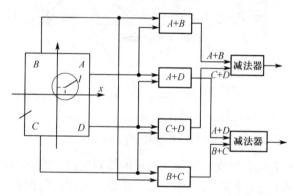

图 12.36　振幅和差式单脉冲激光导引原理框

激光探测器是四象限敏感元件，把接收来的激光转换为电信号。它由 4 个光电二极管组成，其坐标原点与光学系统的光轴重合。经光学系统会聚后，在四象限探测器得到目标光斑图像，光斑像的中心用 x_1 和 y_1 表示。如果 W_A、W_B、W_C、W_D 分别表示 4 个象限管各单管接收到的激光功率，由于光斑很小，可用近似的线性关系求得目标的方位坐标，即

$$U_{x1} = \frac{k_e(W_A + W_D - W_B - W_C)}{W_A + W_B + W_C + W_D} \tag{12.22}$$

$$U_{y1} = \frac{k_e(W_A + W_B - W_C - W_D)}{W_A + W_B + W_C + W_D} \tag{12.23}$$

式中：k_e 为角度和功率之间的变换系数。

这样，将 U_{x1}、U_{y1} 信号送给陀螺进动系统，使光轴对准目标，并由预定的引导方法将导弹引向目标。

2）激光驾束制导

激光驾束制导也称为激光波束制导，其工作原理与雷达波束制导类似。它是由激光瞄准器产生波束，导弹沿激光波束跟踪和射击目标。激光驾束制导具有系统简单、制导精度高、机动性强、抗干扰性能好的特点，适用于低空、超低空导弹的制导，也适用于反坦克导弹的制导。

下面以瑞典的 RBS－70 这种比较典型的激光制导武器为例进行介绍。

RBS－70 整个系统包括发射架、瞄准、导弹和敌我识别器。

（1）发射架。

发射架用来撑托瞄准具、导弹和敌我识别器，架上还有射手的位置。

瞄准具和导弹装在支架的顶部，在顶部是一个托架与轴径相接，可以做俯仰运动。托架上有电缆，使支架与瞄准具、导弹保持电气连接。敌我识别器和电池的固定夹也都在这个旋转部分上。

（2）瞄准具。

瞄准具包括激光制导波束发射机、可变焦距光学装置及射手瞄准镜等，其组成和光路系统如图 12.37 所示。

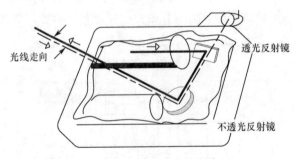

图 12.37　RBS 瞄准具光路

可变焦距光学装置用以改变制导激光波束的波瓣宽度，但它不影响瞄准望远镜的视界。制导波束的波瓣宽度在制导过程中不是固定地按程序进行调整，但在弹道的主要部分，导弹是在一个半径一定的波束内飞行。

制导的激光波束和瞄准线是互相重合的，它是靠一个专用的反射镜来实现的。制导波束在通过焦距可变的光学装置之后，首先由一个可透光的固定镜反射，然后由一个活动镜即不透光陀螺稳定的反射镜反射。瞄准望远镜和可见光也是先透过固定镜，然后经过不透光的活动反射镜反射，所以从目标来的光线与照射目标的激光束走向是一致的。

陀螺稳定镜是保持稳定和进行瞄准的伺服系统的一部分，由瞄准手操作。伺服控制系统可以控制在容许范围内（方位角 ±20°，高低角 ±15°）进行瞄准。导弹发射前，镜子处于零位。当瞄准具没有工作时，镜子是机械制动的；当瞄准具开始工作时，机械制动解除，该镜由固定信息维持在伺服控制状态的零位。

激光的光路如图 12.38 所示。激光辐射源是由 18 个激光二极管组成，用氟利昂冷却。中间的一个二级管为热敏二极管，用作温度控制。激光通过激光输出缝到达扫描产生器、扫描变换器，经扩束到达 DOVE 单元，再经棱镜柱把光分为两路：一路经扩散器到功率表，另一路到焦距可变的光学装置，最后经双色镜反射。这时瞄准望远镜经十字线穿透双色镜进行目视瞄准，保证了制导波束和瞄准线的相重合。

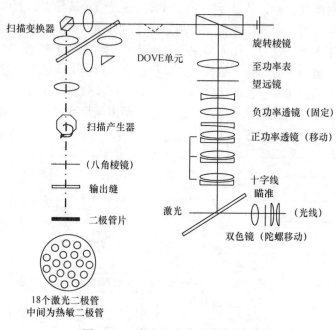

图 12.38　激光的光路系统简化图

（3）导弹。

激光驾束制导的导弹，特点是导弹的后部有一部制导波束接收机，其尾向正对着瞄准具。接收机将制导波束内的激光信号转变成电信号，由此信号中提取导弹偏离激光波束中心轴的误差信号。这个误差信号在电路中被转换为对舵翼控制的脉冲，修正弹体飞行的航迹，保障导弹自行沿着制导波束的中心轴飞行。

RBS-70 导弹是借助于一种姿态陀螺，并靠垂直及水平平面成 45°角的导弹翼与舵翼在飞行中保持滚动的稳定。导弹的战斗部安装在导弹的前部，装有炸药，四周是大重量金属弹丸。爆炸时，巨大的动能传给弹丸，使其产生巨大的穿透力。

战斗部既可用直接命中目标的触发引信起爆，也可用近炸引信起爆。近炸引信也是用激光引信，导弹的头部装有一部激光发射机和一部激光接收机，但其激光波瓣与导弹的轴线大致成直角。

导弹用套筒包装、运输，发射时套筒就是发射筒。对于装在包装筒内的导弹，翼和舵处于折叠状态。导弹的后部装有发射发动机，利用此发动机将导弹推出发射筒。当导弹离开发射筒时，发射发动机与导弹脱离，同时弹翼和舵翼张开。

（4）敌我识别器。

此种系统的敌我识别器类同于其他武器的敌我识别器。它在发射架上安装一台具有发射、调制的询问脉冲码能力的发射机和配套的天线。对被攻击的目标进行询问发射，目标应答机给出回答信号。如果为我机，则瞄准具就用电子电路阻止导弹的发射。

这种系统的特点是发射天线的波束，在水平方向上采用窄波束，在垂直方向上采用足够宽的波束，以适应每一种发射状态下的询问。

3）主动式激光制导

主动式激光制导是激光照射器与目标回波信号接收器均装在导弹上。导弹上的激光照射器向目标发射激光波束，从目标上反射回来的激光信号被导引头上的激光探测装置接收到，经过信号处理，形成控制指令控制导弹飞向目标。主动式激光制导的寻的制导精度很高，但作用距离比较短，因而多用于末制导。主动式激光制导雷达的基本组成如图12.39所示。它包括发射部分、接收部分以及系统的同步协调机构。发射部分主要由激光器、发射光学望远镜和电源组成；接收部分主要由接收光学望远镜、滤波器、光电探测器及信息处理系统组成；信息处理系统应包括距离测量系统、频率测量系统、方位测量系统和自动跟踪伺服系统等。

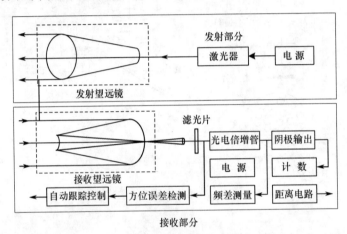

图12.39　激光末制导雷达组成方框图

（1）目标距离测量原理。

主动式激光制导雷达的测距原理与脉冲激光测距机的测距原理相同。激光雷达的测距原理与微波雷达也相似，都是利用激光发射机对目标发射一个或一系列很窄的光脉冲，同时取出一部分光信号，称为主波信号，经过光电转换变成一个电脉冲信号，用来打开电子计数器的电子门，使时钟脉冲发生器产生的脉冲信号进入计数器开始计数。等到光脉冲由目标返回，再经光电转换得到回波脉冲信号，关闭电子门，停止计数，这样便测出了光脉冲的往返时间，再变换成距离。

（2）目标径向速度的测量。

激光雷达对目标径向速度的测量是利用多普勒效应。多普勒频率的测量有连续波和脉冲两种体制。对于连续波多普勒系统，它的回波信号多普勒频移 f_d 正比于径向速度而反比于系统工作波长，即

$$f_d = \frac{2V_r}{\lambda} \tag{12.24}$$

式中：f_d 的正负取决于目标运动方向。

连续波多普勒信号处理如图12.40所示。

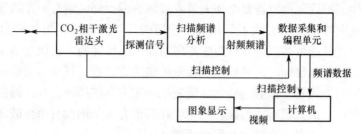

图 12.40　连续多普勒信号处理方框图

为了能在测角、测速的同时，测得目标距离，常用脉冲多普勒。激光雷达发射脉冲信号时和连续波一样，运动目标回波信号中产生一个附加的多普勒频率分量，所不同的是目标回波仅仅在两个脉冲时间间隔内出现。

（3）目标角度跟踪。

脉冲激光雷达的一种典型跟踪方式，是采用四棱锥来检测目标的方位（或俯仰）的变化。四棱锥的尖顶被削平，因而它有一个中心面和四个对称的侧面，中心面正对着接收望远镜的光轴，具体结构如图 12.41 所示。

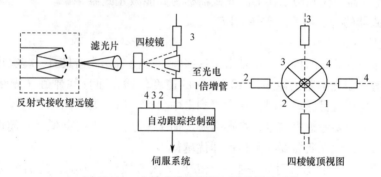

图 12.41　主动式激光制导四棱锥跟踪系统

当目标处于光轴上时，从目标反射回来的光束落在中心面上，它仅能投射到四棱锥后面的测距系统上，而处在四棱锥侧面的 4 个光电倍增管是接收不到信号的。如果目标偏离了光轴，反射光束就会偏移到四棱柱的侧面上。例如：倍增管 1 或 3 有信号输出变化时，表示目标在俯仰方向上有变化；若倍增管 2 或 4 有信号输出变化时，表示目标在方位上有变化。

俯仰误差信号电压为

$$U_\beta = U_1 - U_3 \tag{12.25}$$

方位误差信号电压为

$$U_\alpha = U_2 - U_4 \tag{12.26}$$

将这些误差电压分别加到自动控制器上后，通过伺服系统控制反射式接收望远镜转动，使误差电压为零，实现对目标的自动跟踪。

12.6.5　激光武器

高技术的发展，正在引起武器装备的巨大变革，也为发展全新的非核武器开辟了诱人的前景。可以预见，一些功能技术新和更具威力的武器系统，将会不断投入到战争中使用。众所周知，不论何种武器要杀伤人员或破坏目标，都必须有一定的能量，而不同的武器，其能量向外传输的方式不尽相同。普通的炸弹、炮弹，包括威力巨大的原子弹、氢弹，爆炸之后能量是以爆炸点为中心向四面八方传播的，进而在杀伤半径范围之内杀伤人员或破坏其他目标。这些武器从能量传输的方式看，可称为无定向能武器。与之不同的还有定向能武器，该类武器的能量是沿一定方向传播的，在武器能量的传播方向上、一定距离内，该武器有杀伤破坏作用，在其他方向上则没有杀伤破坏作用。激光武器就是一种定向能武器，也称为新概念武器。

根据用途，激光武器可以分为战略激光武器和战术激光武器两大类。战略激光武器是执行反洲际弹道导弹、反卫星等任务的激光武器，它发射能量极高的激光束，作用距离远，可以部署在空间轨道上，攻击处于助推段和弹道中段的弹道导弹；也可以部署在地面，通过位于空间轨道上的反射镜瞄准和攻击目标。战术激光武器是完成防空、反导等大气层内作战任务的激光武器，它向战术导弹、巡航导弹、低空飞机、坦克、作战人员等目标发射激光，造成目标的传感器（或人眼）暂时（或永久）性致盲，或者直接破坏目标结构，前一种破坏称为软杀伤，后一种称为硬杀伤。实施软杀伤的激光武器称为非致命激光武器，实施硬杀伤的激光武器称为高能激光武器。

1. 激光武器的特点和杀伤破坏效应

1）激光武器的特点

激光具有一些显著的特点，正是由于这些特点，使激光武器具有一些突出的优点。

（1）快速。激光射束约以 30×10^5 km/s 的速度传播，而且其弹道（光路）是一条笔直的直线。当它对目标攻击时，从发射到击中目标，所需的时间几乎为零，所以不需要计算弹道，不需要考虑提前量，指哪打哪，命中率极高。在拦截低空和超低空入侵的快速运动目标时，激光武器要比其他武器优越得多。

（2）灵活。激光武器发射的高能激光束几乎没有质量，不会产生后坐力，是一种无惯性武器，所以机动性和隐藏性好，能灵活、迅速地机动和改变射击方向，发射时无声无息，人眼看不见，保密性好。激光武器还具有射击频率高的特点，可在短时间内拦截多个来袭目标。

（3）精确。能将极窄的光束精确地对准某一方向，对来袭目标群中的某一目标或目标上的某一部位进行射击，而对其他目标或目标周围环境无附加损害或污染作用。

（4）多功能。根据激光发射能量的不同，可分别对目标产生功能性损伤、结构性破坏或完全摧毁等不同杀伤效果，因而激光武器可用于不同目的。

（5）抗干扰性好。激光武器不受电磁干扰，现有的一些光电干扰手段对其不起作用或影响很小。

另外，激光武器的结构简单，造价便宜，易于对原有武器制导系统进行改造。

激光武器的局限性或不足主要为：①随着射程的增加，光束在目标上的光斑增大，使激光功率密度降低，杀伤力减弱，从而使激光武器的有效作用距离变短；②当激光在稠密的大气层内使用时，大气会使激光束产生能量衰减，并发生抖动、扩展和偏移等现象，尤其是恶劣天气（雨、雾、雪等）和战场烟尘、人造烟幕等对其影响更大。③在外层空间使用时，则不受大气影响，但对航天技术、系统的体积和质量等要求较高。

鉴于激光武器的上述特点，它在拦截大量入侵的低空飞机、战术导弹、巡航导弹和反卫星、反空间武器站、反战略导弹及干扰、破坏各种传感器方面发挥独特的作用。但是，它不能取代现有的各种武器，而应是与之配合，相得益彰。

2）激光武器的杀伤破坏作用

作用在目标上的强激光束会使其构成材料的特性和状态发生变化，如温升、膨胀、熔融、汽化、飞散、击穿和破裂等。强激光对材料的损伤作用主要为热作用破坏和力学破坏。

（1）激光武器对人眼的伤害。

激光可以使人眼永久性致盲或产生工业盲以及闪光盲。当黄斑区产生出血性损伤，视力下降至 0.01 或仅能看到眼前手动，使视觉功能发生严重障碍，称为"工业盲"；激光所引起的短时间的视觉功能障碍，则称为闪光盲。

激光对眼组织的伤害，主要发生在视网膜和角膜。损伤部位和损伤程度受多种因素的影响，这些因素主要是激光波长、激光强度、激光入射角度、眼底颜色深浅等。

（2）激光对光电探测器的损伤。

光电探测器材料的光吸收能力一般比较强，其峰值吸收系数一般为 $10^3 \sim 10^5 \mathrm{cm}^{-1}$，入射其上的激光辐射往往大部分被吸收，引起探测器温度上升，造成不可逆的热破坏。因此，光电探测器非常容易被激光辐射破坏。激光所造成的不可逆的热破坏有破裂、碳化、热分解、熔化、汽化等。

（3）激光对人体的损伤。

激光致盲武器被列入"不人道武器"。最新的研究表明：用激光照射人体除眼睛之外的其他部位，也可以使生物组织的局部温度升高、汽化并产生高压，破坏细胞内染色体、DNA 及蛋白质，造成非致命局部麻痹或损伤，使其暂时或永久性地丧失战斗能力。

（4）强激光对靶材的破坏效应。

不同功率密度、不同输出波形、不同波长的激光与不同的目标材料（简称靶材）相互作用时，会产生不同的杀伤破坏效应。概括起来，这些效应主要有烧蚀效应、热软化、力学（激波）效应、辐射效应等。其中，烧蚀和热软化效应主要发生在靶材被连续波激光或高重复率脉冲激光作用时，而力学和辐射效应则主要由脉冲激光所引起。

2. 激光武器的组成

图 12.42 是反导弹的防空激光武器系统示意图。可以看到，高能激光武器系统的构成相当复杂。

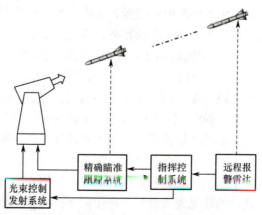

图 12.42　防空激光武器示意图

（1）它要有一个高平均功率的激光器，这涉及能源系统和强激光器件。

（2）需确保激光光束在大气中传输一个相当长的距离后，能将很高的能量聚焦在很小面积上，这就要求有相应的发射及光束校正系统（含自适应光学系统）。

（3）高能激光武器的大多数目标在高速运动，激光光束应时刻指向目标并维持足够长的时间，以对目标造成致命的损伤，因此必须有相应精确的跟踪瞄准系统及指挥控制系统（含识别系统）。

（4）对于反核攻击的防御体系，还必须用适当方式从远距离上证实激光武器确已达到预期目的等。

激光武器拦截来袭导弹的过程是：首先，由远程预警雷达捕获跟踪目标，将来袭目标的信息传给指挥控制系统；在指挥控制系统中，通过目标分配与坐标变换，引导精密跟踪系统捕获并锁定跟踪目标；精密瞄准跟踪系统引导光束控制发射系统使发射望远镜准确地对准目标；当来袭目标飞到适当位置时，指挥控制系统发出攻击指令，启动激光器；由激光器发出的光束经控制发射望远镜射向目标并将其摧毁。精密瞄准跟踪系统和光束控制发射系统可安装在同一跟踪架上。

3. 激光武器中的自适应光学技术

在激光武器中，精确跟踪瞄准目标是关键技术之一，其跟踪精度要求在微弧度量级。在激光跟踪光学系统中，光学接收望远镜不仅具有聚光能力，而且能进行视角放大，使人们能分辨远处目标的细节。一般来说，望远镜口径越大和接受光波波长越短，则光学分辨率就越高。但实际由于使用环境动态干扰（主要是大气抖动、光学系统内部温度变化及不同观测方向下与重力相对方向变化等因素）的影响，望远镜的实际分辨率远低于衍射极限，使接近 10m 口径的超大型望远镜的光学分辨率并不比 0.1 ~ 0.2m 口径的小型望远镜的分辨率高。这种动态干扰的存在，造成了目标成像模糊、光能分散，结果是：①目标形态细节分辨不清；②跟踪测量精度下降；③发现目标的能力下降等。即使在良好的天气条件下，大气抖动所带来的光线传播误差也有 $2'' \sim 3''$，这样对 1000km 处的目标其跟踪点的幌动将有 10 ~ 15m，再考虑到跟踪系统自身的跟踪误差，跟踪点则更不稳定了。

军事与空间技术的发展，要求对目标的观测距离从几百千米向数千千米延伸，且跟踪测量精度要求越来越高。为了校正动态干扰对光学系统的影响，美国自 70 年代率先发展自适应光学技术，其应用主要集中在强激光束控制和高分辨率成像方面。但美国多年来一直将自适应光学技术处于严格保密状态下，只有天文学家们独立发展的技术才能公开报道，直到 1991 年初，美国国防部才将部分军用自适应光学技术局部解密。我国的自适应光学技术研究始于 1979 年，经过 20 余年的努力，现已取得了重大发展。

为了使高能激光武器系统所发出的高能激光聚焦到目标上，必须在强激光发射光学系统中加入自适应光学系统。如图 12.43 所示为强激光发射光学系统示意图，它由主扩束光学系统、前级扩束光学系统和精密调焦系统等三部分组成。主扩束光学系统具有多种功能，兼作系统的目标探测望远镜和自适应光学系统的发射望远镜以及信标光的接收光学系统等。前级扩束光学系统由一级或多级普通的激光准直光学系统组成，除起到准直、扩束高能激光器所输出的激光光束之外，还使前级扩束光学系统与激光器、主扩束光学系统、自适应光学系统之间实现光束参数匹配，并使自适应光学系统所探测的目标处返回来的光经变形镜校正后的波前与主激光经前级扩束光学系统变换后的波前之间实现像质匹配。精密调焦系统具有粗调焦和精调焦两项功能，其中：粗调焦是指由辅助激光提供测距信息和自适应光学系统波前传感器提供聚焦信息，控制主扩束光学系统的次镜调焦，调焦精度与自适应光学系统相匹配；精调焦主要是指在校正其他误差的同时采用自适应光学变形镜的调焦。

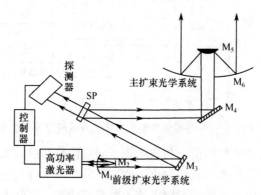

图 12.43　激光发射光学系统

1）自适应光学系统的组成

自适应光学系统通常由以下几个部分组成：①光学系统，用来发射和接收光学信息及能量；②波前误差传感器，实时测量波前误差；③波前校正器，对波前进行实时校正；④控制系统，根据测量所得的波前误差信号，经过适当的变换放大后，控制执行元件进行波前补偿，实现闭环控制。如图 12.44 所示为自适应光学系统的组成。

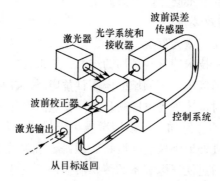

图 12.44　自适应光学系统的组成

自适应光学系统是将反馈控制用于光学系统内部形成的。与一般的控制系统相比，自适应光学系统有这样特点：控制对象是动态波前这样一个空间—时间变量，控制的目标是要达到良好的光学质量，控制精度为 1/10 光波波长即数十到上百毫微米量级，控制通道从几十到上百个，控制带宽达几百赫兹。

2）自适应光学系统的工作原理

光波通过大气时将受到大气湍流的影响而产生严重的像差，这很容易观察得到，这就是热天在阳光下穿过沥青路面上方观察时看到目标畸变的原因，也是星星闪烁和抖动的原因。大气湍流对光的影响实际上是光波波前倾斜。在没有大气湍流影响时，到达接收望远镜的波前应为垂直于传播方向的平面。

自适应光学补偿大气湍流的基本原理是：从目标来的光（见图 12.45，该图是美国林肯实验室研制的对亮星补偿大气湍流影响的自适应光学系统布局）被接收望远镜收集，再由变形反射镜反射，一部分光送入相机，而另一部分光到达波前传感器。

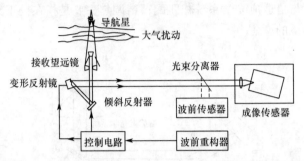

图 12.45　对亮星补偿大气湍流影响的自适应光学系统布局

在变形反射镜未起校正作用前，相机所获得的星像是弥散的光斑。波前传感器测量一组局部相位梯度即波前倾斜，经波前重构器处理后产生入射波前的相位图，相位值用于通过多路伺服回路去驱动变形反射镜以使入射波前变平，实际上就是用变形镜各部位的倾斜来抵消大气湍流带来的波前倾斜。用这种方法对入射波前进行整平，光学系统的分辨率就将接近衍射极限，如对 1m 口径的光学望远镜，其分辨率可达 0.12″。

波前倾斜的探测是利用多个子孔径望远镜和光电探测器来确定像点位置，由此位置便可得出波前倾斜的大小。

4. 激光武器的应用

根据激光武器应用场合的不同，可分为五个方面。

1）对抗光电系统的有效装备

随着激光、红外、电视、微光夜视、光纤、多光谱和全息等现代光学技术的发展以及它们与电子技术、计算机技术等日益密切的结合，使得光电子技术在侦测、火控、导航、制导、指挥、控制、通信等军事领域的应用日益广泛，在战争中所产生的各种各样威胁日益严重，因而如何对抗这种光电威胁日趋重要。激光作为一种主动对抗装备，可在光电对抗中发挥重要作用。例如，可以用激光束干扰或毁伤望远镜、潜望镜、瞄准镜、夜视仪、侦察相机、红外地平仪、测距机、跟踪器和激光目标指示器等光电侦测、火控、导航和制导装置，通过使光电装备的传感器损伤、过载或毁坏其光学系统，可以使观测器材致盲、跟踪与制导装置失灵、引信过早引爆或失效等，并能使人眼致盲。因此，激光武器将是现代战争中一种有效的光电对抗武器，也可以说是一种新型的压制性兵器，来压制敌方的观察、瞄准、跟踪和射击等。根据不同的目标，这一类应用中所使用的激光器一般为千瓦或万瓦级。

激光可对人眼造成严重损害。一般而言，以波长为 0.4～1.4μm 的激光对人眼威胁最大。其中：可见光最易透过屈光介质到达眼底破坏视网膜，尤以绿光致盲效果最强；近红外光可对角膜、屈光介质及眼底损害；紫外光和中远红外光则主要是被角膜等吸收而引起损伤。视网膜是人眼中最关键也是最脆弱的部位，很容易因吸收光能而被烧伤。这种损伤如果发生在视网膜中视觉最锐敏的黄斑处，则可严重损害视力，造成暂时失明或永久性致盲。

2）拦击精确制导武器的重要手段

精确制导的导弹、炮弹和炸弹等武器，攻击目标广，命中精度高，是现代战争中的重大威胁。随着技术的发展，这些精确制导武器的数量也将增多，从而所造成的威胁必将日趋严重。因此，如何对抗精确制导武器日益受到各国的重视，特别是对巡航导弹的防御尤为关注。激光武器可在对付精确制导武器中发挥快速、灵活的优势，通过破坏壳体、干扰或损伤制导用的光电元器件、毁伤整流罩或天线、攻击目标指示装置、引爆弹头乃至完全摧毁等方式达到拦击精确制导武器，用于防空，保护作战部队、大型舰船和重要设施等。这类应用中所使用的激光器的平均功率一般为几十万瓦至几兆瓦。

3）反卫星的强大武器

卫星在军事上的重要作用已众所周知。为了争夺制空间权，美俄双方都在积极发展卫星技术的同时发展反卫星武器，并均已具备不同程度的激光反卫星能力。反卫星激光武器的作用机理主要是干扰或破坏卫星上的光电系统。由于卫星的轨道可以测得，卫星相对地面运动的角速度不算太快，对瞄准跟踪系统的要求不算太苛刻，加之卫星上的光电系统脆弱，很容易遭到攻击。用激光反卫星，一般不需将卫星摧毁，实际上只要使其光电系统失效就达到了破坏的目的。由于卫星的光电系统的接收装置一般有聚焦作用，这又可使破坏探测元件所需的能量降低 $2\sim3$ 个数量级。

4）反战略导弹的有效手段

反战略导弹激光武器主要用于拦截敌方处于助推段飞行的战略导弹。所谓助推段，是指战略导弹从起飞到最末一级发动机关机的飞行阶段。这一飞行段由于战略导弹的发动机连续工作，辐射的强红外线很容易被早期预警卫星发现并跟踪，导弹的体积庞大脆弱，易被破坏和摧毁。导弹的分导式多弹头和诱饵等突防装置尚未展开，需要拦截的数目少，所以此时拦截的效果最佳。

5）反天基武器站的有效途径

天基武器站，包括天基激光武器站、天基粒子束武器站、天基动能武器站和天基微波武器站等，是美国未来空间武器系统的重要组成部分，激光武器可望是对付它们的有效手段。它可通过破坏天基武器站的平台或某一脆弱部位（如激光反射镜）使天基武器站失效，从而能在敌方密集的空间武器系统中"捅出一个洞"来，可为己方的战略导弹打开一个攻击敌方的通道，对敌方形成威胁。这样，有限的战略核力量在有"天战"防御系统的情况下，仍有可能保持一定的威慑作用。这种反天基武器站的激光武器系统与反卫星的相似，但难度更大。

12.7　本章小结

激光一问世就迅速地被应用到军事技术领域中，主要用于侦测、导航、制导、通信、模拟、显示、信息处理和光电对抗等方面，并可直接作为杀伤武器，发挥了其独特的作用。本章主要讲述军事激光技术的基本原理、关键技术和在军事领域中的应用，具体内容包括激光的产生、光学谐振腔、激光发射与接收光学系统、激光扫描系统和光学信息处理系统、激光测距技术、激光雷达技术、激光制导技术和激光武器等。

习 题

1. 激光产生的基本条件有哪些?
2. 构成一个激光器的关键结构有哪些?
3. 激光哪些特性最适合军事应用?
4. 在实际激光应用系统中,选用激光器需要考虑哪些因素及参数?
5. 针对一激光应用系统,其激光发射、接收光学系统设计时需考虑哪些因素及参数?
6. 为提高脉冲激光测距机的作用距离,其关键技术有哪些?
7. 军用激光测距机的发展趋势是什么?
8. 激光雷达与微波雷达相比有哪些优缺点?它们各自适合什么应用背景?
9. 军用激光雷达的发展趋势是什么?
10. 试比较各类激光制导技术的优缺点及应用场合。
11. 激光制导技术的发展趋势是什么?如何理解激光制导技术的军事应用价值?

参 考 文 献

[1] 安连生. 应用光学 [M]. 4 版. 北京：北京理工大学出版社，2008.

[2] 张以谟. 应用光学 [M]. 3 版. 北京：电子工业出版社，2008.

[3] 胡主禧，等. 应用光学 [M]. 合肥：中国科技大学出版社，1995.

[4] 袁沧旭. 应用光学 [M]. 北京：国防工业出版社，1988.

[5] 郁道银，谈恒英. 工程光学 [M]. 北京：机械工业出版社，1999.

[6] 军用光学仪器 [M]. 北京：总参谋部兵种部，1996.

[7] 陈运生，等. 军用光学 [M]. 北京：军事教育学院训练部，1990.

[8] 王永仲. 现代军用光学技术 [M]. 北京：科学出版社，2003.

[9] 杨易禾，等. 红外系统 [M]. 北京：国防工业出版社，1995.

[10] 飞航导弹红外导引头 [M]. 北京：宇航出版社，1995.

[11] 张敬贤，等. 微光与红外成像技术 [M]. 北京：北京理工大学出版社，1995.

[12] 张鸣平，等. 夜视系统 [M]. 北京：北京理工大学出版社，1993.

[13] 吴宗凡，等. 红外与微光技术 [M]. 北京：国防工业出版社，1998.

[14] 高稚允，等. 军用光电系统 [M]. 北京：北京理工大学出版社，1996.

[15] 谭吉春. 夜视技术 [M]. 北京：国防工业出版社，1999.

[16] 牛燕雄，等. 军用光电系统及应用 [M]. 北京：军械工程学院.

[17] 张晓晖，饶炯辉. 海军光电系统 [M]. 武汉：海军工程大学出版社，2004.

[18] 李宗良，等. 光电探测原理与设备 [M]. 桂林：桂林空军学院，2002.

[19] 王小鹏，等. 军用光电技术与系统概论 [M]. 北京：国防工业出版社，2011.

[20] 迟泽英，等. 纤维光学与光纤应用技术 [M]. 北京：北京理工大学出版社，2009.

[21] 彭吉虎，等. 光纤技术及应用 [M]. 北京：北京理工大学出版社，1995.

[22] 纪越峰. 现代光纤通信技术 [M]. 北京：人民邮电出版社，1998.

[23] 洪昌仪. 兵器工业高新技术 [M]. 北京：兵器工业出版社，1994.

[24] 吕百达. 激光光学 [M]. 成都：四川大学出版社，1992.

[25] 阎吉祥. 激光武器 [M]. 北京：国防工业出版社，1996.

[26] 陆彦文，等. 军用激光技术 [M]. 北京：国防工业出版社，1999.

[27] 周立伟. 目标探测与识别 [M]. 北京：北京理工大学出版社，2004.